JN040461

できる®

オートキャド
AutoCAD
2022 /2021 /2020 対応

矢野悦子 &できるシリーズ編集部

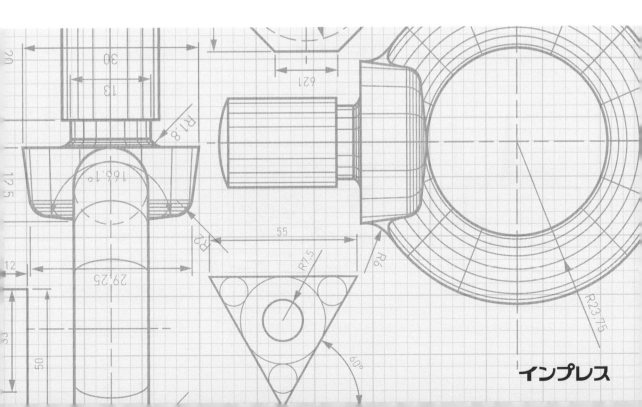

インプレス

できるシリーズは読者サービスが充実！

わからない？操作が解決

できるサポート
本書購入のお客様なら無料です！

書籍で解説している内容について、電話などで質問を受け付けています。無料で利用できるので、分からないことがあっても安心です。なお、ご利用にあたっては348ページを必ずご覧ください。

詳しい情報は **348ページへ**

ご利用は3ステップで完了！

ステップ1
書籍サポート番号のご確認

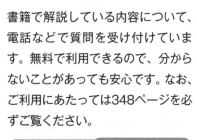

定価：本体 0,000円+税　書籍サポート番号 000000

チェック！

対象書籍の裏表紙にある6けたの「書籍サポート番号」をご確認ください。

ステップ2
ご質問に関する情報の準備

チェック！

チェック！

あらかじめ、問い合わせたい紙面のページ番号と手順番号などをご確認ください。

ステップ3
できるサポート電話窓口へ

● 電話番号（全国共通）
0570-000-078

※月～金　10:00～18:00
　土・日・祝休み
※通話料はお客様負担となります

以下の方法でも受付中！
▼
インターネット
FAX
封書

操作を見て すぐに理解 できるネット 解説動画

レッスンで解説している操作を動画で確認できます。画面の動きがそのまま見られるので、より理解が深まります。動画を見るには紙面のQRコードをスマートフォンで読み取るか、以下のURLから表示できます。

本書籍の動画一覧ページ
https://dekiru.net/autocad2022

スマホで見る！

パソコンで見る！

最新の役立つ 情報がわかる！ できるネット

新たな一歩を応援するメディア

「できるシリーズ」のWebメディア「できるネット」では、本書で紹介しきれなかった最新機能や便利な使い方を数多く掲載。コンテンツは日々更新です！

パソコンはもちろん
スマートフォンでも読みやすい

── ●主な掲載コンテンツ ──

Apple/Mac/iOS	Windows/Office
Facebook/Instagram/LINE	
Googleサービス	サイト制作・運営
スマホ・デバイス	

https://dekiru.net

●用語の使い方

本文中では、「Autodesk AutoCAD 2022」のことを、「AutoCAD 2022」または「AutoCAD」、「Microsoft Windows 10」のことを「Windows 10」または「Windows」と記述しています。また、「Microsoft Excel 2019」のことを「Excel」、「Microsoft Word 2019」のことを「Word」と記述しています。本文中で使用している用語は、基本的に実際の画面に表示される名称に則っています。

●本書の前提

本書では、「Windows 10」に「Autodesk AutoCAD 2022」（S.113.0.0）がインストールされているパソコンで、インターネットに常時接続されている環境を前提に画面を再現しています。

まえがき

　本書は、AutoCADを初めて操作する方を対象として、最新バージョン「AutoCAD 2022」のインストール方法やインターフェースの紹介から始め、2次元図形を作図するために必須の作成・編集コマンドの機能を詳しく解説しています。また「HINT!」や「テクニック」に、レッスンに関連した機能や一歩進んだ使いこなしのコツなども解説しています。

　書籍全体ではコマンドの基本操作をマスターできる「基本編」、実務に即した作図方法が分かる「実践編」の2部構成となっています。

　基本編ではAutoCADの最新バージョン＋旧バージョンで汎用的に利用できる機能を中心に解説しており、さまざまな環境で操作ができるようになります。新機能のコマンドも、実践的な操作事例で解説しているので、他の機能と連携して効果的に使いこなせるようになります。

　実践編の作図演習では、機械製図の「Vプーリー」の図面作成手順を分かりやすく丁寧に解説しています。機械製図において重要な製図基準を踏まえ、正しい図面の表記を学びながら作図を実践していきます。AutoCADの操作だけでなく、機械製図には不可欠な寸法記入や編集の方法も習得できるようになっています。

　次に、「マンション平面図」を一例に、建築製図の作図演習を行います。この演習課題では、本書の練習ファイルに登録されているブロック図形を使用し、作図補助機能を利用して正確な位置にブロック図形を配置しながら作図を進める実践的な方法を解説しました。

　さらに、第8章ではブロック図形の作成方法やAutoCAD 2022で標準インストールされた「Express Tools」からいくつかのコマンドを解説しました。

　本書の手順通りに操作して1レッスンずつ学習を進めれば、実務実践に役立つ基本操作や応用操作、CADのスキルが身につきます。焦らずにじっくりと取り組んでいきましょう。

2021年8月　矢野悦子

できるシリーズの読み方

レッスン

見開き完結を基本に、
やりたいことを簡潔に解説

やりたいことが見つけやすい
レッスンタイトル

各レッスンには、「○○をするには」や「○○って何？」など、"やりたいこと"や"知りたいこと"がすぐに見つけられるタイトルが付いています。

機能名で引けるサブタイトル

「あの機能を使うにはどうするんだっけ？」そんなときに便利。機能名やサービス名などで調べやすくなっています。

キーワード

そのレッスンで覚えておきたい用語の一覧です。巻末の用語集の該当ページも掲載しているので、意味もすぐに調べられます。

レッスン

16 図形を削除するには

削除

このレッスンでは、［削除］コマンドで、図形を削除する操作を解説します。図形をクリックして選択した後に図形の色が薄くなることをよく確認しましょう。

1 図形の削除を開始する

このレッスンで使う練習用ファイルを開いておく

1 ［ホーム］タブをクリック　2 ［削除］をクリック

基本編・第2章　直線を使って図形を描いてみよう

2 削除する図形を選択する

カーソルの形が変わった

オブジェクトを選択:

1 削除する図形にカーソルを合わせる

動画で見る　詳細は2ページへ

▶ キーワード

カーソル	p.341
クイックアクセスツールバー	p.341
コマンド	p.341

レッスンで使う練習用ファイル
削除.dwg

コマンド	ERASE
エイリアス	E
リボン	［ホーム］-［修正］-［削除］

HINT!

複数の図形を削除するには

削除したい図形が複数あるときは、手順3の方法で繰り返し図形を選択します。また、 Shift キーを押しながら図形をクリックすると選択が除外されます。削除対象の図形が薄い色で表示されていることを確認してから Enter キーを押しましょう。

⚠ **間違った場合は？**

作図作業では、間違って図形や文字を削除することがよくあります。その場合は、クイックアクセスツールバーの［元に戻す］ボタンをクリックしてください。

70 できる

左ページのつめでは、
章タイトルで
ページを探せます。

手　順

必要な手順を、すべての画面とすべての操作を掲載して解説

手順見出し

「○○を表示する」など、1つの手順ごとに内容の見出しを付けています。番号順に読み進めてください。

1 図形の削除を開始する

このレッスンで使う練習用ファイルを開いておく

1 ［ホーム］タブをクリック　2 ［削除］をクリック

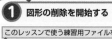

解説

操作の前提や意味、操作結果に関して解説しています。

操作説明

「○○をクリック」など、それぞれの手順での実際の操作です。番号順に操作してください。

間違った場合は？

手順の画面と違うときには、まずここを見てください。操作を間違った場合の対処法を解説してあるので安心です。

動画で見る

レッスンで解説している操作を動画で見られ ます。詳しくは2ページを参照してください。

レッスンで使う練習用ファイル

手順をすぐに試せる練習用ファイルを用意しています。章の途中からレッスンを読み進めるときに便利です。

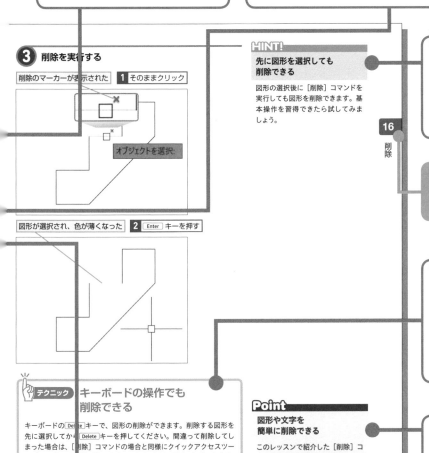

❸ 削除を実行する

削除のマーカーが表示された　**1** そのままクリック

オブジェクトを選択:

HINT!

先に図形を選択しても削除できる

図形の選択後に［削除］コマンドを実行しても図形を削除できます。基本操作を習得できたら試してみましょう。

HINT!

レッスンに関連したさまざまな機能や、一歩進んだ使いこなしのテクニックなどを解説しています。

16

削除

右ページのつめでは、知りたい機能でページを探せます。

図形が選択され、色が薄くなった　**2** Enter キーを押す

テクニック

レッスンの内容を応用した、ワンランク上の使いこなしワザを解説しています。身に付ければパソコンがより便利になります。

テクニック **キーボードの操作でも削除できる**

キーボードの Delete キーで、図形の削除ができます。削除する図形を先に選択してから Delete キーを押してください。間違って削除してしまった場合は、［削除］コマンドの場合と同様にクイックアクセスツールバーの［元に戻す］ボタンをクリックすると元に戻すことができます。

1 図形をクリック　　**2** Delete キーを押す

選択した図形が削除された

Point

図形や文字を簡単に削除できる

このレッスンで紹介した［削除］コマンドやキーボードの Delete キーを使えば、一度作図した図形を削除できます。誤った図形を作図してしまった場合や一時的に必要な補助線を引いた場合も、図形の削除方法を覚えておけば安心です。画面表示の調整と同様、使用頻度の高い操作なので、しっかり練習して身に付けておくといいでしょう。

Point

各レッスンの末尾で、レッスン内容や操作の要点を丁寧に解説。レッスンで解説している内容をより深く理解することで、確実に使いこなせるようになります。

できる | 71

コマンド／エイリアス／リボン

レッスンで解説するコマンドの実行方法をまとめて掲載しています。

※ここに掲載している紙面はイメージです。
　実際のレッスンページとは異なります。

基本操作早見表

以下の一覧は、本書で紹介する基本操作の抜粋です。それぞれにレッスン番号と掲載ページを記載しているので、「目で見る目次」としてご利用ください。

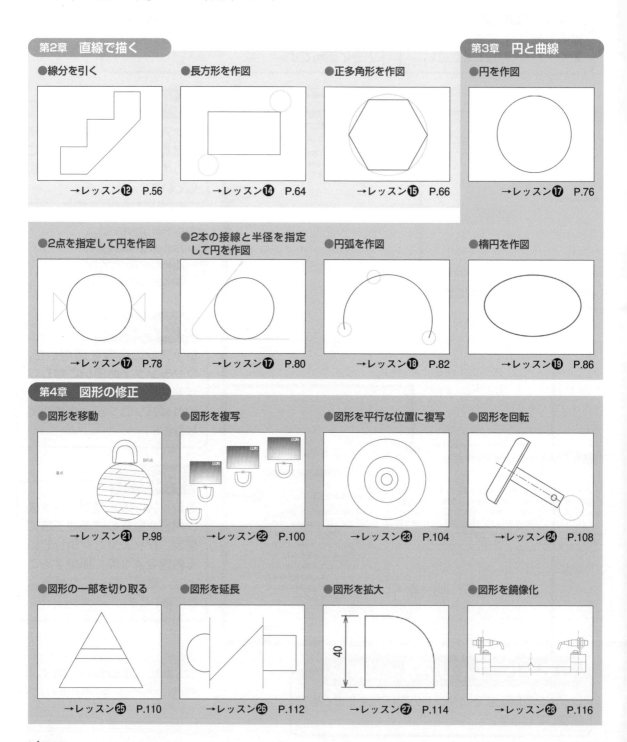

第2章　直線で描く

●線分を引く
→レッスン⓬　P.56

●長方形を作図
→レッスン⓮　P.64

●正多角形を作図
→レッスン⓯　P.66

第3章　円と曲線

●円を作図
→レッスン⓱　P.76

●2点を指定して円を作図
→レッスン⓱　P.78

●2本の接線と半径を指定して円を作図
→レッスン⓱　P.80

●円弧を作図
→レッスン⓲　P.82

●楕円を作図
→レッスン⓳　P.86

第4章　図形の修正

●図形を移動
→レッスン㉑　P.98

●図形を複写
→レッスン㉒　P.100

●図形を平行な位置に複写
→レッスン㉓　P.104

●図形を回転
→レッスン㉔　P.108

●図形の一部を切り取る
→レッスン㉕　P.110

●図形を延長
→レッスン㉖　P.112

●図形を拡大
→レッスン㉗　P.114

●図形を鏡像化
→レッスン㉘　P.116

第4章　図形の修正

●角を丸める
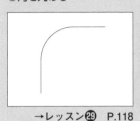
→レッスン㉙　P.118

●角を面取りする
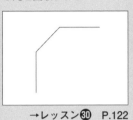
→レッスン㉚　P.122

●等間隔に並べる

→レッスン㉛　P.126

第5章　文字や寸法の記入

●長い文字列を記入

→レッスン㉝　P.138

●面積情報の記入

→レッスン㉞　P.142

●文字を修正

→レッスン㉟　P.144

●短い文字列を記入

→レッスン㊱　P.146

●水平寸法の記入
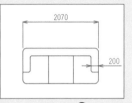
→レッスン㊳　P.150

●平行寸法の記入

→レッスン㊳　P.152

●直列寸法の記入
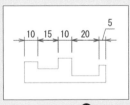
→レッスン㊴　P.154

●並列寸法の記入
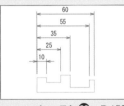
→レッスン㊴　P.156

●直径寸法の記入
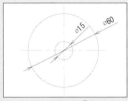
→レッスン㊵　P.158

●角度寸法の記入

→レッスン㊶　P.160

●寸法をまとめて記入
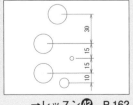
→レッスン㊷　P.162

●自動で寸法を記入
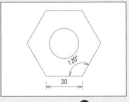
→レッスン㊸　P.164

●寸法を修正
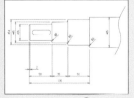
→レッスン㊹　P.166

目　次

基本編　第1章　AutoCADの基本を知ろう　19

基本編　第2章　直線を使って図形を描いてみよう　41

基本編　第3章　円や曲線を作図しよう　75

実践編 **第6章　機械部品の図面を作図しよう　171**

実践編 　**第7章　マンション平面図を作図しよう**　　**239**

練習用ファイルの使い方

本書では、レッスンの操作をすぐに試せる無料の練習用ファイルとフリー素材を用意しています。ダウンロードした練習用ファイルは必ず展開して、任意のフォルダーに保存して使ってください。なお、練習用ファイルの内容については17ページを、フリー素材の内容については18ページをご参照ください。

▼ 練習用ファイルのダウンロードページ
http://book.impress.co.jp/books/
1121101030

練習用ファイルを利用するレッスンには、
練習用ファイルの名前が記載してあります。

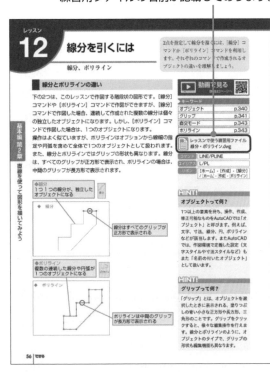

●練習用ファイルを準備する

練習用ファイルをダウンロードして展開しておく

1 ファイルの保存場所を選択

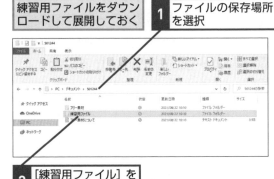

2 [練習用ファイル] をクリック

練習用ファイルは、章ごとにフォルダー分けされている

3 開きたい章番号のフォルダーをダブルクリック

フォルダーの内容が表示された

4 開きたい練習用ファイルをダブルクリック

AutoCADが起動してファイルが表示される

●練習用ファイルを操作する

練習用ファイルはレッスン、テクニックなどで
操作を行う領域を青枠で囲んでいる

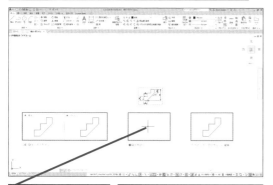

1 ここにカーソル
を合わせる　**2** マウスのホイールボタン
を手前に回転

マウスカーソルの位置を中心に
画面が拡大された

3 レッスンの内容に従って
操作を行う

操作が終了したらマウスのホイールボタンを
奥に回転して画面を縮小する

4 練習用ファイルと同様に
テクニックの操作を行う

テクニック：ポリラインに編集

マウスのホイールボタンをクリックして画面を
ドラッグすると表示位置を変更できる

手順が終了した　**5** ここをクリック

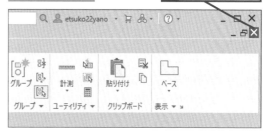

ファイルを保存するためのダイアログ
ボックスが表示された

AutoCAD ✕

C:¥Users¥ogiue¥OneDrive¥ドキュメント¥501244¥練習用ファイル¥第2
章¥接分・ポリライン.dwg への変更を保存しますか？

[はい(Y)] [いいえ(N)] [キャンセル]

6 [いいえ]をクリック

次のレッスンで続けて同じファイルを
使う場合は[はい]をクリックする

フリー素材の使い方

練習用ファイルのダウンロードページからダウンロードしたファイルには、AutoCADで使用可能なフリー素材が同梱されています。下記の「収録素材のご提供元と著作権について」をよくご確認の上、正しくご利用ください。

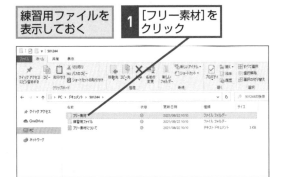

練習用ファイルを
表示しておく

1 [フリー素材]を
クリック

2 [住設機器]を
クリック

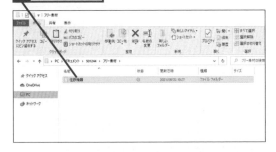

住設機器の種類ごとにフォルダー
分けされている

3 [トイレ]を
クリック

フォルダーの内容が
表示された

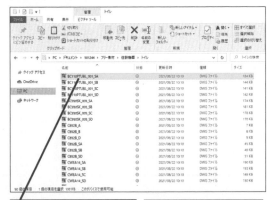

4 開きたいファイルを
ダブルクリック

AutoCADが起動して
ファイルが表示される

●収録素材のご提供元と著作権について

本書のダウンロードファイルに収録した素材のうち、[住設機器]フォルダー以下のファイルの著作権は株式会社LIXILに帰属します。[練習用ファイル]フォルダー以下のファイルの著作権は、矢野悦子および株式会社インプレスに帰属します。

ダウンロードファイルに収録したファイルは、商用目的での利用を除き、そのままもしくは加工して、本書の購入者に限り、ご自身または会社や団体でご利用いただけます。
ただし、[住設機器]フォルダーにあるファイルについては、株式会社LIXILの商品の購入使用検討、または販売促進目的の用途でしか利用できません。

いずれの収録素材についても、販売を目的とする二次利用や再配布は禁止します。

なお、著者の矢野悦子、および株式会社インプレス、ダウンロードファイルに収録したデータやソフトウェアの著作権者および作者は、本書のダウンロードファイルに収録されたデータやソフトウェアの使用によって、あるいは使用できなかったことによって起きたいかなる損害についても責任を負いません。ご了承ください。

基本編

第**1**章

AutoCADの
基本を知ろう

AutoCADの基本を理解して操作方法を習得する前に、インストールの手順やはじめにやっておくべき環境設定などについて解説します。正確かつ効率良く作図をするための準備方法を学びましょう。

●この章の内容

AutoCAD って何？

CADソフト

このレッスンでは、CADソフトの種類や AutoCADの概要を解説します。CADが業務に対してどのような役割を持つものなのかを理解しておきましょう。

「専用CAD」と「汎用CAD」の違い

CADソフトには、使用する分野の設計業務に特化し、専門の機能を搭載した「専用CAD」と、ユーザー自身が選択し、柔軟に機能を組み合わせられる「汎用CAD」があります。AutoCADは優れた汎用CADであり、ほかのソフトウェアや画像データなどを活用して設計図書を作成できます。使い方は人それぞれ違いますし、設計の内容によっても使用する機能が変わります。本書では、AutoCADの豊富な機能の中から、分かりやすく効率的な設計や作図ができるようにする方法とコマンドの使い方を解説します。

●CADソフトの種類

分野		主な CAD ソフト
汎用 CAD		AutoCAD、Jw_cad、BricsCAD など
専用 CAD	建築	Vectorworks など
	機械	CATIA、SolidWorks、Inventor など
	土木	AutoCAD Civil 3D、V-nas など
	設備	CADEWA Real、CADWe'll Tfas など

▶キーワード

AutoCAD	p.340
CAD	p.340

HINT!

CAD って何？

CADとはComputer Aided Design の略称で、コンピューターの支援による設計を行うシステムを指す言葉です。CADの用語はJIS B3401（日本工業規格）に定義されています。コンピューターで設計業務効率化、設計作業の生産性を高める目的で、今日ではCADを利用することが一般的になりました。その背景には、高性能なパソコンを安価で購入できるようになったことや、Windowsの普及で、CADソフトウェアの開発が進んだことが挙げられます。最近ではCAD機能の利用を2次元から3次元へ移行する企業も増えています。

ひと口にCADといっても、その種類は多岐にわたる。AutoCADはさまざまな用途で利用できる汎用CAD

「AutoCAD」は汎用的なCADソフト

「AutoCAD」は2Dや3Dの設計データを作成できる高機能CADで、建築・機械・土木などの分野で設計業務に使用されています。データの精度を保ちつつ、ほかのCADソフトとの互換性が高いため、複数のオペレーターが巨大な建築物の図面を分担して作図するのも容易です。CADソフトは、手書き図面と同じように図面を作成する「作図ツール」としての側面だけでなく、複数人での共同作業や設計管理を助ける「設計支援ツール」としての側面も持ち合わせています。AutoCADは、作図ツールとしての機能だけでなく、設計支援ツールとしての機能も豊富に用意されていることから、代表的な汎用CADソフトとして多くの企業で利用されているのです。

> AutoCAD は建築や機械、土木などさまざまな分野で
> 設計業務に利用されている

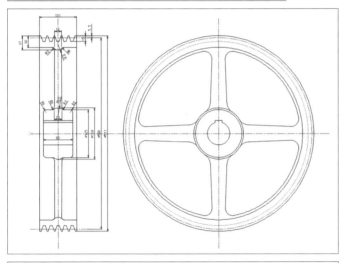

| できる建築設計事務所 | 図面名称
A0マンション・平面図A | 縮尺
1:50 | 作成年月日
2016/05/05 | 製図
E.Yano | 図番
01 |

HINT!

AutoCADはどうやって入手すればいいの？

本書の操作を行うには、30日間無料で試用できる体験版をオートデスクのWebページからダウンロードします。AutoCADパッケージは、買い切りではなく、サブスクリプション（月額制）で購入します。有償版はDVDなどのインストールメディアでは提供されていません。AutoCADを利用するには、まず体験版をダウンロードしてインストールを行います。ダウンロードとインストール方法については、レッスン❷で紹介します。

HINT!

体験版が終了したときは

AutoCADの体験版は、30日の期間限定で使用できます。30日が経過したら、以下のWebページから使用期間や目的に合わせて購入できます。

▼AutoCADの体験版の
Webページ
https://www.autodesk.co.jp/
products/autocad/overview

Point

AutoCADでCAD製図の第一歩を踏み出そう

ひと口にCADソフトといっても、汎用CADや専用CAD、2次元や3次元などの違いがあり、その種類は多岐に渡ります。中でも、AutoCADは汎用性や普及度が高いので、初めてパソコンで製図を始めるのにぴったりなソフトウェアです。本書でAutoCADの基本的な使い方を身に付けて、CADによる製図の第一歩を踏み出しましょう。

AutoCADを使える
ようにしよう

インストール

このレッスンでは、AutoCAD 2022の体験版を利用するために必要なインストール手順を紹介していきます。AutoCADを学習するための準備を整えましょう。

① AutoCADのWebページを表示する

Microsoft Edge
を起動する

1 [Microsoft Edge]
をクリック

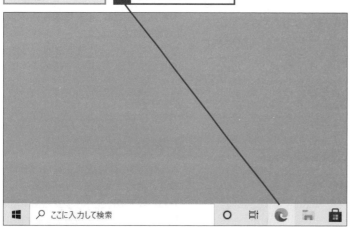

AutoCAD の体験版の Web ページを表示する

▼AutoCADの体験版のWebページ
https://www.autodesk.co.jp/products/autocad/overview

2 アドレスバーに URL を入力　　**3** [Enter] キーを押す

https://www.autodesk.co.jp/products/autocad/overview
お気に入りバーにお気に入り
https://www.autodesk.co.jp/products/autocad/overview
https://www.autodesk.co.jp/products/autocad/overview - Bing 検索

4 [無償体験版をダウンロード]
をクリック

キーワード

AutoCAD	p.340
Autodeskアカウント	p.340

HINT!

動作環境を確認しておこう

インストールの前に、体験版のWebページをクリックし、内容を確認しておきましょう。インストールするパソコンのOSやメモリーの容量、ハードディスクの空き容量など、記載された条件を満たした環境でないと、動作しない場合があります。

体験版の Web ページを
表示しておく

1 [動作環境] をクリック

動作環境の一覧が表示された

② インストールするソフトを選択する

ここでは [AutoCAD] を選択する

1 [AutoCAD] をクリック

2 [次へ] をクリック

HINT!

**学生が使用できる
ライセンスは無料**

アカウント作成と利用資格の認定手続きをして、年に一回のライセンス更新をすれば、Autodesk製品のエデュケーションプランが無料で使用できます。オートデスク教育機関認定ライセンスの利用資格を証明する認証手続きには、学校名や学生証の提示が必要となります。なお、教育機関限定版ライセンスを使用して作成した図面は、商用目的に使用することはできません。

③ 推奨環境を確認する

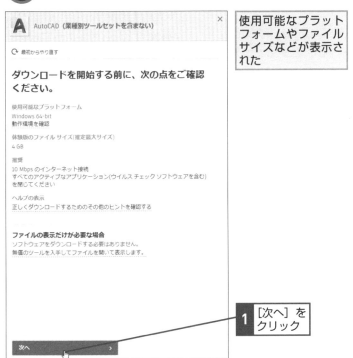

使用可能なプラットフォームやファイルサイズなどが表示された

1 [次へ] をクリック

次のページに続く

④ 利用環境を設定する

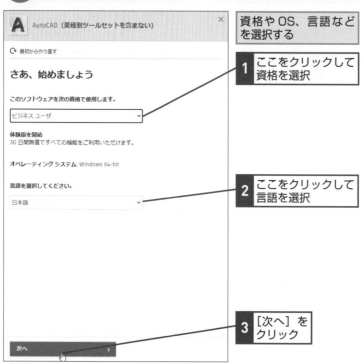

資格や OS、言語など を選択する

1 ここをクリックして 資格を選択

2 ここをクリックして 言語を選択

3 [次へ] を クリック

⑤ Autodeskアカウントの作成を開始する

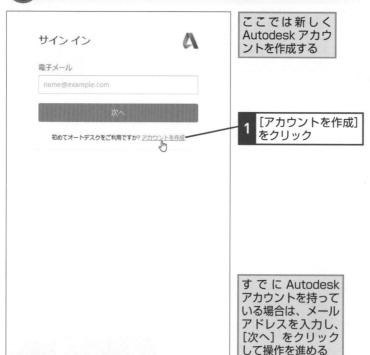

ここでは新しく Autodesk アカウ ントを作成する

1 [アカウントを作成] をクリック

すでに Autodesk アカウントを持って いる場合は、メール アドレスを入力し、 [次へ] をクリック して操作を進める

6 Autodeskアカウントの情報を入力する

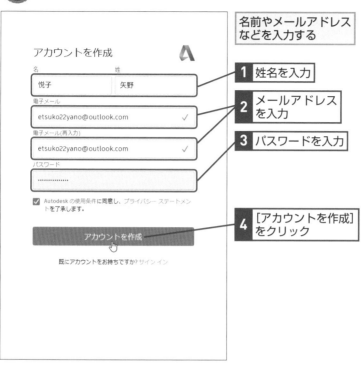

名前やメールアドレス
などを入力する

1 姓名を入力

2 メールアドレス
を入力

3 パスワードを入力

4 [アカウントを作成]
をクリック

HINT!

パスワードを正しく設定しよう

手順6では、Autodeskアカウントに利用する希望のパスワードを入力します。パスワードの文字列は、半角英数字で入力しますが、8文字以上となるようにしてください。また、数字と文字列を組み合わせる必要もあります。パスワードに設定できない文字列を入力した場合は、条件を満たしていない項目に赤いマークが表示されます。パスワードを入力するボックスの右に表示されている目のアイコンをクリックすると、入力したパスワードが表示されるので、よく確認しながら入力を進めてください。

7 Autodeskアカウントの作成が完了した

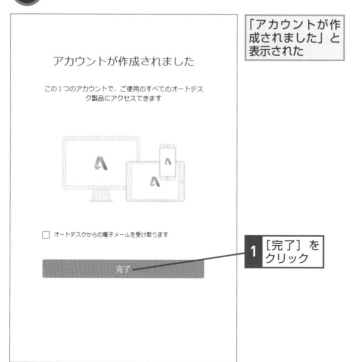

「アカウントが作成されました」と
表示された

1 [完了] を
クリック

次のページに続く

⑧ 使用する環境を入力する

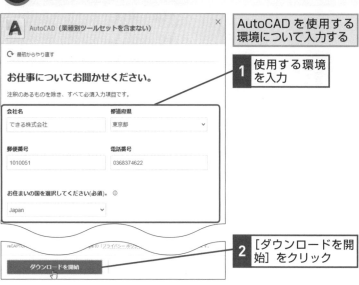

AutoCAD を使用する環境について入力する

1 使用する環境を入力

2 [ダウンロードを開始] をクリック

HINT!

使用する環境って何?

AutoCADの体験版を利用するには「会社名」「都道府県」「電話番号」「住んでいる国」の4つの情報を入力する必要があります。なお「郵便番号」は入力しなくても構いません。

⑨ ダウンロードを開始する

ダウンロードが開始された

通知の内容を確認しておく

HINT!

AutoCADは毎年バージョンアップする

AutoCADは毎年新しいバージョンがリリースされます。例年、3月ごろに次のバージョンがリリースされていますので、2022年の3月ごろには「AutoCAD 2023」がリリースされている可能性があります。Webページのデザインも変更になる可能性がありますので、ご注意ください。

⑩ ダウンロードしたAutoCADのプログラムを実行する

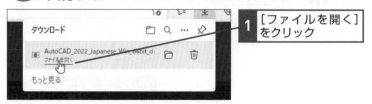

1 [ファイルを開く] をクリック

⑪ インストールの準備をする

インストール用ファイルが
ダウンロードされる

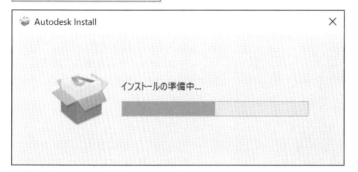

ダウンロードが完了するまで待つ

⑫ 使用許諾契約に同意する

AutoCAD のインストーラーが
起動した

1 使用条件を
確認

2 ここをクリックして
チェックマークを付ける

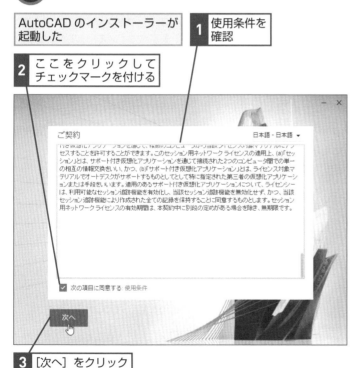

3 [次へ] をクリック

HINT!

「ユーザーアカウント制御」が
表示された場合は

手順11で [ユーザーアカウント制御]
ダイアログボックスが表示される場
合があります。これはソフトウェア
のインストールやパソコンの設定変
更を行うとき、「そのまま操作を続行
していいかを確認する画面」です。
発行者の署名があるソフトウェアで
は、画面の上部が空色で表示される
ので、安全なソフトウェアかどうか
を示す目安を確認できます。
AutoCADのインストールによって
問題が起こることはないので、[はい]
ボタンをクリックして操作を進めて
ください。

HINT!

ファイアウォールの
ブロックを解除するには

インターネットを経由し、不正なア
クセスや通信が行われていないか監
視するWindowsファイアウォールの
機能によって [Windowsセキュリ
ティの重要な警告] ダイアログボッ
クスが表示されます。手順11では
AutoCADのインストールに利用さ
れるプログラムに問題はないので、
[アクセスを許可する] ボタンをク
リックしてインストールを続行しま
しょう。

2

インストール

次のページに続く

⑬ インストール場所の選択

[インストールする場所を選択] 画面が
表示された

1 場所を確認

A AUTODESK
AUTOCAD 2022

インストールする場所を選択

製品
C:\Program Files\Autodesk

戻る　　次へ

2 [次へ] をクリック

⑭ インストールする項目を選択する

ここでは、追加のコンポーネントは
インストールしない

A AUTODESK
AUTOCAD 2022

追加のコンポーネントを選択

☐ AutoCAD Performance Reporting Tool

戻る　　インストール

1 [インストール] をクリック

⑮ インストールを完了する

「インストールを完了するにはコンピュータを
再起動してください。」と表示された

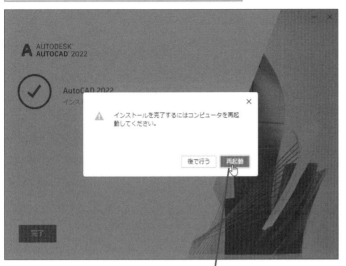

1 [再起動] をクリック

⑯ パソコンを再起動する

| パソコンが再起動された | AutoCAD と共有コンポーネントのショートカットアイコンがデスクトップに表示された |

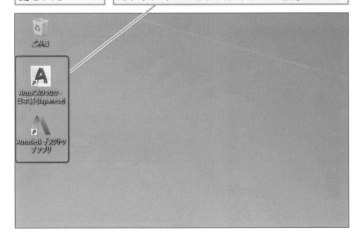

HINT!
ほかのアプリは閉じておく

ほかのソフトウェアの起動中でも
AutoCADのインストールは実行で
きます。ただし、インストールに時
間がかかる場合もあり、インストー
ル後にパソコンを再起動するので、
ほかのソフトウェアはすべて終了し
ておきましょう。

HINT!
インストールファイルを
残しておこう

AutoCAD 2022をCドライブにイン
ストールした場合、Cドライブの
[Autodesk] - [WI] フォルダーに
インストールに必要なすべてのファ
イルが保存されます。ファイルの総
サイズは約6GBほどありますが、製
品のメンテナンスに必要なファイル
なのでそのままにしておきましょう。

Point
ダウンロードとインストールが
同時に行われる

このレッスンでは、AutoCADの体験
版をダウンロードしてインストール
する方法を解説しました。体験版の
ダウンロードとインストールは一連
の操作となっているので必ずイン
ターネットに接続された状態で操作
を実行しましょう。同時にインストー
ルされる「Autodeskデスクトップア
プリ」は、パソコンにインストールさ
れたAutoCADなどの更新プログラ
ムを配信します。利用可能になると
スタートタブやデスクトップに通知
が表示されます。「更新ボタン」をク
リックすると、デスクトップアプリが
開き、「マイアップデート」をクリッ
クして更新プログラムをインストー
ルすることができます。

AutoCADを使うには

起動、終了

インストールしたAutoCADを使用するには、Autodeskアカウントでサインインを実行します。初回起動時以外は、自動でサインインが実行されます。

1 AutoCADを起動する

レッスン❷を参考に、AutoCADをインストールしておく	**1** [AutoCAD 2022 - 日本語 (Japanese)] をダブルクリック

AutoCAD の起動画面が表示されるのでしばらく待つ

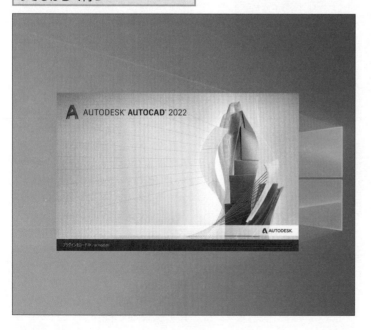

キーワード

AutoCAD	p.340
Autodeskアカウント	p.340
CAD	p.340

ショートカットキー

`Ctrl` + `Q` ……ソフトウェアの終了

HINT!

[スタート]メニューから起動するには

Windows 10でAutoCADを[スタート]メニューから起動するには、[A]の項目にある[AutoCAD 2022-日本語(Japanese)]をクリックします。関連するソフトウェアやユーティリティーがたくさんあるので間違えないようにしましょう。

1 [スタート]をクリック

2 [AutoCAD 2022-日本語 (Japanese)]をクリック

3 [AutoCAD 2022-日本語 (Japanese)]をクリック

② データ収集の確認画面が表示された

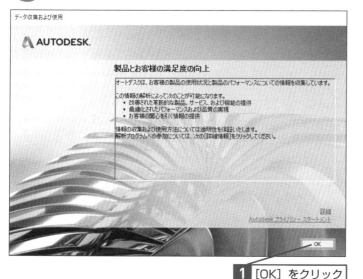

データ収集および使用

AUTODESK.

製品とお客様の満足度の向上

オートデスクは、お客様の製品の使用状況と製品のパフォーマンスについての情報を収集しています。

この情報の解析によって次のことが可能になります。
- 改善された革新的な製品、サービス、および機能の提供
- 最適化されたパフォーマンスおよび品質の実現
- お客様の関心を引く情報の提供

情報の収集および使用方法については透明性を保証いたします。
解析プログラムへの参加については、次の[詳細情報]をクリックしてください。

詳細
Autodesk プライバシー ステートメント

OK

1 [OK] をクリック

HINT!

グラフィックカードに関するメッセージが表示されたときは

オートデスクが動作環境として推奨しているグラフィックカードがパソコンに搭載されていない場合、グラフィックのパフォーマンスに関する通知やメッセージが表示される場合があります。自動的にハードウェアアクセラレーションが無効になる場合もありますが、本書で解説する2次元操作では問題なく操作を進められます。

3

起動、終了

③ Autodeskアカウントのメールアドレスを入力する

[サインイン]の画面が表示された	**1** メールアドレスを入力

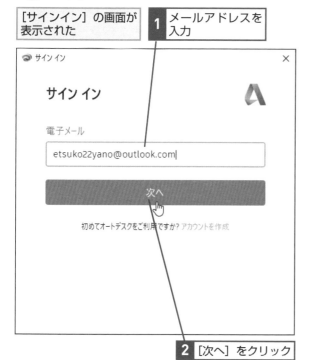

サイン イン ×

サイン イン Λ

電子メール

etsuko22yano@outlook.com|

次へ

初めてオートデスクをご利用ですか? アカウントを作成

2 [次へ] をクリック

HINT!

サインインの状態は保持される

Autodeskアカウントへのサインインが必要なのは、初回起動時だけです。次回以降にAutoCADを起動したときには、サインインの状態が保持されているので、起動するたびにサインインを実行する必要はありません。

次のページに続く

④ Autodeskアカウントのパスワードを入力する

Autodesk アカウントが
表示された

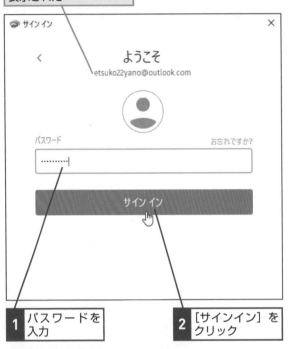

1 パスワードを入力

2 [サインイン]をクリック

⑤ AutoCADが起動した

AutoCAD が起動し、[体験版にようこそ]の画面が表示された

1 [閉じる]をクリック

[閉じる]ボタンが隠れているときは、ウィンドウの外側をクリックする

HINT!

通知が表示される

AutoCADのセキュリティパッチや更新プログラム、修正プログラムや学習コンテンツが利用可能な場合には、手順6の画面に通知が表示されます。通知が表示されたら都度プログラムの更新を行い、AutoCADを常に最新の状態に保つようにするといいでしょう。

HINT!

パスワードを忘れてしまったときは？

Autodeskアカウントのパスワードを忘れてしまった場合は、手順4の画面で[お忘れですか?]をクリックします。そうすると、手順3で入力したメールアドレスあてにパスワードのリセット方法が記載されたメールが送信されます。メールの文面に従って新しいパスワードを設定すれば、新しいパスワードでサインインできるようになります。

⑥ ウィンドウを最大化する

AutoCAD のウィンドウを
最大化する

1 [最大化] を
クリック

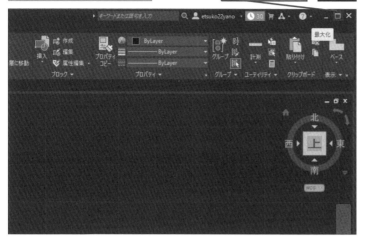

⑦ AutoCADを終了する

ウィンドウが
最大化された

1 [閉じる] を
クリック

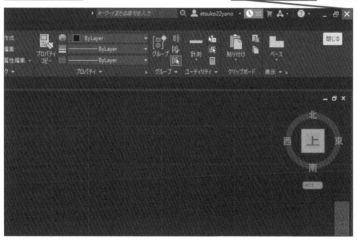

AutoCAD が終了する

HINT!

図面ファイルを
ダブルクリックしてもいい

AutoCADの図面ファイルのアイコ
ンをダブルクリックすると、
AutoCADが起動して、ファイルが
開きます。

1 [エクスプローラー]
をクリック

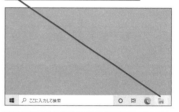

2 図面ファイルが保存されて
いるフォルダーを表示

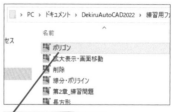

3 図面ファイルを
ダブルクリック

AutoCAD が起動し、ダブルク
リックした図面ファイルが開く

Point

Autodeskアカウントに
サインインしよう

AutoCADの体験版を初めて起動し
たときは、サインインの操作が必要
です。Autodeskアカウントは作業環
境の設定を保持しており、別のパソ
コンにインストールされている
AutoCADを利用するときも、サイ
ンインすればすぐに普段の作業環境が
再現されます。また、本書の第3章
で紹介するDWG TrueViewなど、
オートデスクの別のソフトウェアを
利用するときにもAutodeskアカウン
トを利用します。

AutoCADの操作環境を設定するには

基本設定

汎用的なCADソフトであるAutoCADは、自分が使いやすいようにカスタマイズできます。設定項目を変更して、快適に学習できる環境を整えておきましょう。

画面の配色変更

① 図面を表示する

レッスン❸を参考に、AutoCAD を起動しておく

◆ [スタート] タブ

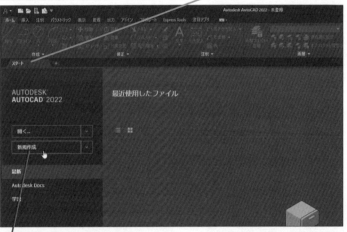

1 [新規作成] をクリック

② [オプション] ダイアログボックスを表示する

図面が表示された	**1** 右クリックしてメニューを表示	**2** [オプション]をクリック

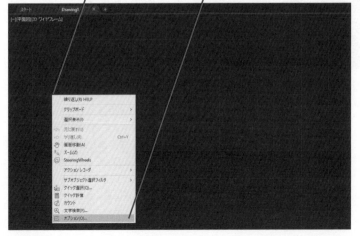

▶ キーワード

オプション	p.341
グリッド	p.341
作図ウィンドウ	p.342
ダイナミック入力	p.342

⌨ ショートカットキー

Ctrl + G ⋯⋯ グリッドの表示・非表示

Ctrl + N ⋯⋯ 図面の新規作成

F12 ⋯⋯⋯⋯ ダイナミック入力のオン・オフ

HINT!
図面を新規作成して設定を変更する

AutoCAD 2022を起動すると [スタート] タブが表示されます。このままでは設定の変更ができないので、[新規作成] をクリックします。

HINT!
[スタート] タブって何？

[スタート] タブはAutoCADの起動時に表示される画面です。この画面から、新しい図面や図面のテンプレートファイル、最近開いた図面ファイルなどを開けます。

HINT!
キーボード操作で[オプション] ダイアログボックスを表示するには

手順2の画面で画面を右クリックする代わりに、O P Enter キーの順にキーを押しても [オプション] ダイアログボックスを表示できます。

③ 配色パターンを変更する

[オプション] ダイアログボックスが表示された	ここでは、リボンやメニューの配色を明るい灰色に変更する

1 [表示] タブをクリック	**2** [配色パターン] のここをクリックして [ライト（明るい）] を選択

3 [色] をクリック

④ 作図ウィンドウの色を変更する

[作図ウィンドウの色] ダイアログボックスが表示された	ここでは作図ウィンドウの色を白にする

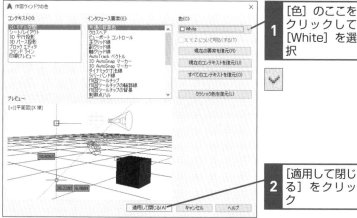

1 [色] のここをクリックして [White] を選択

2 [適用して閉じる] をクリック

[オプション] ダイアログボックスが表示された	**3** [OK] をクリック

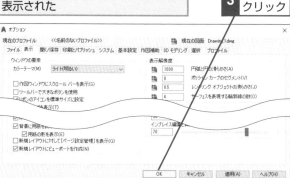

HINT!

設定が適用される範囲には2種類ある

[オプション] ダイアログボックスには環境設定の項目が多数ありますが、この設定内容は、ソフトウェアに保存されるものと、現在開いている図面ファイルにのみ保存されるものの2つに分類されます。図面のマーク（🖼）が付いた項目は、現在開いている図面ファイルにのみ設定が保存されます。

図面のマークが付いている項目は、現在開いているファイルに設定が適用される

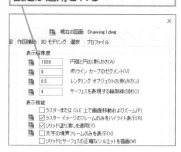

HINT!

色の設定を元に戻すには

[作図ウィンドウの色] ダイアログボックスでは、さまざまな機能で指定する色を変更できます。色の設定を元に戻すには、画面右側の [すべてのコンテキストを復元] ボタンをクリックしましょう。

HINT!

変更結果をすぐに確認できる

[オプション] ダイアログボックスで設定に変更を加えた状態で画面右下の [適用] ボタンをクリックすると、変更結果をすぐに確認できます。設定変更を確定するときは、[OK] ボタンをクリックしてください。

次のページに続く

グリッドの非表示

⑤ 設定した色を確認する

作図ウィンドウの色が変わった

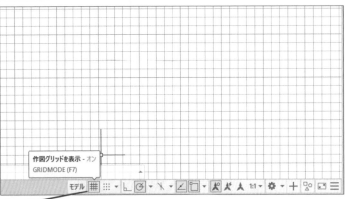

作図グリッドを表示 - オン
GRIDMODE (F7)

1 [作図グリッドを表示] を
クリック

⑥ グリッドが非表示になった

作図ウィンドウのグリッドが
非表示になった

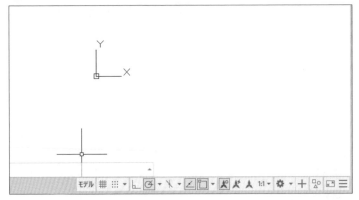

HINT!

グリッドとは

グリッドとは、方眼紙のマス目のようなものです。画面上に表示されていても、印刷されることはありません。通常、スナップ機能で指定された角度や間隔に合わせてカーソルの動きを制限して作図を行います。[スタート] タブの [新規作成] で表示される図面ファイルの設定では、[グリッド] がオンに設定されています。グリッドがオンの場合、距離の目安などを目視で確認できますが、自由な発想で作図をするときは、オフにしておきましょう。なお、グリッドのオンとオフの設定は、現在開いている図面ファイルに保持されます。次回以降に同じ図面ファイルを開いたときは、グリッドが非表示になります。

HINT!

グリッドを再表示するには

グリッドを再表示するには、ステータスバーの [作図グリッドを表示] ボタンをもう一度クリックします。なお、本書の解説画面や練習用ファイルでは、グリッドをすべてオフに設定しています。

[作図グリッドを表示] をクリックしてオンに設定すると、グリッドを再表示できる

ダイナミック入力の設定確認

⑦ ダイナミック入力のアイコンを表示する

ダイナミック入力の設定を確認するために、ステータスバーにダイナミック入力のボタンを表示する

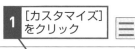

1 [カスタマイズ]をクリック

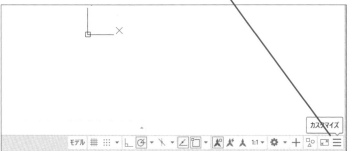

2 [ダイナミック入力]をクリック

⑧ ダイナミック入力がオンになっていることを確認する

[ダイナミック入力]のボタンが表示された

ダイナミック入力がオンの場合は、ボタンが青色で表示される

1 作図ウィンドウをクリック

HINT!

ダイナミック入力って何？

ダイナミック入力とは、コマンドの実行中に数値などを直接入力できる機能です。AutoCADの画面についてはレッスン❺で解説しますが、画面の下部にあるコマンドウィンドウには、選択したコマンドや入力値が表示されます。このボックスをカーソルの近くに表示する機能がダイナミック入力です。カーソルから目を離さずに数値やコマンドを入力できて便利なのでオンに設定しておきましょう。

コマンドの実行中に直接数値を入力できる

HINT!

ボタンの非表示でオフにすることを防ぐ

ダイナミック入力がオフになると作図効率が落ちるので、必ずオンにします。手順7 〜 8では、ボタンの表示を確認していますが、初期設定ではステータスバーに[ダイナミック入力]ボタンが表示されません。オンになっていることを確認するために、アイコンを表示しておきましょう。

Point

快適に学習できる環境を整備しておく

ここでは、AutoCADの配色やグリッド、ダイナミック入力などの設定を確認しました。いずれも、快適に学習を進める上で大事な設定ですが、ダイナミック入力は、オンかオフかで作図効率が大きく変わる重要な機能です。オンになっていることを確認したら、誤ってオフにすることのないように、アイコンを表示しておくといいでしょう。

できる | 37

AutoCADの画面を確認しよう

各部の名称、役割

ここでは、AutoCADの画面構成を紹介します。それぞれの名称や機能を大まかに確認しておきましょう。なお、画面の主な構成はAutoCAD LTと共通です。

AutoCADの画面構成

下記は、起動時の［スタート］タブから［新規作成］をクリックして、AutoCADの基本的な作図作業を行うモデル空間の表示画面です。レッスン❹で解説したように、ウィンドウの配色とグリッドの設定を変更した状態になっています。各部の名称を確認しておきましょう。

❶ アプリケーション

❷ クイックアクセスツールバー

❸ リボン

❹ 情報センター

❺ ビューコントロール

❻ ファイルタブ

❼ 作図ウィンドウ

❽ クロスヘアカーソル

❾ ViewCube

❿ ナビゲーションバー

⓫ コマンドウィンドウ

⓬ モデルとレイアウトタブ

⓭ ステータスバー

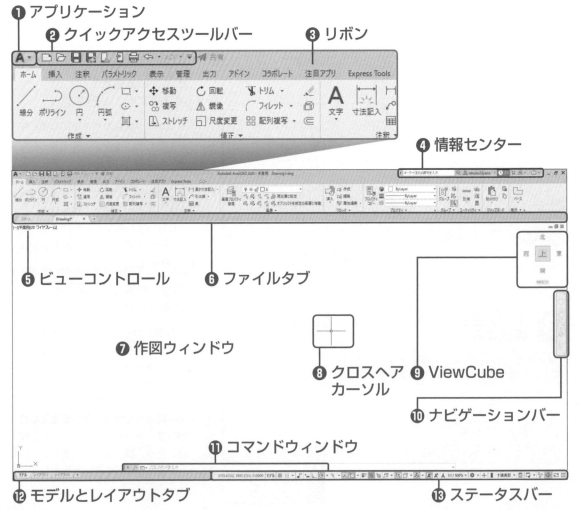

❶アプリケーション
ファイルに関する操作や印刷などを実行できるアプリケーションメニューが表示されます。

❷クイックアクセスツールバー
よく使う機能のボタンがある領域です。右クリックでツールバーのカスタマイズができます。

❸リボン
使用頻度の高いコマンドがまとめられたパレット。作業別に分類された複数のタブがあり、タブには近い機能をまとめた複数のパネルがあります。

❹情報センター
キーワードを入力して機能やコマンドを検索したり、オートデスクが提供するヘルプ情報を参照したりすることができます。

❺ビューコントロール
視点の変更、表示スタイルの切り替えなどを行います。

❻ファイルタブ
開いている図面を切り替える画面領域です。ファイル名が表示され、右端にある［＋］をクリックすると、新しい図面を開けます。

❼作図ウィンドウ
設計製図や編集作業を行う領域です。

❽クロスヘアカーソル
作図ウィンドウ内に表示される十字型のマウスポインターです。本書では、以降「カーソル」と表記します。

❾ViewCube
クリックするだけで、図面の回転や視点の変更ができます。

❿ナビゲーションバー
画面移動やズームの機能がまとめられた領域です。

⓫コマンドウィンドウ
コマンドを実行したときの操作の記録や次の操作についての指示など、AutoCADからのメッセージが表示されます。

⓬モデルとレイアウトタブ
モデル空間とペーパー空間の切り替えができます。図面を作成するためのレイアウトタブは、複数作成できます。

⓭ステータスバー
［座標値］［作図補助ツールバー］［ワークスペース切替］などの機能の選択ができるほか、現在の状態が表示されます。

HINT!
モデル空間って何？

モデル空間は、1つの図面に1つ存在する、AutoCADの基本的な作図作業を行うための3次元の空間で、すべてのオブジェクトを原寸の長さで扱います。

HINT!
画面の解像度を確認しておこう

本書の操作手順は、1920×1080ピクセルの解像度で画面を掲載しています。パソコンの解像度が1920×1080ピクセル以下の場合、リボンやタブに表示される内容が変わります。できるだけ大きいディスプレイで解像度が高い方が快適に作業できます。Windows 10の場合はデスクトップを右クリックしてから［ディスプレイ設定］-［ディスプレイの詳細設定］をクリックし、自分のパソコンで利用できる解像度をよく確認しておきましょう。
なお、カーソルや点などの表示は紙面で見やすいように拡大しています。

Point
画面の主な構成を確認しておこう

このレッスンでは、AutoCADの画面構成を確認しました。AutoCADは非常に多機能なCADソフトなので、初めて画面を見たときは、ボタンやタブの多さに戸惑うかもしれません。しかし、最初からすべての機能を使うわけではないので、焦ることはありません。第2章から個々のコマンドをレッスンで詳しく解説するので、1つずつ着実に機能を覚えていきましょう。

この章のまとめ

●事前準備が効率的な学習の近道！

AutoCADは建築・土木・機械設計の業務だけでなく、さまざまな企業で使用されている汎用CADです。したがってAutoCADには、建築専用のCADソフトにあるような業務に特化した柱や窓・建具などのツールが用意されていません。しかし、図面データの情報を共有したり、ほかのソフトウェアとの間で柔軟にデータのやりとりをしたりすることができます。ユーザーの業務に合わせて、ツールを自分の操作において活用できるCADソフトと考えましょう。

その一例として、自分が使いやすいように環境をカスタマイズできるのもAutoCADの大きな特長です。レッスン❹では、図面ファイルを確認しやすいように画面の背景色を変更しました。また、正確な作図に欠かせないダイナミック入力についても解説しています。「多くの機能があって使いこなせる自信がない」と思う方もいるかもしれませんが、本書では作図に最低限必要なことを詳しく解説するので初めてでもAutoCADの使い方をマスターできます。AutoCADの機能を確認しながら、レッスンを進めていきましょう。

柔軟なカスタマイズができる汎用 CAD

グリッドや画面の配色をカスタマイズして、作図に適した環境を整える

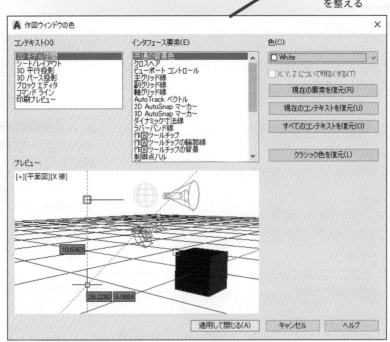

直線を使って図形を描いてみよう

この章では、ファイルの新規作成や保存、画面の拡大、縮小などの調整方法や作図補助モードの使用方法を学びます。直線で図形を作図するときに使用するコマンドの線分やポリライン、長方形、ポリゴンのそれぞれの特徴を理解しましょう。

●この章の内容

6

新しい図面を作成するには

新規作成

AutoCADは実際の大きさ（実寸または原寸）で設計や製図をします。AutoCADの作図領域がどのような計測単位で、どの程度の大きさか見てみましょう。

① [テンプレートを選択] ダイアログボックスを表示する

レッスン❸を参考に、AutoCADを起動しておく

1 [アプリケーション] をクリック

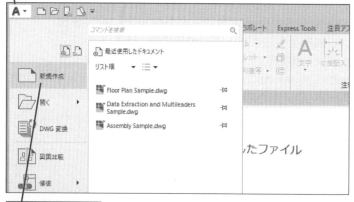

2 [新規作成] をクリック

② テンプレートファイルを選択する

[テンプレートを選択] ダイアログボックスが表示された

ここではメートル単位の計測方式で新しい図面を作成する

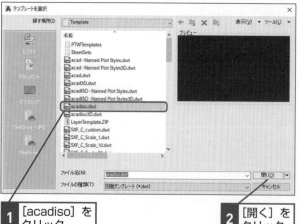

1 [acadiso] をクリック

2 [開く] をクリック

キーワード

AutoCAD	p.340
アプリケーションメニュー	p.340
テンプレート	p.343

ショートカットキー

Ctrl + G ……グリッドの表示・非表示

Ctrl + N ……新規作成

Ctrl + O ……ファイルを開く

コマンド　NEW

HINT!

ファイルの拡張子を表示するには

Windowsでは、ファイル名の末尾に「拡張子」という文字列が付けられます。この文字列は、ファイルの種類を表しています。拡張子は以下の操作で表示できます。この章では、ファイルの種類について解説していきます。あらかじめ拡張子を表示しておくと、ファイルの種類の違いについて、より理解しやすくなるでしょう。

33ページのHINT!を参考に、エクスプローラーを起動しておく

1 [表示] タブをクリック

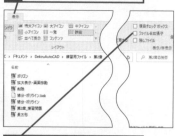

2 [ファイル名拡張子] をクリックしてチェックマークを付ける

テクニック テンプレートの計測単位と図面範囲を知ろう

手順2の［テンプレートを選択］ダイアログボックスでテンプレートを選択することで、作図の計測単位を指定できます。既定値では［Template］フォルダー内のテンプレートが表示されることを覚えておきましょう。主なテンプレートと計測単位は以下の通りです。また、画面の表示範囲はパソコンやAutoCADのバージョンによって異なります。

テンプレート名	計測単位と図面範囲の設定
acadテンプレート	フィート／インチ：インチ単位の計測方式で新しい図面を作成する。モデル空間の図面範囲の設定は12×9インチになる
acadisoテンプレート	メートル：メートル単位の計測方式で新しい図面を作成する。モデル空間の図面範囲の設定は　420×297ミリメートルになる

③ 新しく図面が作成された

ファイルタブに［Drawing1］という仮のファイル名が表示された

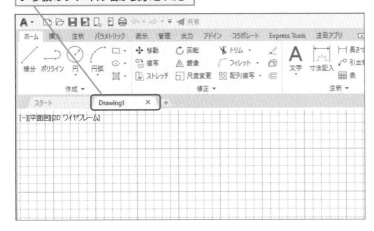

④ グリッドを非表示にする

1 ［作図グリッドを表示］をクリック

グリッドが非表示になる

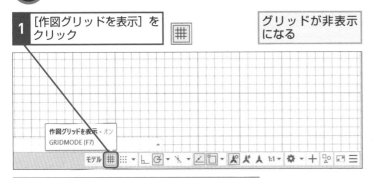

次のレッスン❼で作成したファイルを保存するのでそのままにしておく

⚠ 間違った場合は？

手順2で別のテンプレートを選んだときは、ファイルタブの［Drawing1］の［閉じる］ボタンをクリックして、もう一度手順1から操作し直します。

Point

テンプレートの選択が重要

ファイルを新規作成するときは、作図の計測単位が設定されている「テンプレートファイル」の選択が重要になります。メートル単位の図面を作りたいのに、誤ってインチ単位の図面を作ってしまうことのないよう、よく気を付けましょう。なお、［スタート］タブからファイルを新規作成した場合は「acadiso」が選択されているので、特に変更を加えなければ大丈夫です。

7

ファイルを保存するには

図面に名前を付けて保存

「Drawing1」ではファイルの内容が分かりません。内容に応じて適切な名前に変更しましょう。ここでは、別の名前でファイルを保存する方法を紹介します。

① [図面に名前を付けて保存] ダイアログボックスを表示する

レッスン⑥で作成した図面を表示しておく

1 [アプリケーション] をクリック

2 [名前を付けて保存] をクリック

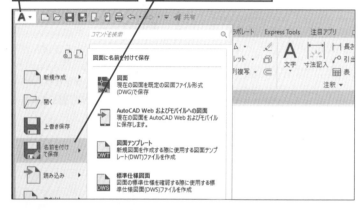

② ファイルを保存する

[図面に名前を付けて保存] ダイアログボックスが表示された

ここでは[ドキュメント]フォルダーに保存する

1 [ドキュメント] をクリック

2 ファイル名を入力

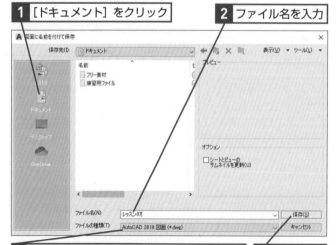

3 ファイルの種類が[AutoCAD 2018 図面]になっていることを確認

4 [保存] をクリック

キーワード

DWG	p.340
DXF	p.340
アプリケーションメニュー	p.340

ショートカットキー

[Ctrl] + [shift] + [S] … 名前を付けて保存

コマンド SAVEAS

HINT!
ワンクリックで保存を実行するには

手順1でアプリケーションメニューを表示する代わりに、画面左上のクイックアクセスツールバーにある[名前を付けて保存] ボタンをクリックしてもファイルを保存できます。

HINT!
既定のファイル形式を変更するには

ファイルの保存形式について初期設定を変更したいときは、[名前を付けて保存オプション]ダイアログボックスを利用しましょう。[名前を付けて保存オプション] ダイアログボックスでは、既定のファイル形式のほか、ファイル内のテキストや画像に関する設定を変更できます。

手順2の画面を表示しておく

1 [ツール] をクリック

2 [オプション] をクリック

[名前を付けて保存オプション] ダイアログボックスが表示される

テクニック **AutoCADで扱えるファイルの種類を確認しよう**

テンプレートを選択して新しく開始した図面には、「Drawing1.dwg」という仮の図面名が付けられます。この白紙のような状態に、作図作業を行い、図面の目的にあった新しい名前を付けて保存します。ファイルを保存するときには、ファイル形式を変更しない限り、最新の形式（[AutoCAD 2018 図面]形式）で保存されます。

下図の表で示すようにファイルの種類のことを「ファイル形式」といいます。ファイル形式によって、用途

やファイル名の末尾に付く、英数字3文字で表す拡張子が異なり、業務上のデータ交換や図面の受け渡しの際に重要となります。通常のデータ保存には、特に指定がない場合はファイル形式を初期設定のままで保存します。また、図面ファイル（dwg）の名前は半角英数字で最大256文字まで可能ですが、業務の目的やルールに従い、図面の内容が理解しやすい名前を付けるといいでしょう。

アイコン	ファイル形式と拡張子	種類	内容
	図面（.dwg）	2018/LT2018/2013/LT2013/ 2010/LT2010/2007/LT2007/ 2004/LT2004/2000/LT2000/ R14/LT98/LT97	AutoCADの標準図面ファイル
	図面交換（.dxf）	2018/LT2018/2013/LT2013/ 2010/LT2010/2007/LT2007/ 2004/LT2004/R12/LT2	CADデータ交換用図面中間ファイル
	図面テンプレート（.dwt）		同じ規則や設定を使用する場合、基準となる形式を整えてある図面ファイル、既存のテンプレートのほか、独自のテンプレートを作成できる

---

③ ファイルが保存された

入力したファイル名が
表示された

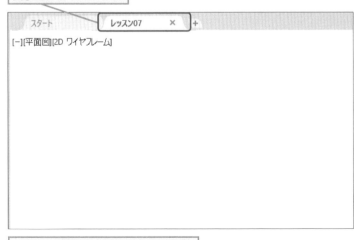

レッスン❸を参考に、AutoCAD を
終了しておく

Point

**ファイルの名前と
種類を指定する**

このレッスンで解説したように、図面ファイルを保存するときは、[図面に名前を付けて保存]ダイアログボックスで操作します。大切なのは、分かりやすいファイル名を付けるようにすることと、ファイルの種類を意図通りのものにすることが大切です。通常は、[AutoCAD 2018 図面]形式で図面ファイルを保存しますが、[ファイルの種類]をよく確認しておきましょう。なお、AutoCADで扱えるファイルについては上のテクニックで紹介します。用途に応じて適切な種類を選択するようにしましょう。

7

図面に名前を付けて保存

8

ファイルを開くには

ファイルを選択

既存のファイルを開くときも［アプリケーション］ボタンが起点となります。ここでは、本書で利用する練習用ファイルの例で操作方法を解説します。

基本編　第2章　直線を使って図形を描いてみよう

1　［ファイルを選択］ダイアログボックスを表示する

16ページを参考に、本書の練習用ファイルを［ドキュメント］フォルダーにコピーしておく

レッスン❸を参考に、AutoCADを起動しておく

1　［アプリケーション］をクリック

アプリケーションメニューが表示された

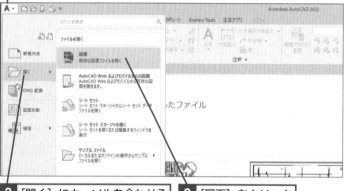

2　［開く］にカーソルを合わせる

3　［図面］をクリック

2　開くファイルを選択する

［ファイルを選択］ダイアログボックスが表示された

［練習用ファイル］フォルダーにある［第2章］フォルダーを開いておく

1　［拡大表示・画面移動］をクリック

選択したファイルのプレビューが表示された

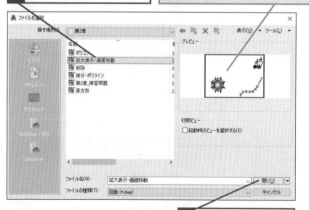

2　［開く］をクリック

 レッスンで使う練習用ファイル
拡大表示・画面移動.dwg

ショートカットキー

$\boxed{Ctrl}$ + $\boxed{O}$ ……ファイルを開く

コマンド　OPEN

HINT!

最近開いたファイルが表示される

［アプリケーション］ボタンをクリックすると、最近開いた図面が［最近使用したドキュメント］の一覧に表示されます。ファイルの移動や削除をしていなければ、ファイル名をクリックするだけで、素早くファイルを開けるので便利です。標準の設定では一覧に9ファイルまで表示されます。なお、ファイル名の右側に表示されている［ピン］ボタンをクリックすると、ファイルの表示を固定できます。

最近開いた図面を一覧から選択できる

テクニック 図面ファイルのバージョンを変換するには

同じDWGファイルにも「2018形式」や「2013形式」といった形式の違いがあります。2018形式のDWGファイルは、2017以前のAutoCADでは開けないので、異なるバージョン間でファイルのやり取りをする場合には気を付けたいポイントです。2018形式のDWGファイルを2013形式に変換するときは、オートデスクが提供している「DWG TrueView」というソフトを利用できます。「DWG TrueView」は以下のWebサイトから無料でダウンロードできます。

▼DWG TrueViewのダウンロードページ
https://www.autodesk.co.jp/products/dwg

DWG TrueView をダウンロードして
起動しておく

1 [開く] をクリック

[ファイルを選択] ダイアログボックスが表示されるので、ファイルを選択して [開く] をクリックしておく

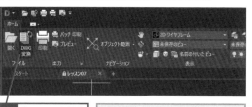

2 [DWG変換] をクリック

DWG ファイルの形式を変換する画面が表示される

③ ファイルが開いた

ファイルの内容が
表示された

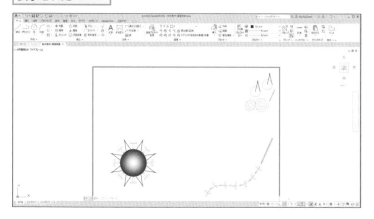

Point

**アプリケーション
メニューが起点となる**

このレッスンでは既存のファイルをAutoCADで開く方法について解説しました。新規作成や保存と同様、ファイルを開く操作も [アプリケーション] ボタンが起点となります。ファイルにまつわる操作は [アプリケーション] ボタンを使う、ということを覚えておきましょう。

画面の表示を
調整するには

拡大表示、画面移動

マウスのホイールボタンを前後に回転させると、図面の拡大や縮小ができます。表示位置の変更方法と合わせ、AutoCADで必須となる操作をマスターしましょう。

基本編 第2章 直線を使って図形を描いてみよう

① 図面を拡大する

レッスン❽を参考に、[拡大表示・画面移動] を開いておく	**1** マウスのホイールボタンを前に回転

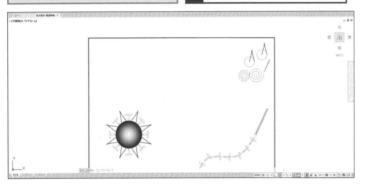

② 図面が拡大された

図面の一部が拡大表示された	マウスのホイールボタンを後ろに回転させると縮小できる

▶キーワード

AutoCAD	p.340
オブジェクト	p.340
カーソル	p.341

 レッスンで使う練習用ファイル
拡大表示・画面移動.dwg

コマンド	ZOOM
エイリアス	Z
リボン	[表示] - [ナビゲーションバー]

HINT!

ホイールボタンの操作を覚えておこう

AutoCADではさまざまな方法で画面表示の拡大や縮小ができますが、一番簡単なのはマウスのホイールボタンを回転させる方法です。コマンド操作の途中でも、作業を中断せずに画面の表示を変更できます。なお、拡大と縮小はカーソルの位置が中心の基点となることを覚えておきましょう。適切な位置にカーソルを移動してからホイールを動かせば思い通りに操作ができるようになります。

●ホイールボタンの動作一覧

表示	操作方法
拡大表示	ホイールボタンを前に回転
縮小表示	ホイールボタンを後ろに回転
オブジェクト範囲に全体表示	ホイールボタンをダブルクリック
画面移動	ホイールボタンをクリックしたままドラッグ

③ 図面の左下を表示する

画面を右上にスクロールして、
図面の左下を表示する

1 マウスのホイールボタン
を押したままにする

ドラッグ元の基点がアイコン
で表示された

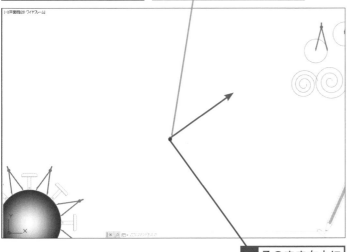

2 そのまま右上に
ドラッグ

④ 図面全体を表示する

ドラッグした方向に
画面が移動した

1 マウスのホイールボタン
をダブルクリック

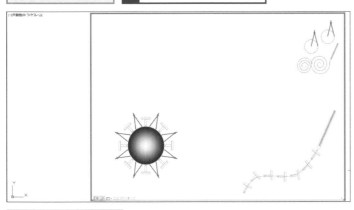

図面全体が表示される

9

拡大表示、画面移動

HINT!

**ホイールボタンが
利用できないときは**

手順3や手順4でホイールボタンを
使った移動や全体表示ができないと
きは、ホイールボタンの設定を変更
します。利用しているマウスやドラ
イバー、OSによって設定方法が異
なるので、マウスの取扱説明書を参
照してください。

HINT!

**[ズーム] コマンドを
利用してもいい**

画面右側のナビゲーションバーから
[ズーム]コマンドを実行すると、ズー
ムオプションを選択できます。

1 [オブジェクト範囲のズーム]
の [▼] をクリック

ズームオプションの
一覧が表示された

Point

**画面表示の調整を
マスターしよう**

このレッスンではホイールボタンに
よる画面表示の拡大や縮小、移動や
全体表示といった操作を解説しまし
た。画面表示の調整は、すべてのコ
マンドで利用でき、AutoCADの操作
の中でも最もよく使う操作です。操
作をしっかりマスターしておくと、
後々大いに役立ちます。このレッス
ンをよく読んで、練習しておくと
いいでしょう。

10

2つの作図モードを理解しよう

直交モード、極トラッキング

このレッスンでは、作図や編集の基本操作で必要な［直交モード］や［極トラッキング］といった、特定な角度を容易に操作できる作図モードを解説します。

直交モードとは

オブジェクトを作成するときは、正確な位置や点を指定するために作図領域をクリックするか、座標を入力するのが基本的な方法です。一方、マウスによって方向や距離（長さ）の値をキーボードから直接入力する方法も便利です。直交モードは、直前に指示した点（位置）から水平方向と垂直方向のみにカーソルの移動を固定できるので、簡単かつ正確に作図ができます。

また、作図・編集コマンドの実行中でも操作を中断せずにオンとオフの切り替えができます。切り替えはステータスバーの［カーソルの動きを直交に強制］ボタンか F8 キーで行います。

●直交モードの設定

1 ［カーソルの動きを直交に強制］をクリック

F8 キーを押してもいい

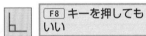

直交モードがオンになり、ボタンが青く表示された

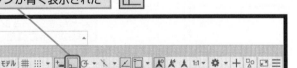

直交モードをオンにすると、カーソルの移動が水平方向か垂直方向のみに固定される

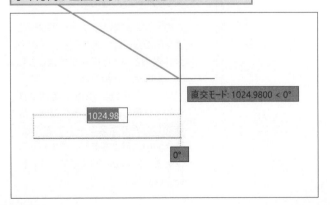

キーワード

オブジェクト	p.340
オブジェクトスナップ	p.340
カーソル	p.341
極トラッキング	p.341
直交モード	p.343

⌨ ショートカットキー

F8 ………… 直交モードのオン・オフ

F10 ………… 極トラッキングのオン・オフ

HINT!

一時的にオンとオフを切り替えられる

直交モードは Shift キーを押すことで一時的にオフにできます。また直交モードがオフのとき、 Shift キーを押すと一時的にオンになります。また、直交モードがオンの状態でも、キーボードから特定の距離や角度を指定できます。

直交モードがオンの状態でも距離や角度を指定できる

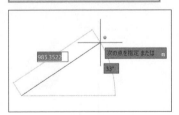

極トラッキングとは

極トラッキングを使用すると、あらかじめ設定した一定の角度上の点（位置）を簡単に指定できます。下の作図例のように直前に指示した点（位置）から指定した角度の増分値にカーソルを近づけると、黄緑色の［位置合わせパス］が表示されます。このガイドを利用すれば、簡単かつ正確に作図ができるのです。

直交モードと同様に、作図・編集コマンドの実行中にオンとオフの切り替えが可能です。ステータスバーの［カーソルの動きを指定した角度に強制］ボタンか F10 キーで切り替えを実行しましょう。

●極トラッキングの設定

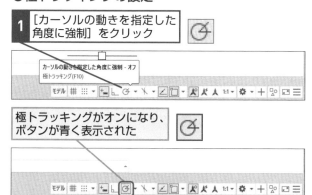

1 ［カーソルの動きを指定した角度に強制］をクリック

極トラッキングがオンになり、ボタンが青く表示された

2 ［▼］をクリック

- ✓ 90, 180, 270, 360...
- 45, 90, 135, 180...
- 30, 60, 90, 120...
- 23, 45, 68, 90...
- 18, 36, 54, 72...
- 15, 30, 45, 60...
- 10, 20, 30, 40...
- 5, 10, 15, 20...
- トラッキングの設定...

3 ［30］をクリック

カーソルが 30 の倍数の角度に近づいたときに位置合わせパスが表示される

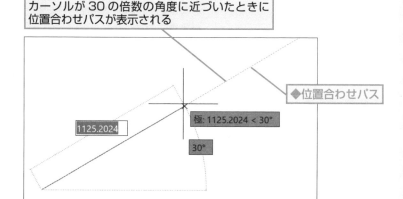

◆位置合わせパス

極: 1125.2024 < 30°

1125.2024

30°

HINT!

2つの機能を同時には使えない

直交モードと極トラッキングの両方をオンにすることはできません。直交モードをオンにすると、設定されていた極トラッキングが自動的にオフになります。しかし、直交モードをオフにしても極トラッキングは自動でオンになりません。

Point

2つの作図モードを覚えておこう

AutoCADにはカーソルの移動を水平・垂直方向に固定する「直交モード」と、「30度刻み」などの一定の角度に固定する「極トラッキング」という作図モードがあります。どちらがより便利ということではなく、状況に応じてオンとオフを切り替えて使います。作図操作でこれらの機能を利用する方法については、後半のレッスンで詳しく解説しますが、まずはこうした機能があるということを覚えておいてください。

11

さまざまな点を取得する機能を知ろう

オブジェクトスナップ

図面上にある図形を利用して、正確な作図や編集作業をするには「オブジェクトスナップ」が欠かせません。実例を基に機能と使い方を紹介します。

オブジェクトスナップとは

「オブジェクトスナップ」とは、図面上のオブジェクトにある点を取得する作図補助機能です。「オブジェクトスナップ」を使用すれば、図形の正確な点を簡単に指定できます。オブジェクトスナップには、「定常オブジェクトスナップ」と「優先オブジェクトスナップ」の2種類があります。また、オブジェクトスナップをさらに効率良く使用するために、「AutoSnap」という機能が含まれています。いずれかのオブジェクトスナップの設定を使用している場合、カーソルをスナップ点の上に移動すると、AutoSnap機能によってマーカーとツールチップが表示されます。これにより、有効なオブジェクトスナップを視覚的に確認しながら、作図を進められることを覚えておきましょう。

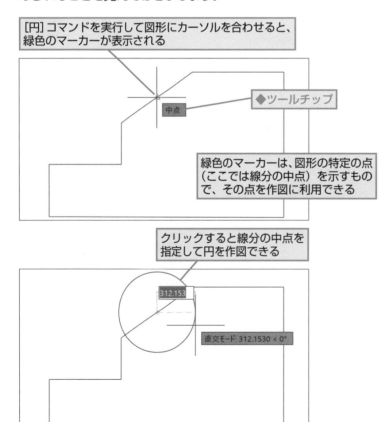

[円]コマンドを実行して図形にカーソルを合わせると、緑色のマーカーが表示される

◆ツールチップ

緑色のマーカーは、図形の特定の点（ここでは線分の中点）を示すもので、その点を作図に利用できる

クリックすると線分の中点を指定して円を作図できる

キーワード

オブジェクトスナップ	p.340
スプライン	p.342
ポリライン	p.343

ショートカットキー

F3 ……… 定常オブジェクトスナップのオン・オフ

コマンド	OSNAP
エイリアス	OS

HINT!

AutoSnapとは

AutoSnapは、オブジェクトスナップをさらに効率良く使用するための表示補助機能です。AutoSnapが有効の場合にカーソルをオブジェクトに近づけると、取得できるオブジェクトスナップ（点）がマーカーやツールチップで表示されます。

HINT!

AutoSnapマーカーのサイズを調整するには

AutoSnapのマーカーの大きさを変更するには、[オプション]ダイアログボックスの[作図補助]タブを選択し、[Auto Snapマーカーサイズ]のスライダーバーで調節をします。編集操作の妨げにならないように、適切な大きさに設定しましょう。

1 [作図補助]タブをクリック

[AutoSnapのマーカーのサイズ]のここを左右にドラッグ **2**

定常オブジェクトスナップとは

作図や編集の作業中にオブジェクトスナップを毎回設定するのは面倒です。頻繁に使用するオブジェクトスナップはあらかじめ設定を有効にしておけば、端点や中点、中心にカーソルを合わせたときにマーカーで確認できます。常時有効に設定されているオブジェクトスナップを、「定常オブジェクトスナップ」と呼びます。下図のように、スナップモードの追加や削除も後から簡単に設定できます。精度の高い図面を作成するには、必ず定常オブジェクトスナップが「オン」の状態で作業を進めましょう。

定常オブジェクトスナップのオン・オフはステータスバーのアイコンを押すか、F3 キーを押せば切り替えられる

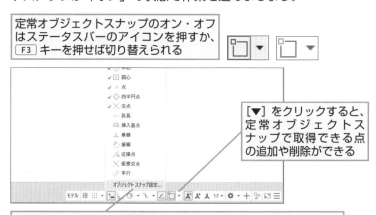

[▼] をクリックすると、定常オブジェクトスナップで取得できる点の追加や削除ができる

[オブジェクトスナップ設定] をクリックすると、[作図補助設定] ダイアログボックスが表示される

優先オブジェクトスナップとは

[優先オブジェクトスナップ] は設定済みの [定常オブジェクトスナップ] のモードを一時的に無効にして、指定したスナップ点を1回だけ優先的に取得できる機能です。

特定の1種類のオブジェクトスナップを1回のみ有効に使用する場合、コマンド実行時に右クリックで表示するか、作図領域内でShift キーを押しながら右クリックして選択します。このモードの利用後は、自動で [定常オブジェクトスナップ] モードに戻ります。

コマンドの実行中に右クリックメニューから [優先オブジェクトスナップ] を選択する

定常オブジェクトスナップのお薦めの設定とは

定常オブジェクトスナップは、必要な項目だけを設定しておきましょう。複数のスナップモードをオンに設定できますが、スナップモードの数が多すぎると、スナップする点が多くなり操作性が悪くなります。基本的には、頻繁に使用する [端点] 〜 [交点] を設定しておくといいでしょう。

[端点] から [交点] までを有効にしておくと使いやすい

ツールチップのサイズを調整するには

ツールチップの大きさを変更するには、[オプション] ダイアログボックスの [作図補助] タブで [作図ツールチップの設定] ボタンをクリックして [サイズ] の数値を変更するか、スライダーバーで調整します。なお、この大きさ変更はダイナミック入力のツールチップにも影響します。

1	[作図補助] タブをクリック	2	[作図ツールチップの設定] をクリック

[ツールチップの外観] ダイアログボックスでツールチップのサイズを調整する

次のページに続く

主なオブジェクトスナップの種類

オブジェクトスナップは、そのオブジェクトによって使用できる
種類が異なります。オブジェクトスナップの中から、特に使用頻
度の高い機能を紹介します。なお、ここでは特別に作図したイメー
ジ図を使用しています。

● [端点]

線分、曲線、ポリライン
など、最も近い端点にス
ナップします。

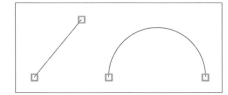

● [中点]

線分や円弧、ポリライン
など最も近い中点にス
ナップします。

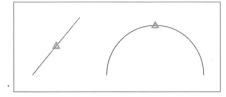

● [中心]

円や円弧、楕円の中心点
にスナップします。

● [図心]

閉じたポリラインおよび
スプラインの図芯にス
ナップします。

● [点]

点オブジェクトや寸法の
定義点などにスナップし
ます。

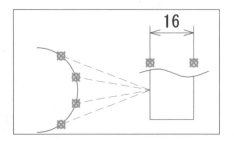

HINT!

特定のオブジェクトを
スナップ対象からはずすには

外形線や寸法補助線、ハッチングパ
ターンなど、多くの図形があるとス
ナップがしにくくなります。特定の
図形をスナップ対象からはずして目
的の図形をスナップしやすくすると
いいでしょう。その場合[オプション]
ダイアログボックスの[作図補助]
タブにある[オブジェクトスナップ
オプション]の項目で設定を変更し
ます。

ハッチングや寸法補助線を
除外するように設定できる

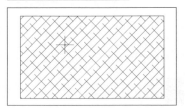

ハッチングにスナップ
しなくなる

● ［四半円点］

円、円弧、楕円の四半円点のうち、カーソルに最も近い位置にある点にスナップします。

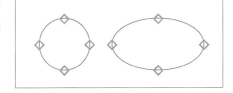

● ［交点］

2本の線分、2つの円や円弧など同一平面上で交差している点、あるいは線分と円や円弧の交点にスナップします。

● ［垂線］

最後に指定した点と、指示した線分、円、円弧との角度が垂直になるように、指定した図形上の点にスナップします。

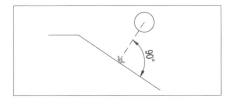

● ［接線］

最後に指定した点から円や円弧に接線を引くとき、指定した円や円弧の接点にスナップします。

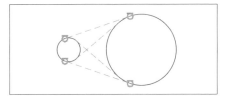

● ［2点間中点］

2点間をクリックして指定すると、その中点にスナップします。

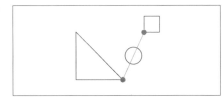

● ［延長］

オブジェクトの端点にカーソルを合わせると、一時的に［＋］マークが表示されます。その延長線上の点にスナップします。

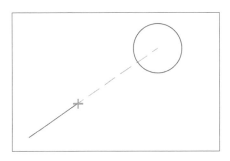

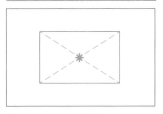

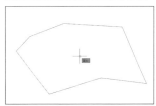

（見出しの数字） 11

オブジェクトスナップ

HINT!

ポリラインなら図芯を取得できる

図芯とは、その図形の重心の位置のことです。手書き図面では補助線で重心の位置を求めますが、AutoCADでは、図形がポリラインであれば、オブジェクトスナップの［図心］で選択できます。これは、AutoCADのポリラインが断面積の情報を持っているためです。ポリラインの詳細については、続くレッスン⑫で解説します。

●手書きの場合

> 補助線を引いて図芯を求める

●AutoCADの場合

> 図形がポリラインなら、オブジェクトスナップで簡単に図芯を選択できる

Point

オブジェクトスナップを活用しよう

このレッスンではオブジェクトスナップの概要を解説しました。端点や交点、中点や中心など、図形の特定の点を取得できるオブジェクトスナップを利用すれば、簡単に正確な作図ができるようになります。ただし、スナップする点が多すぎると、操作性が悪くなります。53ページの上のHINT!を参考にして必要な項目を設定しておきましょう。

12

線分を引くには

線分、ポリライン

2点を指定して線分を描くには、[線分] コマンドか [ポリライン] コマンドを利用します。それぞれのコマンドで作成されるオブジェクトの違いを理解しましょう。

基本編 第2章 直線を使って図形を描いてみよう

線分とポリラインの違い

下の2つは、このレッスンで作図する階段状の図形です。[線分] コマンドや [ポリライン] コマンドで作図ができますが、[線分] コマンドで作図した場合、連続して作成された複数の線分は個々の独立したオブジェクトになります。しかし、[ポリライン] コマンドで作図した場合は、1つのオブジェクトになります。

操作はよく似ていますが、ポリラインはオプションから線幅の指定や円弧を含めて全体で1つのオブジェクトとして扱われます。また、線分とポリラインではグリップの形状も異なります。線分は、すべてのグリップが正方形で表示され、ポリラインの場合は、中間のグリップが長方形で表示されます。

動画で見る
詳細は2ページへ

► キーワード

オブジェクト	p.340
グリップ	p.341
直交モード	p.343
ポリライン	p.343

📄 **レッスンで使う練習用ファイル**
線分・ポリライン.dwg

コマンド	LINE/PLINE
エイリアス	L/PL
リボン	[ホーム] - [作成] - [線分] / [ホーム] - [作成] - [ポリライン]

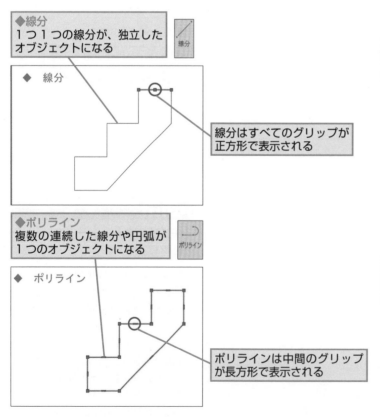

◆線分
1つ1つの線分が、独立したオブジェクトになる

線分

◆ 線分

線分はすべてのグリップが正方形で表示される

◆ポリライン
複数の連続した線分や円弧が1つのオブジェクトになる

ポリライン

◆ ポリライン

ポリラインは中間のグリップが長方形で表示される

HINT!

オブジェクトって何？

1つ以上の要素を持ち、操作、作成、修正可能なものをAutoCADでは「オブジェクト」と呼びます。例えば、文字、寸法、線分、円、ポリラインなどが該当します。またAutoCADでは、作図環境で定義した設定（文字スタイルや寸法スタイルなど）もまた「名前の付いたオブジェクト」として扱います。

HINT!

グリップって何？

「グリップ」とは、オブジェクトを選択したときに表示される、塗りつぶしの青い小さな正方形や長方形、三角形のことです。グリップをクリックすると、様々な編集操作を行えます。線分とポリラインのように、オブジェクトのタイプで、グリップの形状も編集機能も異なります。

ここでやること

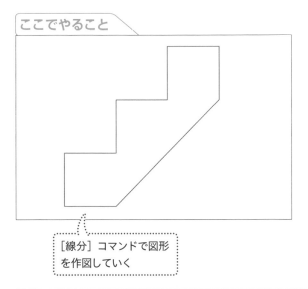

[線分] コマンドで図形
を作図していく

線分の作図

① [線分] コマンドを実行する

このレッスンで使う練習用
ファイルを開いておく

1 [ホーム] タブを
クリック

2 [線分] を
クリック

② 水平の線分の始点を指定する

| ここでは左から | レッスン⑩を参考に、直交モードを |
| 右に線分を引く | オンに設定しておく |

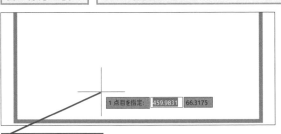

1 点目を指定: 459.9831 66.3175

1 始点をクリック

HINT!

**まずはリボンの使い方を
マスターする**

本書では、AutoCADの画面構成に
慣れるためにリボンからコマンドを
実行する方法を中心に解説します。
しかし、AutoCADでは、コマンドや
コマンドのエイリアスを入力してコ
マンドを実行できることを覚えてお
きましょう。例えば、コマンドライ
ンウィンドウに半角文字で「LINE」
か「L」と入力しても線分コマンド
を実行できます。レッスン❹ではダ
イナミック入力の確認方法を紹介し
ましたが、ダイナミック入力が有効
な場合、コマンドをキー入力すると、
カーソル横にオートコンプリート機
能でコマンドの一覧が表示されま
す。一致するコマンドを選択して、
作業効率をアップさせましょう。

HINT!

**オブジェクトの位置は
後から変更できる**

始点の位置は座標入力でも指定でき
ますが、ここでは任意の位置をクリッ
クします。作図した図形は、この後
に練習する [移動] コマンドで自由
に編集できます。まずは、読図をし
て作図内容をよく確認してください。

HINT!

**直交モードで
作図を楽にしよう**

このレッスンのような図形を作図す
るには、レッスン⑩で紹介した [直
交モード] が最適です。また、[極
トラッキング] の方法でも作図は可
能ですが、まずは直交モードを練習
しましょう。

次のページに続く

③ 水平の線分の方向を指定する

| 1 | カーソルを左方向に移動 |

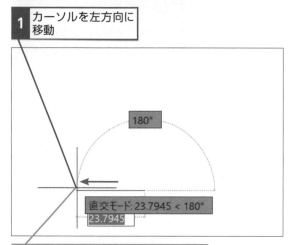

180°

直交モード: 23.7945 < 180°

23.7945

直交モードが有効な場合、水平方向に
ガイドが表示される

④ 水平の線分の長さを指定する

ここでは長さが 20mm の
線分を引く

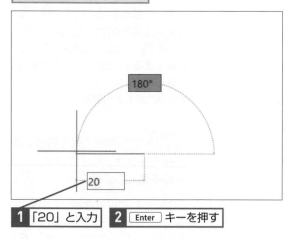

180°

20

| 1 | 「20」と入力 | | 2 | Enter キーを押す |

HINT!

作図補助機能の
ガイド表示が便利

手順3の操作でカーソルを移動すると、直交モードの場合は水平・垂直方向にガイドが表示されます。また、極トラッキングを設定した場合は、設定した角度にカーソルを移動すると黄緑色の点線（位置合わせパス）が表示されます。どちらの補助機能も長さのみの入力で、角度指定の必要はありません。

1125.2024

極: 1125.2024 < 30°

30°

黄緑色の点線が表示される
ところで止める

HINT!

線分の長さは
数値で指定する

手順4の操作1では、距離を入力して線分の長さを指定しています。作図ウインドウでカーソルによって方向を指示しながら、距離の値をキーボードに直接入力し Enter キーを押して操作する方法を、直接距離入力といいます。この方法は、作図コマンドだけではなく編集操作にも活用できます。

 間違った場合は？

作図の途中で間違った線分を描いてしまったときは、「U」と入力し、Enter キーを押して間違ったところを元に戻して、続けて正しい入力操作ができます。操作をすべて取り消すには、クイックアクセスツールバーの［元に戻す］ボタンをクリックします。

⑤ 垂直の線分の方向を指定する

長さ 20mm の水平な 線分が引けた	続けて長さ 20mm の垂直な 線分を上方向に引く

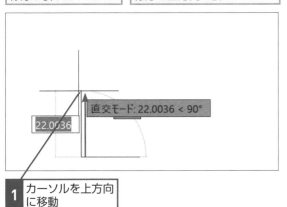

1 カーソルを上方向
に移動

⑥ 垂直の線分の長さを指定する

1 「20」と入力	2 [Enter] キーを押す

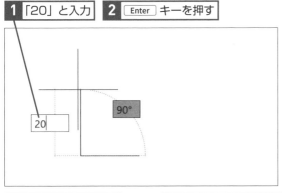

長さ 20mm の垂直の 線分が引けた	同様の手順で長さ 20mm の線分を 水平、垂直に引いて作図する

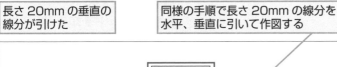
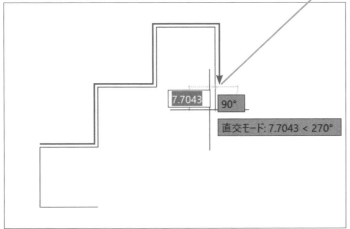

HINT!

連続して線を引ける

[線分] コマンドは、始点をクリックしてから続けて連続した線分を作図できます。直交モードがオンの場合は水平・垂直の線分を正確に引けるので、2本の線の角度が90度になります。

直交モードでは水平や垂直な
線分を正確に引ける

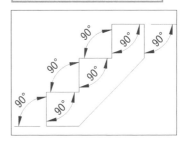

HINT!

画面を右クリックして
操作を取り消せる

操作中に作図ウィンドウを右クリックすると、右クリックメニューが表示されます。[元に戻す] をクリックすると、操作が取り消されます。

1 右クリックして
メニューを表示

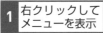

メニューの [元に戻す] を
クリックすると、操作前の
状態に戻せる

次のページに続く

❼ 終点と始点をつなげる

階段上の線分が
引けた

1 右クリックして
メニューを表示

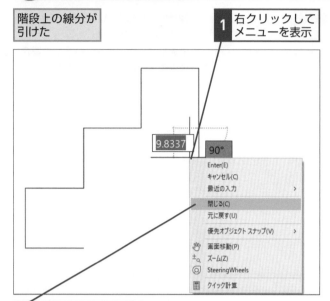

9.8337   90°

Enter(E)
キャンセル(C)
最近の入力   ▶
閉じる(C)
元に戻す(U)
優先オブジェクト スナップ(V)   ▶
画面移動(P)
ズーム(Z)
SteeringWheels
クイック計算

2 [閉じる] をクリック

❽ 終点と始点がつながった

終点と始点がつながった

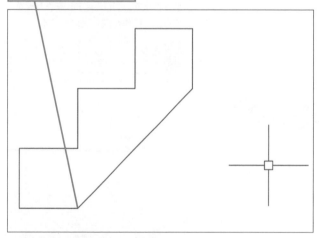

次のレッスン⑬で上書き保存する
のでそのままにしておく

基本編 第2章 直線を使って図形を描いてみよう

HINT!

[線分] コマンドを
終了するには

手順7では [閉じる] をクリックして
終点と始点をつなげています。閉じ
ていない図形を作図するときは手順
6まで操作して Enter キーを押しま
しょう。 Enter キーを押すと [線分]
コマンドが終了し、図形が閉じられ
ていない状態となります。

[閉じる] の操作前に Enter
キーを押すと閉じていない
図形を作図できる

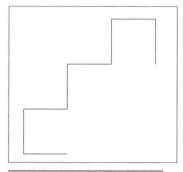

Esc キーを押してもコマンド
を終了できる

Point

線分を作図する
2種のコマンドを知ろう

AutoCADでは、[線分]コマンドと[ポ
リライン] コマンドという2種類のコ
マンドで線分を作図できます。どち
らのコマンドも操作方法は同じです
が、出来上がる図形が複数のオブ
ジェクトになるか、ひとまとめのオ
ブジェクトになるかが違います。作
図した図形をどう扱うかによって、
どちらのコマンドで作図するのかを
決めましょう。なお、ポリラインを
後から複数のオブジェクトに分解し
たり、線分を後から結合したりする
こともできます。

☝ テクニック ポリラインによる線分の作図

[ポリライン] コマンドを利用すると、このレッスンで作図したものと同じ形状の図形をポリラインで作図できます。[線分] コマンドと同様の操作で、始点の位置指定から水平・垂直の線分を引けますが、2点目以降のコマンドのオプションが異なります。[ポリライン] コマンドは連続した線分だけではなく、オプションから円弧を含む図形をまとめて1つのオブジェクトとして作成できます。さらに [ポリライン] コマンドの操作を進めると、関連のあるオプションがたくさん表示されます。

1 [ホーム] タブをクリック **2** [ポリライン] をクリック

レッスンの手順と同様の操作で、ポリラインの線を引ける

[線分] コマンドと選択できるオプションが異なる

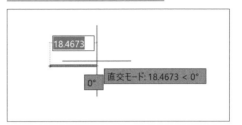

12

線分、ポリライン

☝ テクニック 線分を後からポリラインに変更する

[ポリライン編集] コマンドを利用すると、[線分] コマンドで描いた図形を後からポリラインに変更できます。ポリラインにすることで、図形の選択が容易になるほか、データの容量も減らせるという利点があります。

1 [ホーム] タブをクリック **2** [修正] をクリック

3 [ポリライン編集] をクリック

4 線分をクリック

「ポリラインに変更しますか？」と表示された **5** Enter キーを押す

オプションが表示された **6** [結合] をクリック

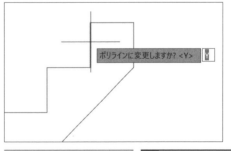

ポリラインに変更する線分をすべてクリックして Enter キーを2回押せば、線分をポリラインに変更できる

13

ファイルを上書き保存するには

上書き保存

図形の追加や削除、図面の編集を既存のファイルに反映するには、上書き保存を実行します。上書き保存を実行すると、ファイルの内容がすべて置き換わります。

1 ファイルの編集状態を確認する

ファイルタブに［*］が表示されている

［*］が表示されているときは、ファイルの内容が更新されている

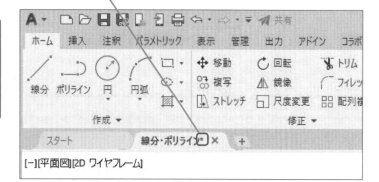

2 上書き保存を実行する

ここではファイル名を変更せずに、変更内容を既存のファイルに反映する

1 ［アプリケーション］をクリック

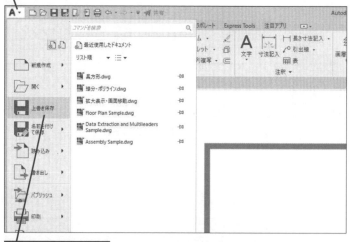

2 ［上書き保存］をクリック

キーワード

BAK	p.340
DWG	p.340
拡張子	p.341

コマンド QSAVE

HINT!

［名前を付けて保存］と［上書き保存］の違いは？

［名前を付けて保存］は、新しく作成した図面に名前を付けて保存するときと、既存のファイルを別名で保存するときに実行します。［上書き保存］の場合はファイル名を変更せず、既存のファイルに変更内容を反映して置き換えるときに実行します。パソコンのトラブルや不意の操作で大切なファイルが失われることがないように、上書き保存を習慣付けるようにしましょう。

HINT!

拡張子を表示するには

AutoCADのファイル名には、ファイルの種類を区別するために「.dwg」「.bak」「.dxf」などのさまざまな拡張子が付きます。拡張子が表示されていると、データの保存や変換などの作業に便利です。ダイアログボックス内でファイルを選択するときなどに見分けるには、あらかじめ拡張子を表示する設定にしておく必要があります。42ページのHINT!を参考に拡張子を表示しておきましょう。

🖐 テクニック バックアップファイルを利用するには

AutoCADでは、［保存時にバックアップコピーを作成］が初期設定で有効になっています。そのため、上書き保存を実行すると「上書き保存される前の状態のファイル」がバックアップとして自動保存されます。ファイルを上書き保存したら、「BAKファイル」と表示されるバックアップファイルができていることを確認しましょう。図面ファイルが壊れて使用できなくなった

場合などに、バックアップファイルを図面ファイルとして使えますが、そのままの状態では開けません。バックアップファイルは、ファイル名の後に付いている拡張子を「.bak」から「.dwg」に書き換えることで、図面ファイルとして開くことができます。図面データは大切な情報資源です。作業の区切りなどには、必ず上書き保存しましょう。

1 拡張子「.bak」を「.dwg」に変更　　**2** `Enter` キーを押す

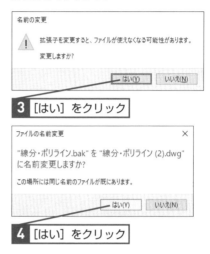

3 ［はい］をクリック

4 ［はい］をクリック

---

③ 上書き保存が完了した

上書き保存が実行され、ファイルタブの［*］が消えた

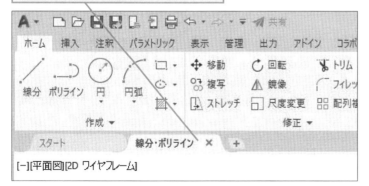

[-][平面図][2D ワイヤフレーム]

Point

上書き保存はこまめに実行しよう

ここでは、変更を加えた図面ファイルを上書き保存する方法を解説しました。上のテクニックでも解説していますが、ファイルを上書き保存すると、バックアップファイルが自動的に作成されます。誤ってファイルを上書き保存してしまった場合には、バックアップから上書き前のファイルを復元することもできます。間違えて上書き保存を実行してもやり直しができるので、こまめにファイルを上書き保存することを習慣付けるようにするといいでしょう。

14

長方形を 作図するには

長方形

円の中心から水平・垂直に4等分した点が四半円点です。四半円点を選択して長方形を作図しましょう。定常オブジェクトスナップの設定が重要になります。

基本編 第2章 直線を使って図形を描いてみよう

ここでやること

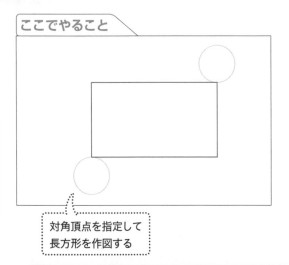

対角頂点を指定して長方形を作図する

キーワード

オブジェクトスナップ	p.340
オプション	p.341
コマンドウィンドウ	p.341

レッスンで使う練習用ファイル
長方形.dwg

コマンド	RECTANG
エイリアス	REC
リボン	[ホーム]-[作成]-[長方形]

HINT!

数値の入力でも 長方形を作図できる

このレッスンでは図形の点を指定して長方形を作図しますが、1点目を指定した後にマウスカーソルを長方形を描きたい方向に移動し、長方形の横と縦の長さを入力して、もう一方の対角頂点を指定できます。

1	任意の1点をクリック

2	マウスカーソルを移動

3	「65」と入力	4	Tab キーを押す

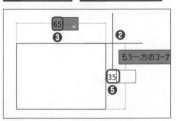

5	「35」と入力	6	Enter キーを押す

幅65mm、高さ35mmの長方形が作図される

① 定常オブジェクトスナップの設定を確認する

このレッスンで使う練習用ファイルを開いておく

ここでは円の四半円点を長方形の頂点に利用する

1	[オブジェクトスナップ]の[▼]をクリック	2	[四半円点]をクリック

[四半円点]がオンになっていたらそのままにしておく

[長方形]コマンドで長方形を作図していく

3	[ホーム]タブをクリック	4	[長方形]をクリック

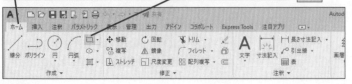

② 1つ目の頂点を指定する

[長方形] コマンド が実行された	対角頂点として円の四半円点を２つ 指定して長方形を作図していく

1つ目の頂点を 指定する	**1** 円周上にカーソル を合わせる	**2** [四半円点] と表示 されたらクリック

四半円点

③ 2つ目の頂点を指定する

2つ目の頂点を指定する

1 円周上にカーソル を合わせる	**2** [四半円点] と表示 されたらクリック

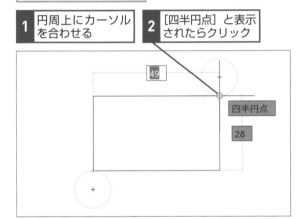

49

四半円点

28

対角頂点を指定して 長方形を作図できた

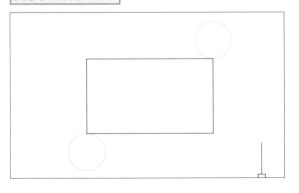

HINT!

さまざまなオプションが 表示される

[長方形] コマンドの実行時には、コマンドウインドウに複数のオプションが表示されます。角を面取りしたり丸めたりするときは、[面取り] や [フィレット] を選択しましょう。編集作業が不要になるので、素早く図形を作成できます。

[長方形] コマンドを開始する とコマンドウィンドウにオプ ションの一覧が表示される

ナーを指定 または [面取り(C) 高度(E) フィレット(F) 厚さ(T) 幅(W)]:

クリックしてオプションを 選択する

● [面取り] オプション

面取りされた長方形を 作図できる

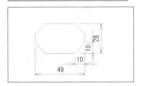

28
10
10
49

● [フィレット] オプション

角が丸められた長方形を 作図できる

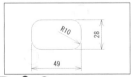

R10
28
49

Point

長方形の作図を身に付けよう

ここでは2点を指示して長方形を作図しました。オブジェクトスナップを使えば、円の四半円点も簡単に取得できるので、四半円点を頂点とする長方形を簡単に作図できます。また、前ページのHINT!でも解説しているように、対角頂点を指定するほか、1つの頂点と幅、高さの数値を指定しても長方形を作図できます。

15

正多角形を作図するには

ポリゴン

AutoCADで正多角形を作成するときは[ポリゴン]コマンドを実行します。機械製図などで作図するボルトやナットには欠かせないコマンドです。

基本編 第2章 直線を使って図形を描いてみよう

ここでやること

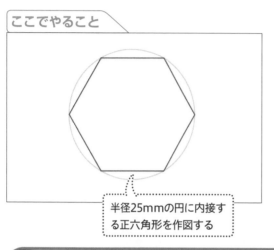

半径25mmの円に内接する正六角形を作図する

▶キーワード

カーソル	p.341
コマンド	p.341
ポリライン	p.343

📄 レッスンで使う練習用ファイル
ポリゴン.dwg

コマンド	POLYGON
エイリアス	POL
リボン	[ホーム] - [作成] - [ポリゴン]

HINT!

エッジって何?

AutoCADでは、正多角形の辺を「エッジ」と呼びます。[ポリゴン]コマンドを実行すると、「エッジの数を入力」というメッセージがツールチップに表示されるので、正多角形を構成する辺の数（六角形の「6」に当たる数値）を入力します。なお、ここでは補助円の中心を指定した正多角形の操作手順を解説していますが、[エッジ]オプションを使うと一辺の長さ指定と作図補助機能で以下のような正多角形を作図できます。

●エッジの数＝3、直交モードをオン

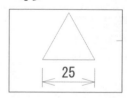

25

●エッジの数＝3、極トラッキングをオン

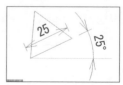

25 25°

① 多角形の作図を開始する

このレッスンで使う練習用ファイルを開いておく	ここではすでに作図されている円に内接する六角形を作図する

1 [ホーム] タブをクリック　2 [長方形] の [▼] をクリック 　3 [ポリゴン] をクリック

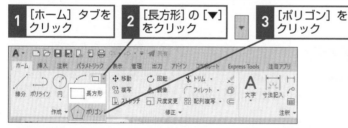

② 多角形のエッジの数を指定する

ここでは六角形を作図するので「6」と入力する

1 「6」と入力

2 Enter キーを押す

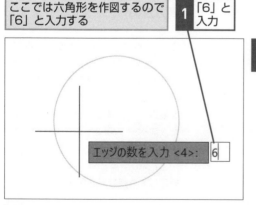

エッジの数を入力 <4>: 6

③ 多角形の中心を指定する

ここではすでに作図されている
円の中心を六角形の中心にする

1 円の円周上にカーソル
を合わせる

2 円の中心にカーソル
を合わせる

[中心] と表示
された

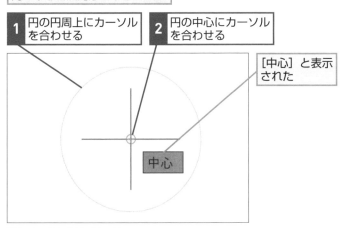

中心

3 そのままクリック

④ 円に内接するか外接するかを選択する

中心が設定された

円に内接するか外接するかを
選択する画面が表示された

ここでは多角形を
円に内接させる

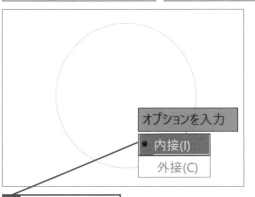

オプションを入力

● 内接(I)

外接(C)

1 [内接] をクリック

次のページに続く

HINT!

補助円があると
簡単に作図できる

作成される正多角形の内接は多角形
の頂点で指定され、外接の場合は辺
の中点で決まります。これらの点を
自由に指定するときは、半径の長さ
と角度（相対極座標）やオブジェク
トスナップと極トラッキングなどの
機能を活用しましょう。[ポリゴン]
コマンドで作成された正多角形は、
ポリラインで作成されているため1
つの図形として扱われます。エッジ
の数は最大「1024」まで指定がで
きます。

●半径10mmの円に内接

R10

●半径10mmの円に外接

R10

15

ポリゴン

⑤ 円の半径を入力する

ここではすでに作図されている
円の半径「25」を指定する

1 「25」と入力　**2** Enter キーを押す

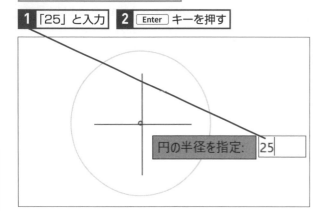

円の半径を指定: 25

⑥ 多角形が作図された

円に内接する六角形が作図された

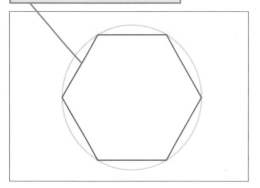

HINT!

図芯を簡単に取得できる

［ポリゴン］コマンドで作成された正多角形はポリラインで作成されているので、その図形の図芯（重心）に補助線を描かずに円の中心を選択できます。例えば、作図した正三角形の重心に半径5mmの円を作図することも簡単にできます。オブジェクトスナップの［図心］は、閉じたポリラインなどの図形の重心位置に簡単に吸着する便利な機能です。

正多角形の中心にカーソルを移
動すると「図心」と表示される

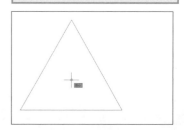

クリックして作図に
利用できる

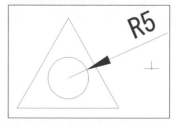

Point

正多角形の作図は
円の存在を意識する

［ポリゴン］コマンドは、円に内接するか、外接するように、正多角形を作図するコマンドです。その寸法は、正多角形の1辺の長さではなく、正多角形に外接するか、内接する円の半径によって決まります。このレッスンの練習用ファイルは、円がもともと記入されている状態でしたが、そうでない場合も円の存在を意識しておくと、操作が分かりやすくなるでしょう。

テクニック ポリゴンを線分に分解する

[ポリゴン] コマンドや [長方形] コマンドで作図した図形は、ポリラインで作成されます。ポリラインの一部を削除するには、[分解] コマンドで個々の図形に分解する必要があります。分解後の図形は、その図形の位置は変更されずに [線分] コマンドで作図された

図形と同様に線幅を持たない線分になります。円弧も同様です。[分解] コマンドの操作については、下の手順を参照してください。なお、分解した図形はレッスン⑫のテクニックで紹介した操作で再びポリラインに戻せます。

● [分解] コマンドの使用方法

1 分解するポリゴンを選択する

1 分解するポリゴンをクリックして選択

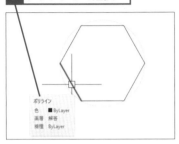

2 [分解] コマンドを実行する

1 [ホーム] タブをクリック　**2** [分解] をクリック

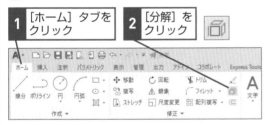

3 辺を削除する

正多角形のうちの 1 つの辺を削除する

1 辺をクリックして選択　**2** Delete キーを押す

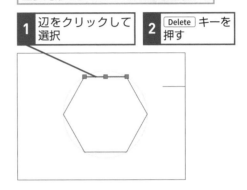

4 辺が削除された

1 つの辺だけが削除された

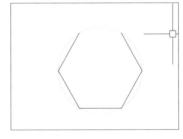

●線幅の付いたポリラインの場合

1 分解するポリラインをクリックして選択　**2** [分解] をクリック

→

ポリラインが分解され、線幅の設定が解除された

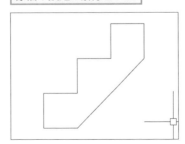

16 図形を削除するには

削除

このレッスンでは、[削除] コマンドで、図形を削除する操作を解説します。図形をクリックして選択した後に図形の色が薄くなることをよく確認しましょう。

① 図形の削除を開始する

このレッスンで使う練習用ファイルを開いておく

| 1 | [ホーム] タブをクリック |
| 2 | [削除] をクリック |

② 削除する図形を選択する

カーソルの形が変わった □

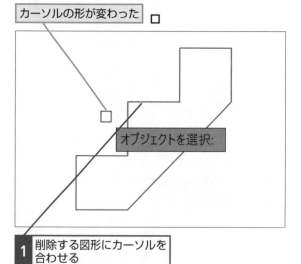

オブジェクトを選択:

| 1 | 削除する図形にカーソルを合わせる |

 動画で見る
詳細は2ページへ

キーワード

カーソル	p.341
クイックアクセスツールバー	p.341
コマンド	p.341

 レッスンで使う練習用ファイル
削除.dwg

コマンド	ERASE
エイリアス	E
リボン	[ホーム] - [修正] - [削除]

HINT!

複数の図形を削除するには

削除したい図形が複数あるときは、手順3の方法で繰り返し図形を選択します。また、 Shift キーを押しながら図形をクリックすると選択が除外されます。削除対象の図形が薄い色で表示されていることを確認してから Enter キーを押しましょう。

HINT!

先に図形を選択しても削除できる

図形の選択後に [削除] コマンドを実行しても図形を削除できます。基本操作を習得できたら試してみましょう。

 間違った場合は?

作図作業では、間違って図形や文字を削除することがよくあります。その場合は、クイックアクセスツールバーの [元に戻す] ボタンをクリックしてください。

③ 削除を実行する

削除のマーカーが表示された | **1** そのままクリック

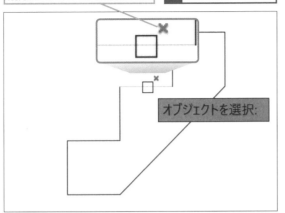

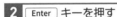
オブジェクトを選択:

図形が選択され、色が薄くなった | **2** Enter キーを押す

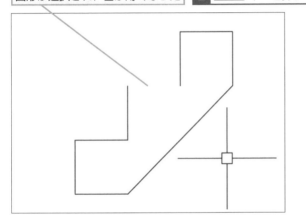

④ 図形が削除された

選択された図形が削除された

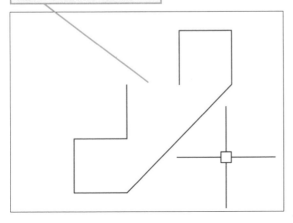

16
削
除

HINT!

キーボードの操作でも削除できる

キーボードの Delete キーで、図形の削除ができます。削除する図形を先に選択してから Delete キーを押してください。

1 図形をクリック

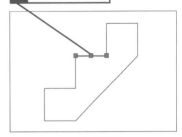

2 Delete キーを押す

選択した図形が削除された

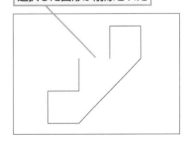

Point

図形や文字を簡単に削除できる

このレッスンで紹介した［削除］コマンドやキーボードの Delete キーを使えば、一度作図した図形を削除できます。誤った図形を作図してしまった場合や一時的に必要な補助線を引いた場合も、図形の削除方法を覚えておけば安心です。画面表示の調整と同様、使用頻度の高い操作なので、しっかり練習して身に付けておくといいでしょう。

この章のまとめ

●基本的な操作をしっかり身に付けよう

この章では、図面の新規作成、図面ファイルの保存方法や作図に関する画面の表示方法を解説しました。またコマンドの解説では、線分で構成されている図形を作図しながらオブジェクトといわれるCADデータとしての図形の性質を含めて解説しました。練習問題でそれぞれの操作の確認をしながら、覚えていきましょう。基本的な操作を実行した後は、さらにコマンドのオプションといわれる別の描き方もチャレンジして、CADの操作技術を積み上げていきましょう。さらに、コマンドだけではなく作図補助機能のオブジェクト

スナップ、直交モード、極トラッキングなどの使い方も重要です。この章で紹介した機能を使えば、日々のCAD操作を楽にできます。本書では、図形の作成と修正、文字や寸法の記入方法を順を追って解説します。次に建築図面や機械図面などを使用して、業務に即したコマンドの使い方や作図方法を解説します。一足飛びで実務で使える作図方法を知りたいと思う方もいるかもしれません。しかし、大切なのは基本となるコマンドの使い方を習得することです。じっくりと読み進めながら徐々に操作を習得していきましょう。

**線分や長方形を
効率的に作図しよう**

[線分] コマンドや [長方形] コマンドを使えば直線を利用して図形を作図できる。作図補助機能を利用すると作図の効率がアップする

練習問題

補助線を使用せずに右の図形を作図しましょう。まずは任意の位置（開始点）をクリックして、長さ80mmの線分を作図します。

練習用ファイル

第2章_練習問題.dwg

関連レッスン

▶レッスン**12**

線分を引くには ··· p.50

ここでやること

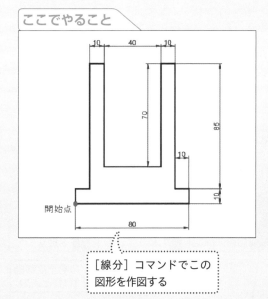

［線分］コマンドでこの図形を作図する

HINT! **作図の補助機能が重要！**

［線分］コマンドで、作図補助機能の直交モードや極トラッキング機能のどちらかを使用して方向と距離を入力すれば、補助線や編集コマンドを使わずに描けます。［閉じる］オプションも線分をつなげる重要なオプションです。

練習用ファイルには、正確に作図できるように寸法値を記入しています。寸法値の記入は第5章で解説しますが、図面上の寸法を確認し学習に役立ててください。

直交モードか極トラッキングをオンにしておく

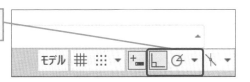

［線分］コマンドを実行したら、直交モードをオンにして以下の手順を実行しましょう。

1 80mm と 10mm の線分を作図する

直交モードをオンにしておく	［線分］コマンドを実行しておく

1 任意の位置をクリックして線分の始点に指定

2 カーソルを右に移動して「80」と入力

3 Enter キーを押す

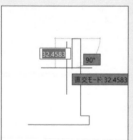

4 カーソルを上に移動して「10」と入力

5 Enter キーを押す

6 カーソルを左に移動して「10」と入力

7 Enter キーを押す

2 85mm と 10mm の線分を作図する

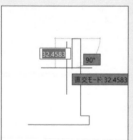

1 カーソルを上に移動して「85」と入力

2 Enter キーを押す

3 カーソルを左に移動して「10」と入力

4 Enter キーを押す

3 70mm と 40mm の線分を作図する

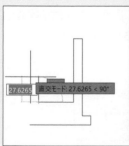

1 カーソルを下に移動して「70」と入力

2 Enter キーを押す

3 カーソルを左に移動して「40」と入力

4 Enter キーを押す

4 70mm と 10mm の線分を作図する

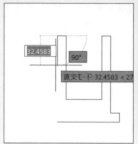

1 カーソルを上に移動して「70」と入力

2 Enter キーを押す

3 カーソルを左に移動して「10」と入力

4 Enter キーを押す

5 85mm と 10mm の線分を作図する

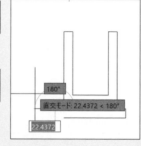

1 カーソルを下に移動して「85」と入力

2 Enter キーを押す

3 カーソルを左に移動して「10」と入力

4 Enter キーを押す

6 線分を閉じる

1 右クリックしてメニューを表示

2 ［閉じる］をクリック

図形が閉じ、作図が完了する

基本編 第2章 直線を使って図形を描いてみよう

円や曲線を
作図しよう

この章では、図面の曲線を描くための［円］や［円弧］コ
マンドなどの利用方法を解説します。コマンドのさまざま
なオプション機能を使いこなせば、効率良く円や円弧を作
図できるようになります。

●この章の内容

17

円を作図するには

円

円は、中心点や半径（または直径）の指定のほか、さまざまな方法で作図できます。リボンに表示されるコマンドのオプションを利用する方法を覚えましょう。

中心と半径の指定による円の作図

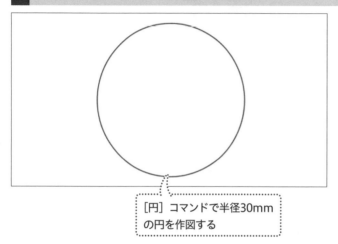

[円] コマンドで半径30mmの円を作図する

キーワード

オブジェクトスナップ	p.340
オプション	p.341
極トラッキング	p.341
コマンド	p.341
直交モード	p.343

📄 レッスンで使う練習用ファイル
円.dwg

⌨ ショートカットキー

Ctrl + O …… ファイルを開く

コマンド	CIRCLE
エイリアス	C

HINT!

直径を指定しても円を作図できる

[円] コマンドの [中心、直径] オプションを利用すると、中心の位置を指定し、直径値を入力して円を作図できます。

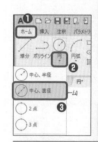

1	[ホーム] タブをクリック
2	[円] の [▼] をクリック
3	[中心、直径] をクリック

円 ▼

手順2〜3と同様の操作で、中心の位置と直径の値を指定して円を作図できる

① [円] コマンドの [中心、半径] オプションを実行する

ここでは、中心と半径を指定して円を作図する

1	[ホーム] タブをクリック	2	[円]の[▼]をクリック

円 ▼

（リボン）
ホーム 挿入 注釈 パラメトリック 表示 管理 出力 アドイン コラボレート Express Tools 注目アプリ
線分 ポリライン 円 円弧 … 移動 回転 トリム … 複写 鏡像 フィレット … 文字 寸法記入 … 長さ 引出 ストレッチ 尺度変更 配列複写 … 表
修正 ▼ 注釈 ▼

中心、半径
中心、直径
2点
3点
接点、接点、半径
接点、接点、接点

3	[中心、半径] をクリック

⚠ 間違った場合は？

手順1の操作3で [中心、直径] をクリックしたときは、一度Escキーを押して [円] コマンドを終了します。その後、手順1の操作2からやり直しましょう。

② 円の中心を指定する

ここでは円の中心として
任意の点を指定する

1 中心の位置を
クリック

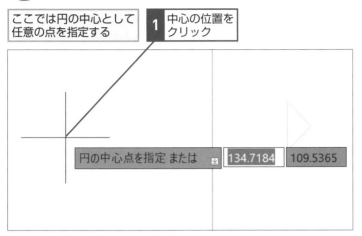

円の中心点を指定 または ↓ | 134.7184 | 109.5365

③ 円の半径を入力する

円の中心が 指定された	ここでは半径 30mm の 円を作図する

1 「30」と入力 **2** Enter キーを押す

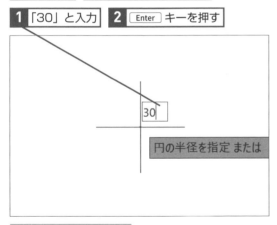

30

円の半径を指定 または

中心と半径を指定して
円を作図できた

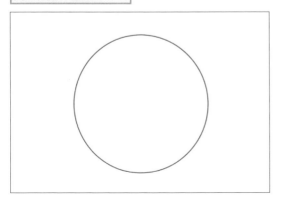

HINT!

座標で中心の位置を指定するには

図形や作図の基準となる位置は、マウスによるクリックのほか、オブジェクトスナップ機能などを使用できますが、特定の座標値も指定できます。その場合、「X座標値、Y座標値、Z座標値」の順番で指定します。2次元図形の場合は、Z座標値は省いても構いません。下の例では、中心位置をX座標値270、Y座標値960の位置に指定して、Z座標を省略しています。

1 「#270」
と入力

2 Tab キーを
押す

❶ ❸

円の中心点を指定 または ↓ | # | 270 | 960

3 「960」と
入力

4 Enter キー
を押す

HINT!

半径を分数で指定できる

AutoCADでは、[円] コマンドの半径は、分数でも指定できます。例えば、手順3で「67/2」と入力すれば、半径33.5mmの円を作図できます。ただし、直径が49.52mmというように小数点以下の数値を含む場合は前ページのHINT!で紹介している [中心、直径] オプションを利用しましょう。計算が必要な場合は、以下の手順で [クイック計算] を選択し、数式を入力して寸法を求めます。

手順 2 まで操作を進めておく

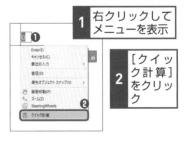

1 右クリックして
メニューを表示

2 [クイック計算]
をクリック

次のページに続く

2点の指定による円の作図（直径）

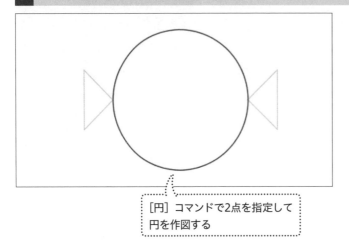

> ［円］コマンドで2点を指定して
> 円を作図する

4 ［円］コマンドの［2点］オプションを実行する

> 続いて、直径の端点となる2点を
> 指定して円を作図していく

1 ［ホーム］タブを
クリック

2 ［円］の［▼］
をクリック

円
▼

| ホーム | 挿入 | 注釈 | パラメトリック | 表示 | 管理 | 出力 | アドイン | コラボレート | Express Tools | 注目アプリ |

線分　ポリライン　円　円弧

◯ 中心、半径
◯ 中心、直径
◯ 2点
◯ 3点
◯ 接点、接点、半径
◯ 接点、接点、接点

円*　　×　＋

ーム］

移動　回転　トリム
複写　鏡像　フィレット
ストレッチ　尺度変更　配列複写

文字　寸法記入

長さ
引出
表

修正 ▾　　　　　　　　　注釈 ▾

3 ［2点］をクリック

図形がなくても作図できる

手順5～6では、三角形のオブジェクトスナップ（端点）で2点をクリックして作図します。直径の終点となる図形がないときは、座標を入力して直径値を指定しましょう。以下のように1点目のクリック後に直交モードや極トラッキングを使い、直径値を入力すると便利です。

| ［円］コマンドの［2点］オプションを実行しておく | 直交モードをオンにしておく |

1 円の1点目にする三角形
の頂点をクリック

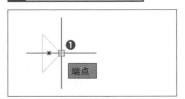

2 カーソルを
右に移動

3 「20」と
入力

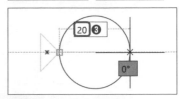

4 Enter キーを押す

円を作図できた

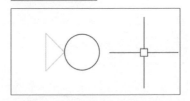

⚠ 間違った場合は？

手順5で三角形の頂点を取得できない場合は、定常オブジェクトスナップが有効になっていません。定常オブジェクトスナップを有効にして［端点］にチェックマークを付けてから、操作をやり直しましょう。

❺ 直径の始点を指定する

直径の1点目として、三角形の頂点を指定する	1 [端点]と表示されるこの頂点をクリック

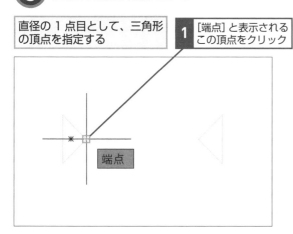

❻ 直径の終点を指定する

直径の始点が指定された	同様にして終点も指定する

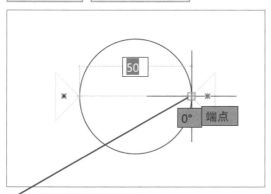

1 [端点]と表示されるこの頂点をクリック

2つの三角形の頂点を直径とする円を作図できた

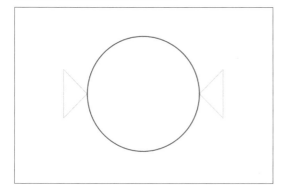

HINT!

3点を指定して円を作図するには

円とは、円の中心から等距離にある点の集合です。[円]コマンドの[3点]オプションで、円周上の3点を指定すると、AutoCADが自動的に円の中心を計算して、円を作図します。

1 [ホーム]タブをクリック	2 [円]の[▼]をクリック

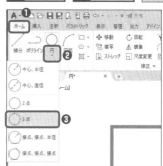

3 [3点]をクリック

4 円周上の3点をクリック

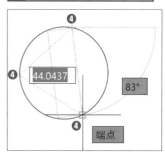

円が作図された

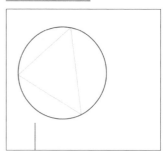

次のページに続く

2本の接線と半径の指定による円の作図

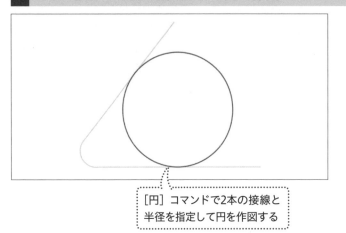

[円] コマンドで2本の接線と
半径を指定して円を作図する

7 [円] コマンドの [接点、接点、半径] オプションを実行する

続いて、2本の接線と半径を指定して円を作図していく

1 [ホーム] タブを
クリック

2 [円]の[▼]
をクリック

3 [接点、接点、半径]
をクリック

8 1本目の接線を指定する

1本目の接線に指定
する線分を指定する

1 接線に指定する線分
をクリック

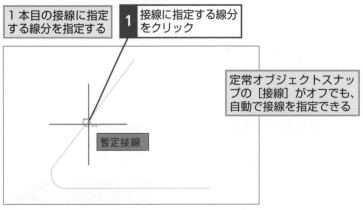

定常オブジェクトスナッ
プの [接線] がオフでも、
自動で接線を指定できる

暫定接線

3本の接線を指定して
円を作図するには

[円] コマンドの [接点、接点、接点]
オプションを使用すると、接する3
本の線分をクリックして、内側に接
する円を自動的に作図します。

1 [ホー
ム] タ
ブをク
リック

2 [円] の
[▼] を
クリッ
ク

3 [接点、接
点、接点]
をクリック

4 円周上の 1 つ目の
点をクリック

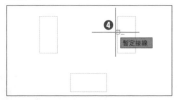

暫定接線

5 2本目の接線をクリック

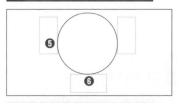

6 3本目の接線をクリック

円が作図される

クリックする順番は
結果に影響しない

[接点、接点、半径] や [接点、接点、
接点] などのオプションを利用する
とき、適切な位置を指定していれば、
指定する順番に関係なく円を作図で
きます。

⑨ 2本目の接線を指定する

2本目の接線に指定する
線分を選択する

1 接線に指定する
線分をクリック

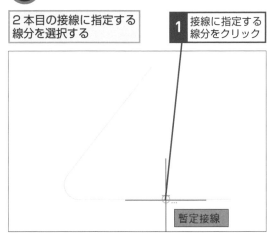

暫定接線

⑩ 円の半径を指定する

円の半径を数値
入力で指定する

1 「25」と
入力

2 Enter キーを
押す

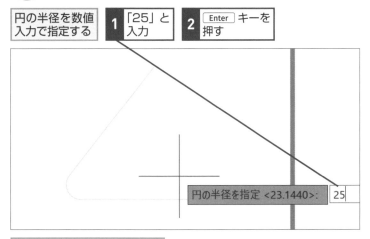

円の半径を指定 <23.1440>: 25

2本の接線と半径を指定して
円を作図できた

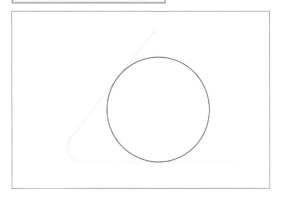

17

円

HINT!

線分ではなく
円を指定してもいい

手順では［接点、接点、半径］や［接
点、接点、接点］のオプションで、
線分を接線に指定して円を作図して
いますが、線分の代わりに円を接線
として指定できます。下図のように
2つの接点と半径を指定したり、3つ
の接点を指定したりして円を作図で
きるので、状況に応じて有効なオプ
ションを選択しましょう。

● ［接点、接点、半径］の場合

● ［接点、接点、接点］の場合

Point

［円］コマンドの
オプションを使いこなそう

このレッスンで紹介したように、
AutoCADの［円］コマンドにはさま
ざまなオプションがあります。円の
中心が分かっているときは［中心、
半径］オプションや［中心、直径］
オプション、直径の2点が分かって
いるときは［2点］オプション、2本
の接線と半径が分かっているときは
［接点、接点、半径］オプションといっ
たように、利用できる情報に応じて
適切なオプションを選択するといい
でしょう。

18

円弧を作図するには

円弧

製図用具のコンパスと同じ役割を果たすのが［円弧］コマンドです。中心の指定後に、時計回りと反時計回りのどちらに回転させるかを考えて操作しましょう。

基本編 第3章 円や曲線を作図しよう

3点の指定による円弧の作図

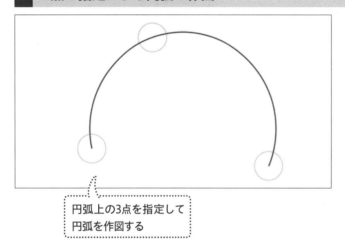

円弧上の3点を指定して円弧を作図する

▶キーワード

アプリケーションメニュー	p.340
オブジェクトスナップ	p.340
オプション	p.341
コマンド	p.341

📄 レッスンで使う練習用ファイル
円弧.dwg

コマンド	ARC
エイリアス	A

HINT!

時計回りでも反時計回りでもいい

［3点］オプションの操作手順は、「P1→P2→P3」（反時計回り）で指定しても「P3→P2→P1」（時計回り）で指定しても作図される円弧に変わりはありません。しかし、下の例のように作図するには「P2→P3→P1」の順で指定します。開始する位置に注意しましょう。

このように作図するには、P2から時計回りに指定する

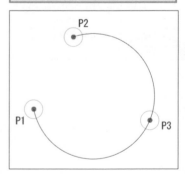

1 ［円弧］コマンドの［3点］オプションを実行する

1 ［ホーム］タブをクリック	2 ［円弧］の［▼］をクリック	円弧

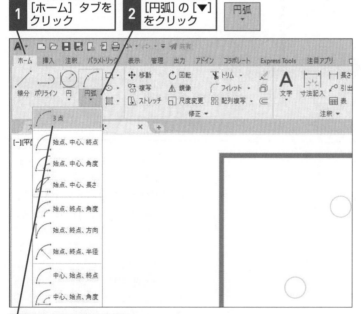

3 ［3点］をクリック

② 円弧の始点を指定する

ここではすでに作図されている
円の中心を指定する

中心

1 P1 の円の中心をクリック

③ 円弧の2点目を指定する

円弧の始点が
指定された

1 P2 の円の中心を
クリック

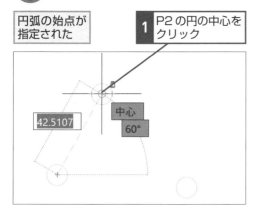

42.5107

中心

60°

④ 円弧の終点を指定する

1 P3 の円の中心を
クリック

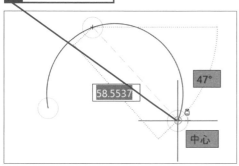

47°

58.5537

中心

3 点を指定して円弧を
作図できた

次のページに続く

HINT!

始点と終点、半径を
指定するには

3点を指定する代わりに、端点と半
径を指定しても円弧を作図できま
す。なお、半径値に負の値を指定す
ると、大きい円弧を作図でき、半径
値が正の値だと小さい円弧が作図さ
れます。

●半径を「-30」に指定した場合

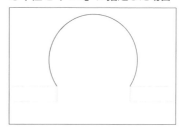

●半径を「30」に指定した場合

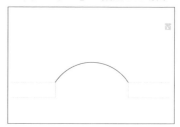

⚠ **間違った場合は？**

手順3で、P3の円の中心をクリック
して作図を続けると、前ページの
HINT!のような円弧になってしまい
ます。[Esc]キーを押して[円弧]コ
マンドを終了し、手順1から操作を
やり直しましょう。

始点と中心、角度の指定による円弧の作図

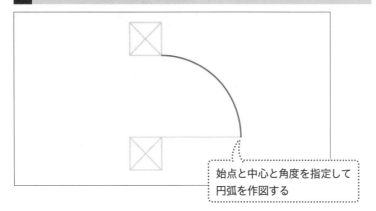

始点と中心と角度を指定して
円弧を作図する

HINT!
角度の方向を設定するには

AutoCADの初期設定では、角度は
東側（0度）から数えるようになっ
ています。以下の手順で、角度を数
え始める基準を変更できます。

1 [アプリケーション]
をクリック

2 [図面ユーティリティ]
をクリック

3 [単位設定] をクリック

[単位管理] ダイアログ
ボックスが表示された

4 [角度の方向] をクリック

[角度の方向] ダイアログ
ボックスが表示された

角度の基
準を設定
できる

⑤ [円弧] コマンドの [始点、中心、角度] オプションを実行する

1 [ホーム] タブを
クリック

2 [円弧] の [▼]
をクリック

 円弧

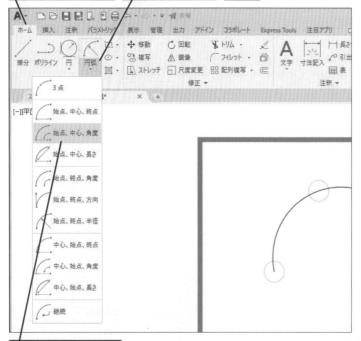

3 [始点、中心、角度]
をクリック

⑥ 円弧の始点を指定する

円弧の視点として線分の端点を指定する

1 円弧の始点をクリック

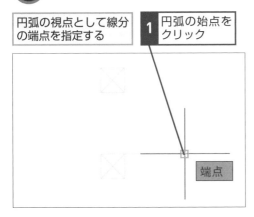

端点

⑦ 円弧の中心を指定する

1 円弧の中心をクリック

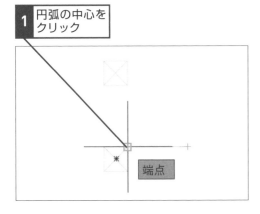

端点

⑧ 円弧の角度を指定する

1 「90」と入力

2 Enter キーを押す

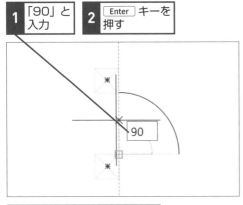

90

始点と中心、角度を指定して円弧を作図できた

HINT!

始点と終点と中心を指定して円弧を作図するには

円弧の中心を指定するときは、[始点、中心、終点]オプションが便利です。必ず、オブジェクトスナップの点をクリックして、正確に作図しましょう。始点に続いて中心点を指定すると、自動的に反時計回りで終点の位置を決める操作となります。

1 [円弧]の[▼]をクリック

2 [始点、中心、終点]をクリック

3 始点、中心、終点の順にクリック

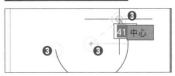

HINT!

円弧を反対側に作図するには

[始点、中心、終点]オプションで、終点を指定するときに Ctrl キーを押しながらクリックすると、本来作図する位置の反対側に円弧が作図されます。

Point

角度の考え方をしっかり整理しておこう

[円弧]コマンドの[始点、中心、角度]オプションでは円弧の角度を入力しました。AutoCADの角度は東を0度として、北が90度、西が180度、南が270度といったように反時計回りで指定します。また、時計回りの場合は、角度に負の数を指定します。角度の考え方をしっかり整理しておけば、[円弧]コマンドも簡単に操作できるようになるでしょう。

楕円を作図するには

楕円

[楕円] コマンドでは、楕円および楕円弧を作成できます。長短にかかわらず、最初に指定する軸が主軸となり、2番目に指定する軸は副軸となります。

ここでやること

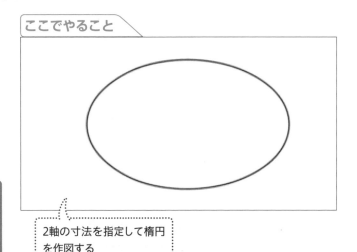

2軸の寸法を指定して楕円を作図する

 動画で見る
詳細は2ページへ

▶キーワード

オプション	p.341
カーソル	p.341
極トラッキング	p.341
クイックアクセスツールバー	p.341
アプリケーションメニュー	p.340
直交モード	p.343

レッスンで使う練習用ファイル
楕円.dwg

コマンド	ELLIPSE
エイリアス	EL

① [楕円] コマンドの [軸、端点] オプションを実行する

ここでは直交モードをオンにして作図を行う

1 [ホーム] タブをクリック

2 [楕円] の [▼] をクリック

3 [軸、端点] をクリック

HINT!

主軸と副軸の違いを知ろう

楕円には長軸と短軸がありますが、AutoCADの作図方法では、長短にかかわらず最初に指定する軸を「主軸」と呼び、2番目に指定する軸を「副軸」と呼びます。楕円の [回転] オプションでは、主軸を基準として角度を指定するので、作図の際は注意してください。また、副軸の場合、すでに中心位置が決まっているので半分の長さで指定します。

 間違った場合は？

手順1の操作3で [楕円弧] をクリックしてしまったときは、一度 Esc キーを押して [楕円] コマンドを終了します。その後、手順1の操作2からやり直しましょう。

② 主軸の始点を指定する

| ここでは幅が 65mm、高さが 40mm の楕円を作図する | **1** 主軸の始点をクリック |

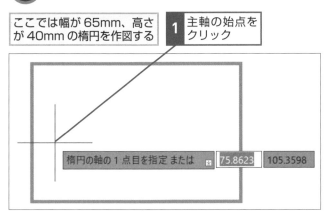

楕円の軸の1点目を指定 または　⊡　75.8623　105.3598

③ 主軸の直径を指定する

| 主軸の始点が指定された |

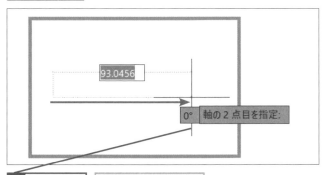

93.0456

0°　軸の2点目を指定:

| **1** カーソルを右に移動 | 直交モードで水平に固定される |

| **2** 「65」と入力 | **3** Enter キーを押す |

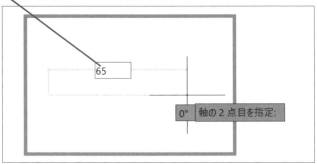

65

0°　軸の2点目を指定:

HINT!

直交モードをオンにしておこう

主軸を水平にするには、手順1のように直交モードをオンにします。水平または垂直方向のみにカーソルの移動が固定されるので、水平や垂直の図形を作図しやすくなります。

HINT!

角度を付けた楕円を作図するには

主軸を水平にせずに、角度を付けた楕円も作図できます。角度を指定するときは、直交モードではなく極トラッキングをオンにしておくと操作がしやすくなります。主軸の始点をクリックした後、表示される任意の角度の［位置合わせパス］上にカーソルを合わせてから、主軸の長さを入力しましょう。

| 極トラッキングをオンにしておく |

| **1** 主軸の始点をクリック | **2** 「30°」と表示される位置にカーソルを移動 |

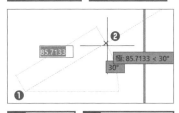

85.7133

極: 85.7133 < 30°
30°

| **3** 「60」と入力 | **4** Enter キーを押す |

| **5** 「20」と入力 | **6** Enter キーを押す |

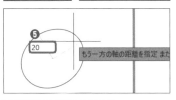

20

もう一方の軸の距離を指定 また

| 主軸が30度傾いた楕円が作図される |

次のページに続く

④ 副軸の半径を指定する

主軸の直径が指定された

1 「20」と入力　**2** Enter キーを押す

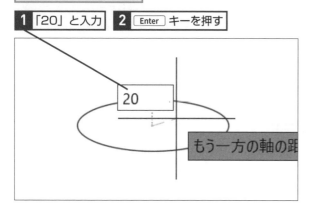

20

もう一方の軸の距

⑤ 楕円が作図された

幅が65mm、高さが40mmの
楕円が作図された

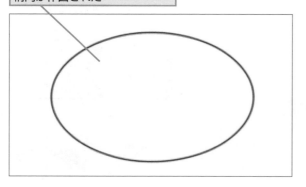

HINT!

副軸は高さの半分の数値を入力する

副軸の場合は、すでに主軸の指定で中心位置が決まっているので、カーソルの位置方向に関係なく、半分の長さ（ここでは「40」の半分の「20」）で指定します。

 間違った場合は？

主軸の直径や副軸の半径を誤って指定してしまった場合は、クイックアクセスツールバーの［元に戻す］ボタンをクリックするか「U」と入力して Enter キーを押して、手順1から操作をやり直します。

Point

楕円の2つの軸を理解しよう

楕円には長軸と短軸がありますが、AutoCADでは長短で軸を区別しません。代わりに指定する順番で区別し、1番目を「主軸」、2番目を「副軸」と呼んでいます。また、［軸、端点］オプションでは、主軸は全長、副軸は半分の長さを指定します。円や円弧に比べて少しややこしいので、繰り返し操作して慣れておきましょう。

テクニック **軸を回転させて楕円を作図する**

主軸を指定し、その軸を指定の角度にするにはどうすればいいでしょうか？ AutoCADでは、［中心］［円弧］［軸、端点］コマンドのオプションで、［回転］オプショ ンを選択できます。回転角度は、「0 〜 89.4度」まで指定できますが、回転角度を「0」にすると、真円（完全な円）となります。

1	主軸の端点をクリック	2	右クリックしてメニューを表示

3 ［回転］をクリック

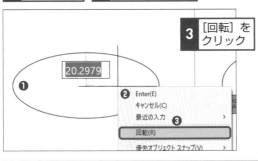

2 Enter(E)
キャンセル(C)
最近の入力 ③
回転(R)
優先オブジェクト スナップ(V)

4	回転角度を「60」と入力	5	Enter キーを押す

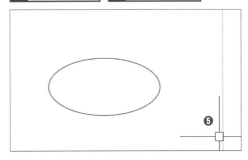

テクニック **楕円弧を作図できる**

楕円弧の角度は、主軸と副軸の距離を指定した後に円弧の始点を決めるために画面上をクリックするか、角度の値を入力して指定できます。終点の位置も同様で す。以下の手順を見てください。直交モードをオンにして操作すれば、右下の4分の1だけが開いた楕円弧を簡単に作図できます。

1 楕円弧の作図を開始する

1	［ホーム］タブをクリック	2	［楕円］の［▼］をクリック

3 ［楕円弧］をクリック

2 主軸と副軸を指定する

1	手順 3 〜 4 を参考に主軸の始点を指定して主軸の直径を60mm、副軸の半径を20mmに指定

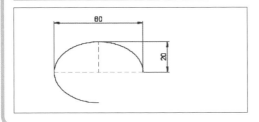

3 開始位置と終了位置を指定する

円弧の開始位置を指定する	1	カーソルを楕円の中心より右に移動してクリック

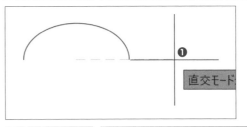

直交モード

円弧の終了位置を指定する	2	カーソルを楕円の中心より下に移動してクリック

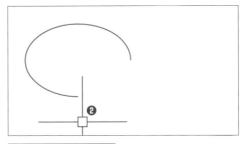

楕円弧が作図される

この章のまとめ

●作図補助機能を活用しよう

この章では図面の作成に欠かせない、曲線を描くための[円][円弧][楕円]の各コマンドの基本的な操作やコマンドのオプションを使用した作図手順を解説しました。ただし、[円弧]コマンドのように多くのオプションがあるコマンドは、覚えやすい機能から作図の練習をするといいでしょう。手書きのよう

に多くの補助線を使用して作図を進めることもできますが、オブジェクトスナップや直交モード、極トラッキングなどの作図補助機能を使わない手はありません。AutoCADならではの便利な作図補助機能を積極的に利用して、効率良く正確に作図する方法をマスターしましょう。

作図補助機能を
適切に活用しよう

オブジェクトスナップや
直交モードを活用すれば
効率良く正確な作図ができる

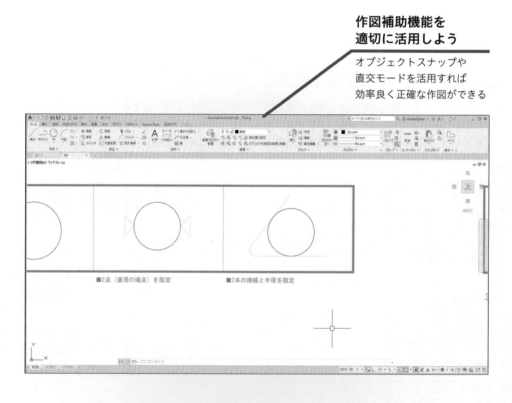

■2点（直径の端点）を指定　　■2本の接線と半径を指定

基本編 第3章 円や曲線を作図しよう

練習問題

補助線を使用せずに右の図を作図しましょう。作図開始は、枠内の中央の位置をクリックして、半径25mmの円から作図します。

練習用ファイル

第3章_練習問題.dwg

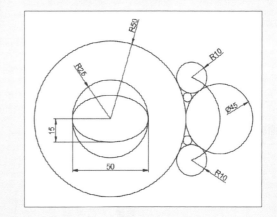

HINT! 作図には作図補助機能が重要

主軸50mm、副軸15mmの楕円は、オブジェクトスナップを使うと作図が簡単です。また、数あるオプションの中からいかに適切なものを選択するのかが重要になります。

オブジェクトスナップをオンにしておく

解 答

[円] コマンドと [円弧] コマンドを使用して、適切なオプションを使い分けながら、以下の手順で作図しましょう。

❶ 中心と半径を指定して円を作図する

[円] コマンドの [中心、半径] オプションを実行しておく

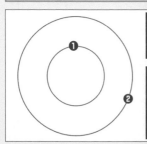

1	任意の中心を指定して半径25mmの円を作図
2	操作1で作図した円の中心をオブジェクトスナップで取得して半径50mmの円を作図

❷ 楕円を作図する

[楕円] コマンドの [軸、端点] オプションを実行しておく

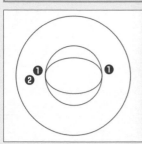

1	半径25mmの円の四半円点をオブジェクトスナップで取得して主軸の端点に指定
2	副軸を15mmに指定して楕円を作図

❸ 1点と直径を指定して円を作図する

[円] コマンドの [2点] オプションを実行しておく

直交モードをオンにしておく

1	半径50mmの円の四半円点をオブジェクトスナップで取得

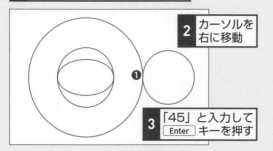

2	カーソルを右に移動
3	「45」と入力して Enter キーを押す

❹ 2つの接点と半径を指定して円を作図する

[円] コマンドの [接点、接点、半径] オプションを実行しておく

1	半径50mmと直径45mmの円を選択

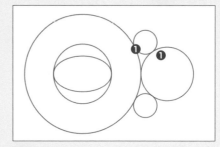

2	「10」と入力して Enter キーを押す
	上側と下側で2つの円を同様の方法で作図する

❺ 3つの接点を指定して円を作図する

[円] コマンドの [接点、接点、接点] オプションを実行しておく

1	半径50mmと直径45mm、半径10mmの円を選択

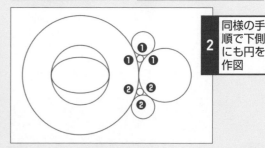

2	同様の手順で下側にも円を作図

❻ 円弧を作図する

[円弧] コマンドの [3点] オプションを実行しておく

1	下側の半径10mmの円の中心をオブジェクトスナップで取得

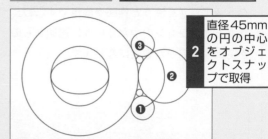

2	直径45mmの円の中心をオブジェクトスナップで取得
3	上側の半径10mmの円の中心をオブジェクトスナップで取得

基本編

第**4**章

図形を修正しよう

この章では、図形を編集するコマンドや編集作業の時間を短縮するオプションの使い方などを解説します。作業効率をアップするには、図形を手早く選択するテクニックが欠かせません。同様に、選択した図形から不要な図形を除外する方法も覚えましょう。

●この章の内容

編集する図形を選択するには

図形選択

図形を編集するには、編集対象の図形を正確に選択する必要があります。このレッスンで紹介する方法を覚えておけば、図形の選択で困ることはありません。

クリックによる選択

① 図形を選択する

ここでは、T定規とコンパス、分度器の3つを選択する

1 図形にカーソルを合わせる	灰色の輪郭線が表示された	2 そのままクリック

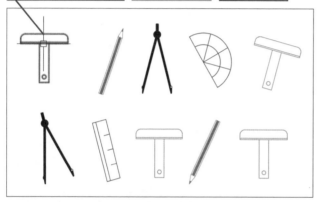

レッスンで使う練習用ファイル
図形選択.dwg

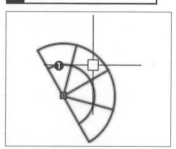
② 複数の図形を選択する

図形が選択され、水色で表示された	図形が選択状態になると、グリップが表示される

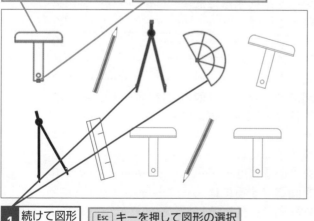

1 続けて図形をクリック	Esc キーを押して図形の選択を解除しておく

基本編 第4章 図形を修正しよう

窓選択

③ 1点目のコーナーを指定する

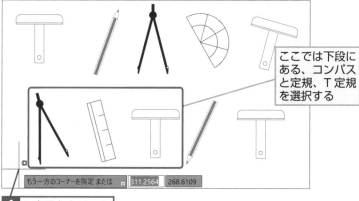

ここでは下段にある、コンパスと定規、T定規を選択する

もう一方のコーナーを指定 または ⊞ 311.2564 268.6109

1 1点目をクリック

④ 2点目のコーナーを指定する

選択する図形がすべて青い枠で囲まれる位置にカーソルを移動する

1 カーソルを右上に移動

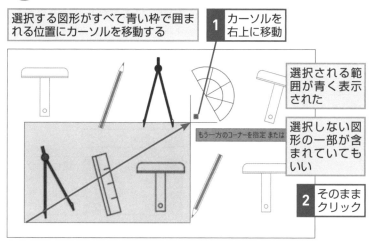

選択される範囲が青く表示された

選択しない図形の一部が含まれていてもいい

もう一方のコーナーを指定 または

2 そのままクリック

⑤ 図形が選択された

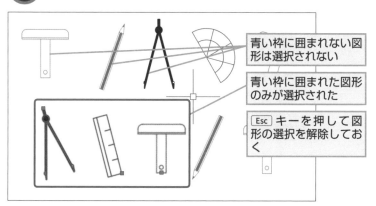

青い枠に囲まれない図形は選択されない

青い枠に囲まれた図形のみが選択された

Esc キーを押して図形の選択を解除しておく

HINT!

すべての選択を解除するには

図形の選択を解除するには Esc キーを押します。手順2のように複数の図形を選択した後で Esc キーを押すと、図形の選択がまとめて解除されます。

HINT!

窓選択って何？

選択窓（実線の青い長方形）で完全に囲まれた図形を選択する方法を「窓選択」と呼びます。1点目のコーナーをクリックして、右にカーソルを移動したときに選択範囲が青く表示されることを覚えておきましょう。

HINT!

窓選択を途中でやめるには

手順2のように1点目をクリックすると、［もう一方のコーナーを指定または］というメッセージがツールチップで表示されます。選択モードを解除するには、その状態で Esc キーを押しましょう。

1 Esc キーを押す

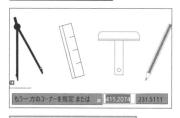

もう一方のコーナーを指定 または ⊞ 415.2074 231.5111

選択モードが解除された

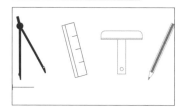

次のページに続く

交差選択

⑥ 1点目のコーナーを指定する

ここでは上段と下段にある6つの図形を選択する

もう一方のコーナーを指定ま

1 1点目をクリック

⑦ 2点目のコーナーを指定する

選択する図形の一部が緑色の枠と交差する位置にカーソルを移動する

1 カーソルを左下に移動

2 そのままクリック

選択される範囲が緑色で表示された

もう一方のコーナーを指定 または　337.2442　595.0895

⑧ 図形が選択された

図形の一部が緑色の枠で交差した6つの図形が選択された

Esc キーを押して図形の選択を解除しておく

基本編 第4章 図形を修正しよう

HINT!

交差選択って何？

選択窓（破線の緑の長方形）で交差した図形をすべて選択する方法を「交差選択」といいます。窓選択の場合は、選択窓で完全に囲まれた図形のみが選択されますが、交差選択では図形の一部が選択枠に交差していれば、その図形も選択されます。手順6～7のように1点目のコーナーをクリックし、左下にドラッグすることと選択範囲が緑色で表示されることが特徴です。

HINT!

類似する図形のみをすぐに選択するには

線分や円、ポリラインなど特定の図形を選択し、選択した図形と類似する図形のみを選択するには、以下の手順で操作します。文字を選択してから操作すると、図面にある文字だけをすぐに選択できます。選択状態を解除するには、Esc キーを押すか、画面上を右クリックしてから［すべてを選択解除］をクリックしましょう。

1 図形をクリック

2 右クリックしてメニューを表示

3 ［類似オブジェクトを選択］をクリック

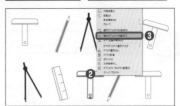

同一の図形がすべて選択された

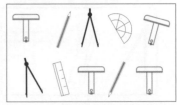

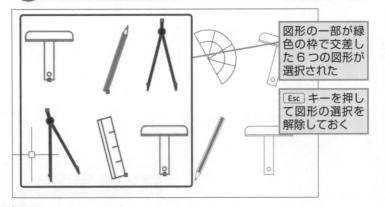

投げ縄選択

⑨ 1点目のコーナーにカーソルを合わせる

レッスン❾を参考に、以下の部分を拡大表示しておく	**1** ここにカーソルを合わせる

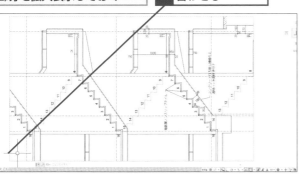

⑩ 図形を投げ縄選択で囲む

選択する図形を取り囲むようにドラッグする	**2** 矢印のようにドラッグ

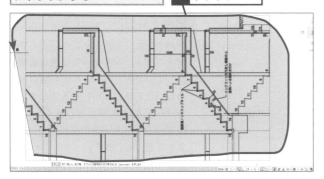

⑪ 図形が選択された

投げ縄で囲まれた部分の図形が選択された

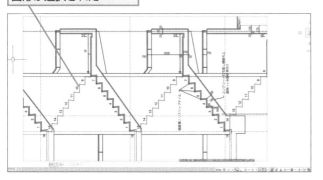

21

図形を移動するには

移動

移動元の基点と移動先の目的点を指定して移動する方法を紹介しましょう。イスの座面（中点）がテーブルの上部（四半円点）にぴったり移動するように指定します。

ここでやること

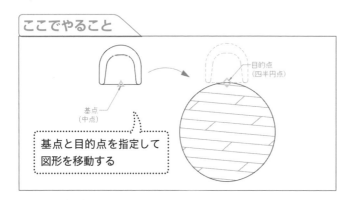

基点と目的点を指定して
図形を移動する

目的点
（四半円点）

基点
（中点）

▶ キーワード

オブジェクトスナップ	p.340
カーソル	p.341
基点	p.341
コマンド	p.341

レッスンで使う練習用ファイル
移動.dwg

コマンド	MOVE
エイリアス	M
リボン	［ホーム］-［修正］-［移動］

1 定常オブジェクトスナップの設定を確認する

1 ［カーソルを 2D 参照点にスナップ］の［▼］をクリック

2 ［中点］［四半円点］がオンであることを確認

HINT!

キー操作でオブジェクトスナップの設定を確認するには

手順1では、ステータスバーから定常オブジェクトスナップの設定を確認しています。カーソルの移動が煩わしいときは、「OS」と入力してから Enter キーを押しましょう。［作図補助設定］ダイアログボックスがすぐに表示されます。

1 「OS」と入力

2 Enter キーを押す

［作図補助設定］ダイアログボックスが表示された

2 ［移動］コマンドを実行する

1 ［ホーム］タブをクリック

2 ［移動］をクリック ⊹ 移動

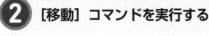

3 移動する図形を選択する

1 移動する図形をクリック

2 Enter キーを押す

目的点

基点

④ 基点を指定する

移動する図形が選択された	**1** イスの中点をクリック

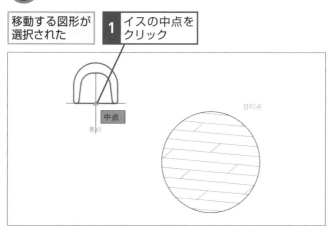

⑤ 目的点を指定する

移動先の目的点を指定する	**1** テーブル上部の四半円点をクリック

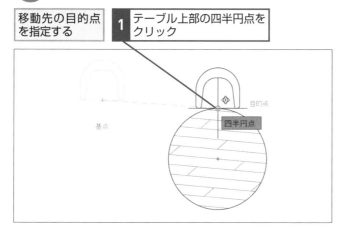

⑥ 図形が移動した

目的点と基点が重なる位置に図形が移動した

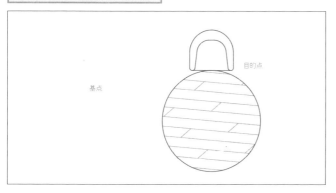

HINT!

基点と目的点って何？

基点は編集する際に基準となる重要な点や場所のことで、手順4ではイスの座面（中点）を指定しています。目的点は基点を合わせるために指定する点や場所のことで、手順5ではテーブル上部（四半円点）を指定しています。

HINT!

目的点は数値で指定できる

［移動］コマンドでは、基点からの移動距離を数値で指定できます。数値で移動距離を指定するには、［移動］コマンドの実行後に移動する図形を選択してから図形の基点を指定し、X方向の移動距離とY方向の移動距離を入力します。

> ［移動］コマンドを実行して移動する図形を選択し、基点を指定しておく

1 「50,30」と入力	**2** Enter キーを2回押す

> 基点から右水平方向に50mm、上垂直方向に30mmの位置に図形が移動する

Point

基点と目的点を正しく指定する

このレッスンでは、［移動］コマンドによる図形の移動方法を解説しました。基点は図形を移動する基準となる点のことで、目的点は基点の移動先として指定する点のことです。どの点を基点にするのか、特に決まりがあるわけではありませんが、目的点を指定するときのことを考えて基点を選択することが大切です。

図形を複写するには

複写

図形の複写は、移動と同じ要領で操作できます。このレッスンでは、複写先の点オブジェクトを指定して3個所にイスを複写する方法を紹介します。

ここでやること

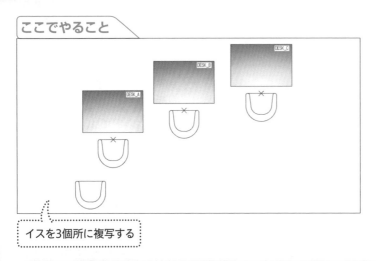

イスを3個所に複写する

キーワード

オブジェクトスナップ	p.340
カーソル	p.341
直交モード	p.343

📄 レッスンで使う練習用ファイル
複写.dwg

コマンド	COPY
エイリアス	CO
リボン	[ホーム] - [修正] - [複写]

HINT!

標準で連続複写が設定されている

[複写] コマンドは標準で図形の連続複写ができます。[複写] コマンドの実行後に複写する図形を選択して以下の手順で操作すると、[モード] オプションを確認できます。[単一] を選択すれば連続複写が実行されなくなりますが、必要なければ Esc キーを押してモードの変更を中止しましょう。

手順3まで操作を進めておく

1 右クリックして
メニューを表示

2 [モード] を
クリック

3 [複数] に設定されていることを確認

Esc キーを押してコマンドを終了しておく

---

① 定常オブジェクトスナップの設定を確認する

1 [カーソルを 2D 参照点にスナップ] の [▼] をクリック

2 [中点][点]にチェックマークが付いていることを確認

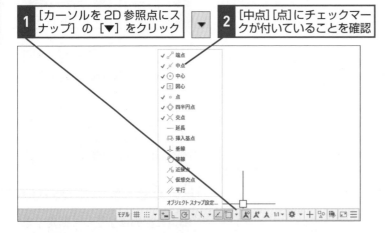

---

② [複写] コマンドを実行する

1 [ホーム] タブをクリック

2 [複写] をクリック

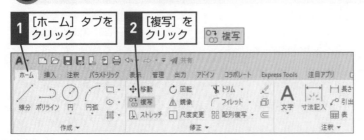

基本編 第4章 図形を修正しよう

③ 複写する図形を選択する

[複写] コマンドが実行された	**1** 複写する図形をクリック	**2** Enter キーを押す

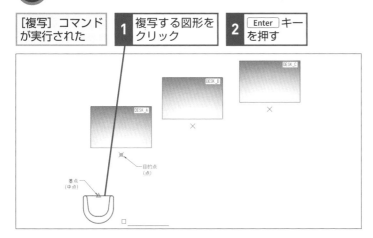

④ 複写する図形の基点を指定する

複写する図形が選択された	**1** 図形の基点（中点）をクリック

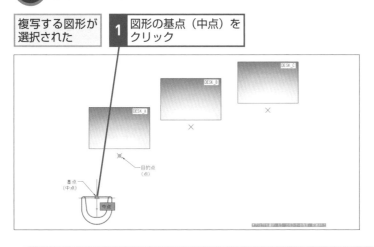

⑤ 複写する場所を指定する

複写する図形の基点が選択された	ここではあらかじめ作図された点（X）を指定する

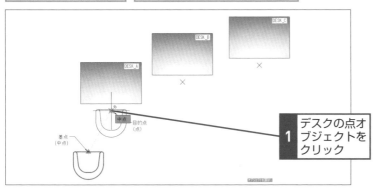

1 デスクの点オブジェクトをクリック

HINT!

カーソルの横に表示されるアイコンでコマンドを確認できる

[複写] や [移動] など編集コマンドの操作中は、カーソルの右上にコマンドのアイコンが表示されます。どのコマンドを実行中か分からなくなったときは、アイコンの表示を確認するといいでしょう。

● [複写] コマンドのアイコン

● [移動] コマンドのアイコン

● [トリム] コマンドのアイコン

● [回転] コマンドのアイコン

次のページに続く

⑥ 2つ目の図形を複写する

1つ目の図形が
複写された

1 「Desk_B」の点オブジェクトを
クリック

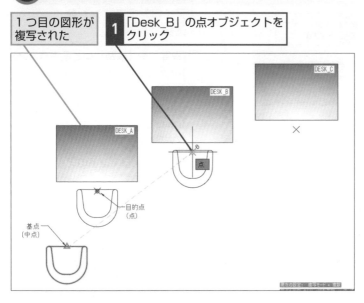

目的点
（点）

基点
（中点）

⑦ 3つ目の図形を複写する

2つ目の図形が
複写された

1 「Desk_C」の点オブジェクトを
クリック

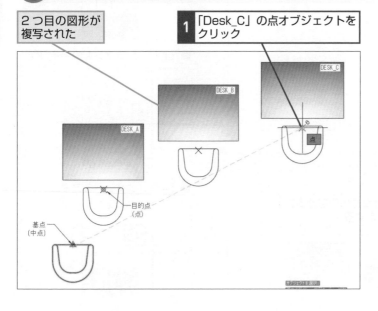

目的点
（点）

基点
（中点）

HINT!

等間隔に連続して
複写するには

複写元の基点から同じ距離の一列で
連続複写するには、［複写］コマン
ドの［配列］オプションを利用する
といいでしょう。水平・垂直方向で
あれば直交モードに設定し、指定の
角度であれば極トラッキングに設定
すると簡単に操作できます。

なお、AutoCADには、オブジェク
トを配列上に複写できる［配列複写］
コマンドという便利な機能もありま
す。［配列複写］コマンドについては、
レッスン③を参照してください。

手順2〜4を参考に、複写
する図形と［中点］の基点を
選択しておく

直交モードをオンにしておく

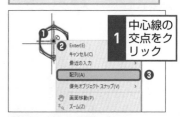

1 中心線の
交点をク
リック

2 右クリックし
てメニューを
表示

3 ［配列］を
クリック

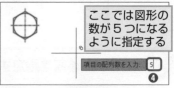

ここでは図形の
数が5つになる
ように指定する

4 「5」と
入力

5 Enter キー
を押す

6 「25」と
入力

7 Enter キー
を押す

指定した項目数と間隔で、
一列に複写された

⑧ 図形の複写を完了する

[複写] コマンドを終了する	**1** Enter キーを押す

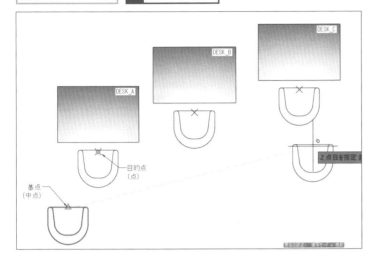

⑨ 同じ図形が3つ複写された

[複写]コマンドが終了し、[2点目を指定または]というツールチップの表示が消えた

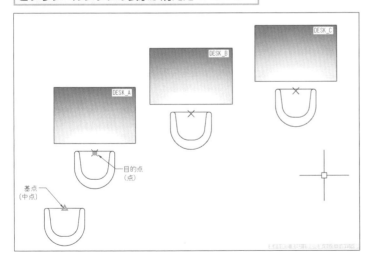

HINT!

数値入力でも複写できる

[複写] コマンドは、基点を指定した後に複写距離を数値で指定できます。ここでは、横と縦方向に距離を指定して複写してみましょう。

手順2～4を参考に複写する図形と[中点]の基点を選択しておく

直交モードをオフにしておく

1 「55,25」と入力

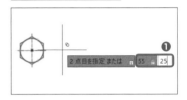

2 Enter キーを2回押す

複写元の中点から右に55mm、上に25mmの位置に図形が複写された

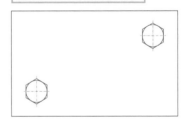

Point

複写にはさまざまな方法がある

複写は効率的な作図に欠かせない操作です。このレッスンでは [複写]コマンドによる複写操作を解説しましたが、平行な位置に複写する [オフセット]コマンドやさまざまな配列状に複写する[配列複写]コマンドなども複写の一種です。詳細については後のレッスンで解説するので、まずは基本となる[複写]コマンドをしっかり覚えておきましょう。

23

図形を平行な位置に複写するには

オフセット

[オフセット] コマンドを使えば、元の図形を平行に複写できます。複写する図形を選択する前に距離（間隔）を指定するのを忘れないようにしましょう。

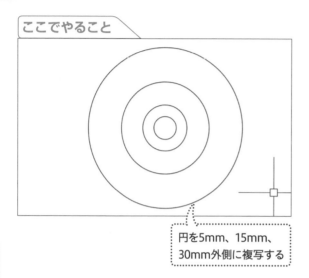

ここでやること

円を5mm、15mm、30mm外側に複写する

動画で見る
詳細は2ページへ

▶ **キーワード**

画層	p.341
スプライン	p.342
ポリライン	p.343

📄 レッスンで使う練習用ファイル
オフセット_1.dwg

コマンド	OFFSET
エイリアス	O
リボン	[ホーム] - [修正] - [オフセット]

① [オフセット] コマンドを実行する

定常オブジェクトスナップを有効にしておく

1 [ホーム] タブをクリック

2 [オフセット] をクリック

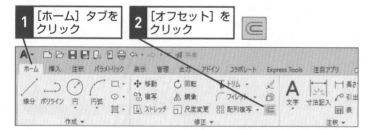

② オフセット距離を入力する

ここでは、外側へ5mm離れた位置に円を平行複写する

1 「5」と入力

2 Enter キーを押す

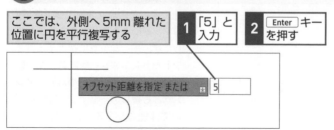

オフセット距離を指定 または　5

HINT!

オフセットって何？

AutoCADでは、指定した距離（間隔）で図形を平行複写することをオフセットといいます。例えば、円や円弧の場合は、同心円が作成できます。元の円に対して外側にオフセットすると大きな円が、内側にオフセットすると小さな円が作成されます。手順2ではオフセット距離を指定しますが、通過点を指定して平行な位置に複写しても構いません。

HINT!

どんな図形で [オフセット] コマンドを使えるの？

[オフセット] コマンドで複写できる図形には、線分、構築線、放射線、ポリライン、スプライン、円、円弧、楕円、楕円弧があります。なお、スプラインやポリラインは、オフセット距離が大きすぎる場合、自動で大きさや形が変わることがあります。

基本編 第4章 図形を修正しよう

③ 平行に複写する図形を選択する

オフセット距離が指定された | **1** 円をクリック

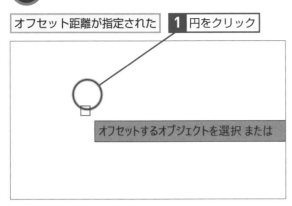

オフセットするオブジェクトを選択 または

④ 円を平行複写する

ここでは元の円の外側に複写する | **1** カーソルを外側に移動

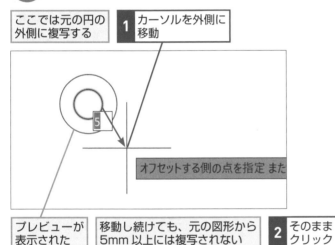

オフセットする側の点を指定 また

プレビューが表示された | 移動し続けても、元の図形から5mm以上には複写されない | **2** そのままクリック

⑤ 図形が平行な位置へ複写された

元の円から5mm離れた位置に円が複写された

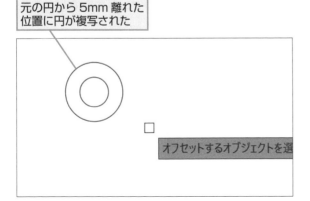

オフセットするオブジェクトを選

HINT!

線分とポリラインでは結果が変わる

[オフセット] コマンドは、1つの図形に対して平行複写が実行されます。元のオブジェクトの要素によって、結果が異なります。例えば、[ポリゴン] コマンドなどで作成されたポリラインでオフセットを実行すると、下の2つ目の例のように、指定のオフセット間隔で1要素の図形が作成されます。

●線分のオフセット例

線分が組み合わさった図形で[オフセット] コマンドを実行すると、それぞれの線分が個別に平行複写される

●ポリラインのオフセット例

ポリラインで [オフセット] コマンドを実行すると、1要素のまま平行複写される

次のページに続く

⑥ 続けて円を平行複写する

複写した円のさらに10mm
外側に円を平行複写する

1 外側の円を
クリック

2 カーソルを円の
外側に移動

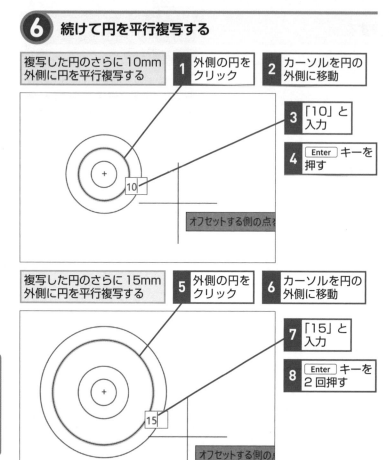

3 「10」と
入力

4 Enter キーを
押す

オフセットする側の点を

複写した円のさらに15mm
外側に円を平行複写する

5 外側の円を
クリック

6 カーソルを円の
外側に移動

7 「15」と
入力

8 Enter キーを
2回押す

オフセットする側の点

⑦ 円が平行複写された

複数の円を平行
複写できた

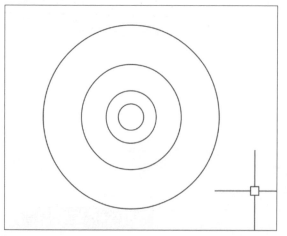

HINT!

**複写するオブジェクトの
属性はどうなるの？**

[オフセット] コマンドの標準設定では、複写元と同じ属性（画層や色、線種など）で平行に複写されます。しかし、設定を変更すると、複写元と異なる属性で複写できます。これを活用すれば、例えば、センターラインの図形から機械部品の外形線を簡単に作成できます。詳しくは、第6章で解説します。

HINT!

**複写後に自動で
元の図形を消去するには**

[消去] オプションを利用すれば、図形の平行複写後に自動で元の図形を消去できます。操作後に [削除] コマンドの手間を省けます。

[オフセット] コマンド
を実行しておく

1 右クリックし
てメニューを
表示

2 [消去] を
クリック

[はい] をクリックすると、複写
元のオブジェクトが消去される

Point

**数あるコマンドの中でも
特に利用価値が高い**

[オフセット] コマンドは、数あるコマンドの中でも特に利用価値が高く、図面の作成時に活躍します。まずはこのレッスンで基本の操作をしっかりと覚えておきましょう。なお、[オフセット] コマンドには [画層] オプションという便利なオプションがありますが、詳しくは、第6章を参照してください。

テクニック 通過点を指定して繰り返し平行に複写する

断面詳細図や矩計図などで各フロアのレベルを平行複写で編集したいときは、[通過点]オプションを利用すると便利です。ここでは、右にある3つの円の中心を通過点に設定して、線分をそれぞれ平行に複写する例を紹介します。円の位置は異なりますが、[一括]オプションを利用すれば、円の中心の位置で繰り返し平行複写ができることを覚えておきましょう。

1 [通過点] のオプションを選択する

手順1を参考に[オフセット]
コマンドを実行しておく

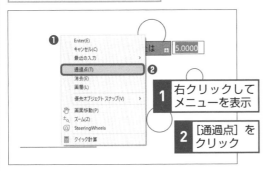

1 右クリックして
メニューを表示

2 [通過点] を
クリック

3 複写する図形をクリック

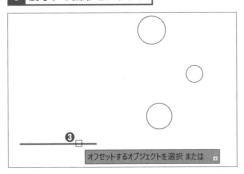

2 [一括] のオプションを選択する

1 右クリックして
メニューを表示

2 [一括] を
クリック

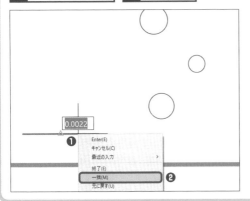

3 円の中心を選択する

1 1つ目の円の中心を
クリック

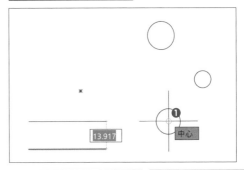

1つ目の円の中心と同じ
高さに図形を複写できた

2 2つ目の円の中心
をクリック

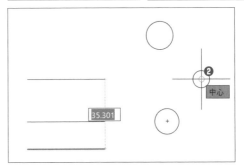

2つ目の円の中心と同じ
高さに図形を複写できた

3 3つ目の円の中心
をクリック

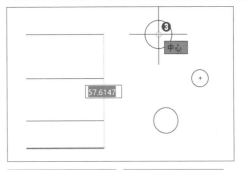

3つ目の円の中心と
同じ高さに図形を複写できた

Enter キーを2回
押せば平行複写を
確定できる

24

図形を回転するには

回転

ここでは［回転］コマンドを利用して図形を反時計回りに60度回転してみましょう。オブジェクトスナップがオンの状態で、［中心］の基点を回転の軸とします。

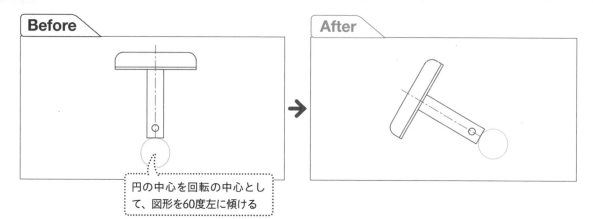

Before　**After**

円の中心を回転の中心として、図形を60度左に傾ける

① ［回転］コマンドを実行する

1 ［ホーム］タブをクリック
2 ［回転］をクリック

② 回転する図形を選択する

ここでは窓選択で、回転する図形を選択する

1 2点目をクリック

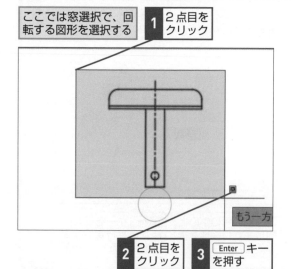

もう一方

2 2点目をクリック
3 Enter キーを押す

キーワード

アプリケーションメニュー	p.340
オブジェクトスナップ	p.340
オプション	p.341

📄 レッスンで使う練習用ファイル
回転.dwg

コマンド	ROTATE
エイリアス	RO
リボン	［ホーム］-［修正］-［回転］

HINT!

時計回りに回転するには

ここでは、反時計回りで60度図形を回転させるので、手順4のように「60」と入力します。時計回りに回転するには、「-60」と入力しましょう。この角度の設定は、アプリケーションメニューから［図面ユーティリティ］の［単位設定］をクリックして［単位管理］ダイアログボックスを表示し、［角度の方向］ボタンを選択すると確認できます。既定の設定では［東］が角度の基準0度（ゼロ）となり、［北］が90度、［西］が180度、［南］が270度と、反時計回りに大きくなるように設定されています。

③ 回転する中心を選択する

回転する図形が選択された	ここでは中心を基点に回転する	**1** 円の中心をクリック

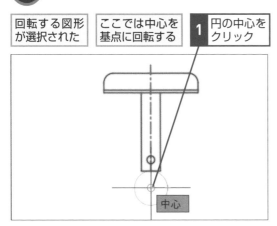

中心

④ 回転角度を入力する

ここでは反時計回りに60度回転する	**1** 「60」と入力	**2** Enter キーを押す

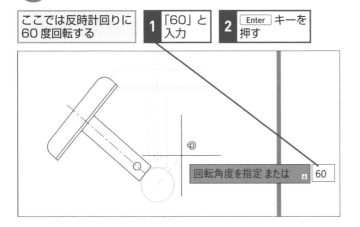

回転角度を指定 または　60

⑤ 図形が回転した

手順4で指定した角度だけ、反時計回りに回転した

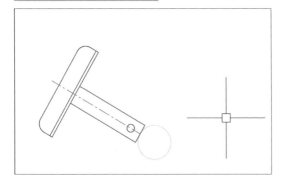

HINT!

既存の図形の角度を利用して回転するには

角度を求めるのに計算が必要な場合などは、［参照］オプションでほかの図形の角度を取得して図形を回転させましょう。下の手順では、長方形の左下の角を基点に指定し、黄緑色の線分の端点を指定して長方形を回転させています。

手順1～3を参考に回転する図形と基点を指定しておく

1 右クリックしてメニューを表示	**2** ［参照］をクリック

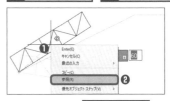

3 基点をクリック	**4** 元の図形の端点をクリック

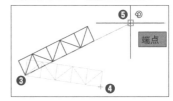

端点

5 角度を利用する図形の端点をクリック	別図形の角度を利用して図形が回転する

Point

角度を指定して回転できる

作図した図形の傾きを後から調整したいときは、［回転］コマンドを利用するのが便利です。入力する角度は、現在の傾きを0度と考えたときの角度で、反時計回りに数えることをよく覚えておきましょう。上のHINT!で紹介したように、［参照］オプションを使えば、ほかの図形の角度を取得できます。

25

交差する図形の一部を切り取るには

トリム

図形からはみ出した不要な部分を[トリム]コマンドで切り取ってみましょう。切り取る位置に境界線となる図形が交差していることが重要なポイントとなります。

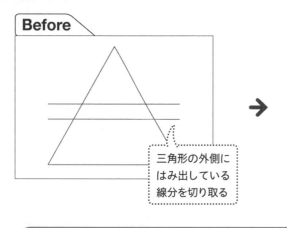

Before

三角形の外側に
はみ出している
線分を切り取る

→

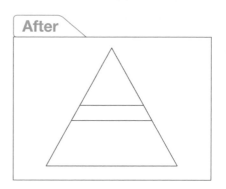

After

1 [トリム] コマンドを実行する

| 1 | [ホーム] タブをクリック |
| 2 | [トリム] をクリック |

✂トリム

[延長] と表示されているときは、[延長] の
[▼] をクリックし、[トリム] を選択する

2 切り取る図形を選択する

ここでは2本の線分から、三角形の外側にはみ出している部分を切り取る

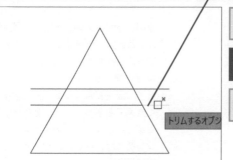

トリムするオブジ

| 1 | 線分にマウスカーソルを合わせる |

切り取り部分が灰色で表示された

| 2 | そのままクリック |

灰色部分が切り取られる

キーワード

カーソル	p.341
コマンド	p.341
フェンス	p.343

📄 レッスンで使う練習用ファイル
トリム_1.dwg

コマンド	TRIM
エイリアス	TR
リボン	[ホーム] - [修正] - [トリム]

HINT!

**AutoCAD 2022から
[クイック] が既定値に**

[トリム] コマンドには、[クイック]と [標準] のモードがあります。AutoCAD 2022では、切り取りたい側の図形をクリックするだけで素早く編集作業ができる [クイック] モードが既定値となり、操作が簡単になりました。

③ 切り取る部分を選択する

三角形の外側の線分を
選択していく

1 線分をクリック

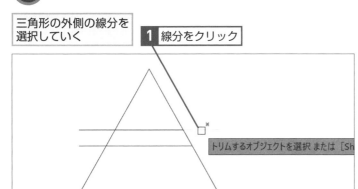

トリムするオブジェクトを選択 または ［Sh

カーソルを合わせたときに除外対象の線分が
灰色で表示されることを確認しておく

クリックした線分が 切り取られた	同様にして線分を 切り取る

2 線分をクリック

トリムするオブジェクトを選択 または ［Shift］ を押して延長するオブジェ

3 線分をクリック

④ 切り取りを確定する

切り取る部分がすべて
選択された

1 Enter キーを
押す

［トリム］コマンドが
終了する

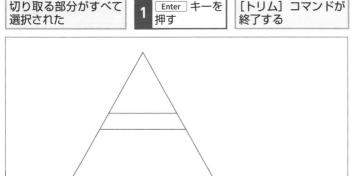

25

トリム

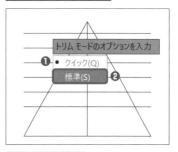

HINT!

境界線を選択して
切り取るには

2022よりも前のバージョンと同じよ
うに切り取る部分を選択したい場合
は、右クリックして表示されるメ
ニューで［標準］に変更するとよい
でしょう。

手順1～2を参考に、境界線
として三角形を選択しておく

1 右クリックして
メニューを表示

トリム モードのオプションを入力

❶ • クイック(Q)

標準(S) ❷

2 ［標準］を
クリック

Point

不要な線分を簡単に切り取れる

［トリム］コマンドを使えば、図形の
部分切り取りも簡単です。既定値は
［クイック］となっており、コマンド
を実行すると切り取れる図形上で
カーソルが変わり、クリックすると
そのまま切り取れます。操作中に間
違えたときは[元に戻す]オプション
を使用して効率よく作業しましょう。

26

図形を境界線まで延長するには

延長

図形を指定した位置まで伸ばしたいときは、[延長] コマンドが便利です。延長する図形の境界線となる図形を最初に選択してから操作しましょう。

ここでやること

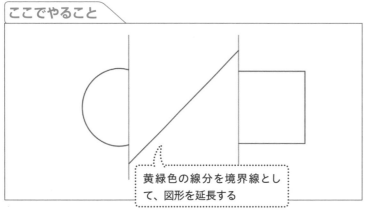

黄緑色の線分を境界線として、図形を延長する

▶キーワード

カーソル	p.341
交差選択	p.341
コマンド	p.341

📄 レッスンで使う練習用ファイル
延長.dwg

コマンド	EXTEND
エイリアス	EX
リボン	[ホーム] - [修正] - [延長]

基本編 第4章 図形を修正しよう

1 [延長] コマンドを実行する

1 [ホーム] タブをクリック

2 [トリム]の[▼]をクリック

3 [延長]をクリック

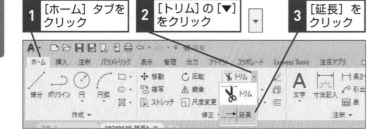

2 斜線の下側を延長する

1 斜線の下側にカーソルを合わせる

左下に延長された状態が自動でプレビュー表示された

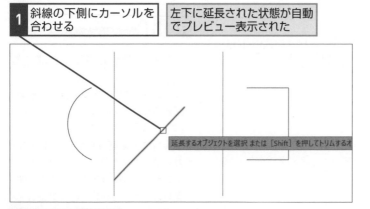

延長するオブジェクトを選択 または [Shift] を押してトリムするオ

2 そのままクリック

HINT!

複数の図形をまとめて延長するには

すべての線分を1回の操作で素早く上下に延長できます。交差する位置に注意して効率よく編集しましょう。

[延長] コマンドを実行しておく

1 右クリックして [交差] をクリック

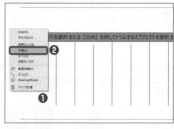

2 線分を交差選択

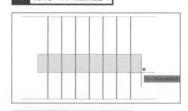

複数の図形がまとめて延長される

③ 斜線の上側を延長する

| 1 | 斜線の上側にカーソルを合わせる |

右上に延長された状態が自動でプレビュー表示された

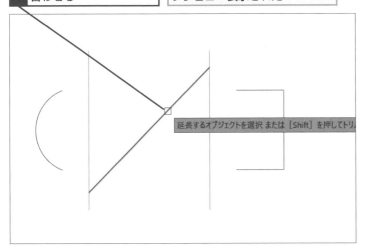

延長するオブジェクトを選択 または [Shift] を押してトリ...

| 2 | そのままクリック |

④ 同様にほかの図形を延長する

手順3を参考に、円弧の図形も延長しておく

手順3を参考に、線分の図形も延長しておく

延長するオブジェクトを選択 ま...

| 1 | Enter キーを押す | 延長が確定する |

26

延長

クリックだけで線分や図形を延長できる

AutoCAD 2022では、[延長]コマンドの既定値は[クイック]です。このモードは、延長したい側の図形をクリックするだけで素早く編集作業ができます。延長する図形上にカーソルを合わせ、表示された延長状態のプレビューを確認してからクリックしましょう。

Point

[トリム]コマンドと同じ要領で操作できる

このレッスンでは[延長]コマンドによる図形の延長について解説しました。[クイック]で編集する図形を選択する、という手順は[トリム]コマンドと同じです。違いは図形を伸縮するか、延長するかというところなので、難しく考える必要はありません。なお、境界エッジがない状態で延長したいときには、「グリップ編集」が便利です。その方法はレッスン㊼で解説します。

27

図形を拡大するには

尺度変更

［尺度変更］コマンドで、図形のサイズを拡大してみましょう。このとき、図形はX、Y、Z方向へ同一に拡大・縮小され、寸法も自動的に変更されます。

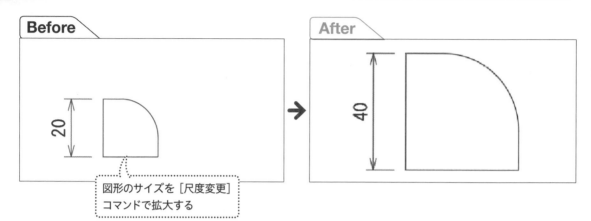

Before / **After**

図形のサイズを［尺度変更］コマンドで拡大する

基本編 第4章 図形を修正しよう

① ［尺度変更］コマンドを実行する

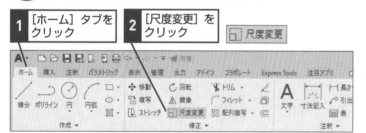

1 ［ホーム］タブをクリック

2 ［尺度変更］をクリック

□ 尺度変更

② 拡大する図形を選択する

ここでは図形を2倍の大きさに拡大する

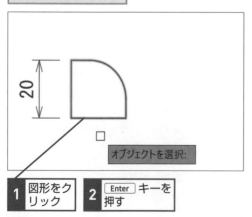

オブジェクトを選択:

1 図形をクリック

2 Enter キーを押す

▶ キーワード

オプション	p.341
基点	p.341
コマンド	p.341
寸法値	p.342

📄 レッスンで使う練習用ファイル
尺度変更.dwg

コマンド	SCALE
エイリアス	SC
リボン	［ホーム］-［修正］-［尺度変更］

HINT!

元の図形を残して尺度変更するには

拡大や縮小をした後に、元の図形を残すには、右クリックメニューの［コピー］オプションを利用します。手順3で基点を選択後に右クリックしてから［コピー］をクリックしましょう。続けて尺度の数値を入力して Enter キーを押せば、元の図形を残したまま、図形の拡大や縮小ができます。ただし、寸法図形の矢印と寸法値の大きさは変わりません。

③ 基点を指定する

拡大する図形が 選択された	ここでは左下の角を 基点に拡大する

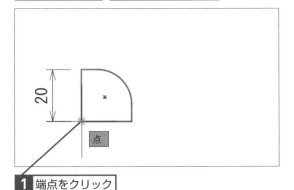

1	端点をクリック

④ 尺度を入力する

基点が指定 された	ここでは2倍の大きさにする ので尺度を「2」と指定する

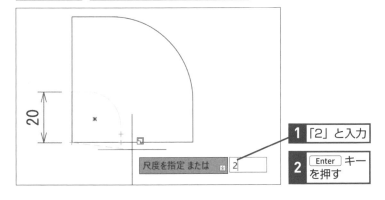

尺度を指定 または　2

1	「2」と入力
2	Enter キー を押す

⑤ 図形が拡大された

指定した尺度で図形が 拡大された	寸法も自動編集 された

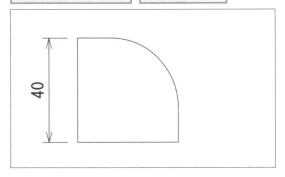

HINT!
尺度を指定して縮小するには

[尺度変更] コマンドで図形を縮小するときは、「0.5」などの小数だけでなく、「1/2」と分数でも指定できます。

HINT!
図形の倍率は尺度で計算する

[尺度変更] コマンドでは、現在の大きさを1として、1より大きい値を指定すると拡大、1より小さい値を指定すると縮小されます。尺度の倍率は、X、Y、Z方向に均等に反映されます。X、Y、Zの倍率をそれぞれ別の値で指定するときは、対象となる図形をブロックに登録してから、ブロックの挿入時にX、Y、Zそれぞれの倍率を指定します。ブロックについては、第7章を参照してください。

縦長や横長に拡大・縮小するに は図形をブロックに登録する

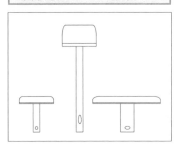

Point
尺度の考え方を
しっかり理解しよう

ここでは [尺度変更] コマンドで図形のサイズを拡大する方法を見てきました。この操作で重要なのは尺度に入力する数値です。図形の面積が2倍になるわけではなく、X方向、Y方向、Z方向の長さがそれぞれ2倍になることに注意しましょう。また、図形のサイズを縮小したいときには、尺度の数値を1より小さい値に設定することも覚えておきましょう。

レッスン 28

図形を鏡像化するには

鏡像

［鏡像］コマンドは選択した図形に対し、指定する軸を基準に線対称な図形を作成します。鏡像にする元の図形は、削除することも、そのまま残すこともできます。

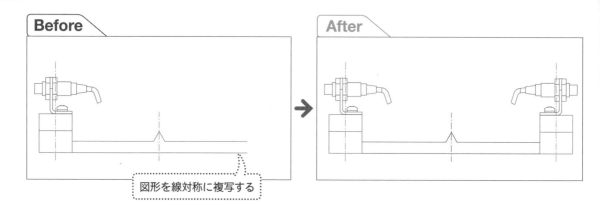

Before → **After**

図形を線対称に複写する

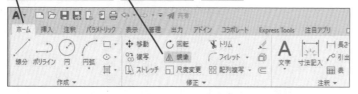

1 ［鏡像］コマンドを実行する

1 ［ホーム］タブをクリック
2 ［鏡像］をクリック

2 鏡像化する図形を選択する

ここでは窓選択で、中心線の左側にある図形を選択する

1 1点目をクリック
2 2点目をクリック

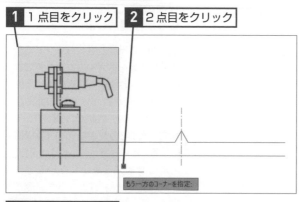

もう一方のコーナーを指定:

3 Enter キーを押す

キーワード

クイックアクセスツールバー	p.341
コマンド	p.341

レッスンで使う練習用ファイル
鏡像_1.dwg

コマンド	MIRROR
エイリアス	MI
リボン	［ホーム］-［修正］-［鏡像］

HINT!

古いバージョンのファイルで文字を反転したときは

AutoCAD 2004よりも前のバージョンで作成したファイルで文字を鏡像化すると、文字まで反転する場合があります。これは、鏡像化の対象に文字を含める設定が、ファイルごとに保存されていて、古いバージョンでは初期設定で文字が鏡像化の対象に含まれているためです。古いファイルの編集作業で、文字が鏡像化したときは、システム変数の「MIRRTEXT」を入力してから「0」と入力し、設定を変更すれば、文字が反転しなくなります。

基本編 第4章 図形を修正しよう

③ 対称軸を選択する

鏡像化する図形が選択された

続いて対称軸を
選択する

1 中心線の上側の
端点をクリック

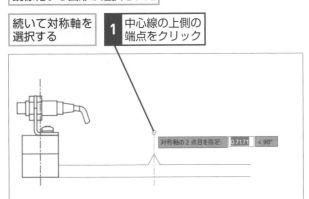

```
対称軸の2点目を指定:  0.7171  < 90°
```

2 中心線の下側の
端点をクリック

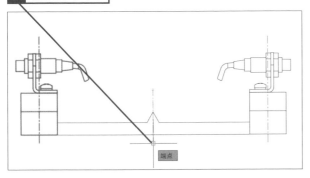

端点

④ 元の図形を残すかどうかを選択する

鏡像化する元の図形を削除
するかどうかを選択する

ここでは元の図形を削除しない
ので [いいえ] を選択する

1 [いいえ] をクリック　　**2** Enter キーを押す

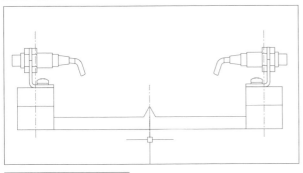

元の図形を残したまま、
対称複写される

HINT!

元の図形を削除できる

手順4の操作1で [はい] をクリック
すると、元の図形を削除できます。
下の例のように、複写元の反対向き
のセンサー部品を作図する場合など
に便利な機能です。

[鏡像] コマンドを実行し、鏡像
化する図形と対称軸を選択して
おく

1 [はい] を
クリック

2 Enter キーを
押す

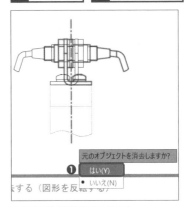

```
元のオブジェクトを消去しますか?
❶ はい(Y)
  いいえ(N)
```

する（図形を反転する）

元の図形が削除された

⚠ 間違った場合は?

手順4の操作1で [はい] をクリック
してしまったときは、元の図形が削
除されてしまいます。クイックアク
セスツールバーの [元に戻す] ボタ
ンをクリックして操作を取り消し、
手順1から操作をやり直しましょう。

Point

率先して活用すれば
作図効率が大幅に上がる

左右対称の図形は半分だけ作図して
[鏡像] コマンドを使うだけで完成し
ます。また、作図済みの図形を左右
反転させたいときにも、[鏡像] コマ
ンドを使えば簡単です。適切な状況
で使えれば作図の効率化に大いに貢
献するコマンドなので、率先して活
用するようにするといいでしょう。

29

図形の角を 丸めるには

フィレット

> フィレットは、2つの図形を指定した半径の円弧でつなげて丸みを作ります。次レッスンで紹介する面取りと併せて、使い方をしっかりマスターしておきましょう。

基本編 第4章 図形を修正しよう

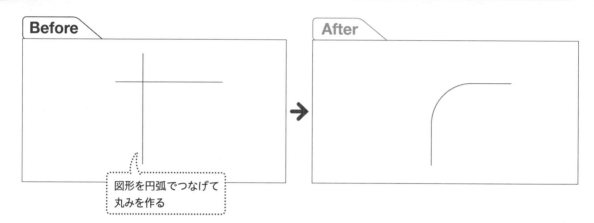

Before

After

→

図形を円弧でつなげて
丸みを作る

① [フィレット] コマンドを実行する

| 1 [ホーム] タブをクリック | 2 [フィレット] をクリック | ⌐ フィレット |

ホーム 挿入 注釈 パラメトリック 表示 管理 出力 アドイン コラボレート Express Tools 注目アプリ

線分 ポリライン 円 円弧 ／ 移動 回転 トリム フィレット 文字 寸法記入 長さ 引出
複写 鏡像
ストレッチ 尺度変更 配列複写 表

作成 ▾　　　修正 ▾　　　注釈 ▾

② オプションを選択する

| ここでは半径を指定する | 1 右クリックしてメニューを表示 | 2 [半径] をクリック |

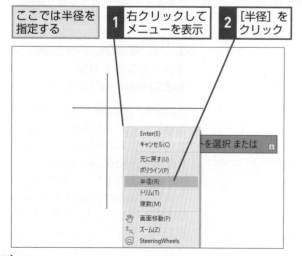

```
Enter(E)
キャンセル(C)

元に戻す(U)
ポリライン(P)
半径(R)
トリム(T)
複数(M)

画面移動(P)
ズーム(Z)
SteeringWheels
```

〜を選択 または

▶ キーワード

オプション	p.341
スプライン	p.342
ポリライン	p.343

📄 レッスンで使う練習用ファイル
フィレット_1.dwg

コマンド	FILLET
エイリアス	F
リボン	[ホーム] - [修正] - [フィレット]

HINT!

フィレットって何?

AutoCADにおけるフィレットとは、溶接技術で利用されている用語とは関係がありません。AutoCADでは、凸の部分や凹の部分に丸みを付けるための機能をフィレットと呼びます。丸みを指定するためには、必ず半径値を入力します。

③ 半径を入力する

ここでは半径を20mmと
指定する

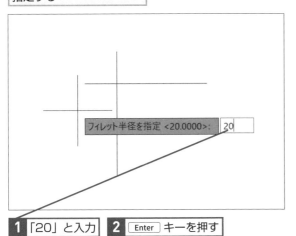

フィレット半径を指定 <20.0000>: 20

| 1 | 「20」と入力 | 2 | Enter キーを押す |

④ 角の一辺を選択する

| 半径が指定された | 1 | 水平な線分をクリック |

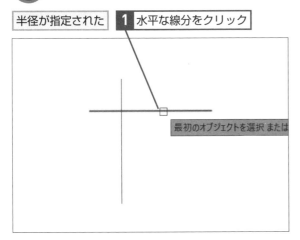

最初のオブジェクトを選択 または

HINT!

[フィレット] コマンドで
編集できる図形とは

線分、円、円弧、楕円、ポリライン、
スプライン、構築線、放射線に対し
て、[フィレット] コマンドを実行で
きます。

HINT!

[フィレット] コマンドで
コーナーを作成するには

[フィレット] コマンドで半径を「0」
に指定すると、2つの線分を接続し
てコーナー（角）を作成できます。
半径を「0」にする代わりに、
Shift キーを押しながら2つ目の線
分をクリックしてもコーナーを作成
できます。

手順2まで操作を進めておく

コーナーを作るので半径を
0mmに指定する

| 1 | 「0」と入力 | 2 | Enter キーを押す |

フィレット半径を指定 <20.0000>: 0 ❶

| 3 | 水平な線分をクリック |

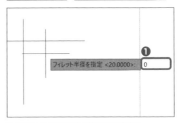

❸

❹ 2つ目のオブジェクトを選択、または [Shift] を押しながらコ

| 4 | 垂直な線分をクリック |

コーナーが作成された

次のページに続く

⑤ 角のもう一辺を選択する

水平な線分が選択された

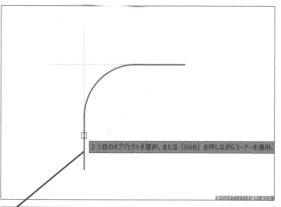

2つ目のオブジェクトを選択、または［Shift］を押しながらコーナーを適用、

1	垂直な線分にカーソルを合わせる	コマンド実行結果のプレビューが表示された	2	そのままクリック

⑥ 図形の角が丸まった

指定した角度で角が丸まった

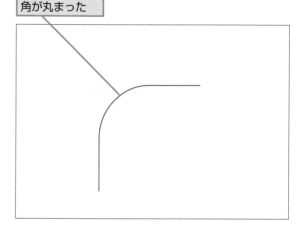

基本編 第4章 図形を修正しよう

HINT!

選択するときはクリックの位置が重要

丸みを付ける2本の線分は、どちらから選択しても構いません。しかし、選択するときのクリック位置に注意が必要です。下の例のように、線分をつなぐ円弧の位置が変わります。

交点から右側と上側をクリックして選択するとこのように丸められる

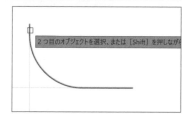

2つ目のオブジェクトを選択、または［Shift］を押しなが

HINT!

円と円の間に［フィレット］コマンドを実行できる

線分だけでなく、円も［フィレット］コマンドの対象になります。円を2つ選択すると、2つの円に接する円弧を作図できます。この場合も、クリック位置によって結果が異なります。

Point

クリックする位置をよく確認しよう

このコマンドのポイントは、丸める線分を選択するときにクリックする位置によって、結果が異なることです。上のHINT!でも解説していますが、同じ線分でも、交点を挟んでどちら側をクリックするかによって、丸める個所が変わってきます。2つ目の線をクリックする前に結果のプレビューが表示されるので、意図通りの個所が丸まっているかどうかをよく確認しましょう。

テクニック　半径を指定せずに円弧を作図できる

下の例のように、幅がそろっていない複数の平行線があるときは、[円弧]コマンドで半径を指定するのが面倒です。このようなケースでは、[フィレット]コマンドを利用して円弧を作成しましょう。半径値を指定せずに円弧を作成できるのがポイントです。なお、操作1では線分の下側をクリックしていますが、線分の中

点より下を選択した場合、線分の下側に円弧が作成されます。線分の上側をクリックすると、2つ目の線分を選択したときに、線分の上側に円弧が作成されます。指定を繰り返せば、上下に曲がった配管ライン図のような図形を作図できます。

手順1を参考に、[フィレット]
コマンドを実行しておく

ここでは線分の下側に
円弧を作成する

1 線分をクリック

2 線分をクリック　　半径を指定しなくても、
円弧が作成される

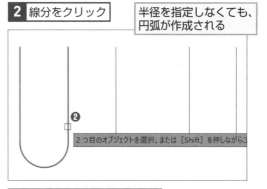

線分の上側をクリックすると
上側に円弧が作成される

テクニック　ポリラインなら一括で角を丸くできる

複数の角を同じ半径で丸めるときは[ポリライン]オプションを利用しましょう。半径値の設定後に右クリックし、[ポリライン]を選択します。図形を1回クリックするだけで、ポリラインの角をまとめて丸くできて便利です。下の例は、ポリラインで作成された図形ですが、1個所をクリックするだけで、すべての角を丸くできます。もし、下の図形が線分でできている場合

は、16個所の角を丸くするために、32回もクリックしなくてはなりません。あらかじめ角を丸くすることが分かっている場合は、線分で作成された連続する図形をポリラインに変更しておきましょう。線分をポリラインに変更する方法は、レッスン⑫のテクニックで紹介しています。

手順1～3を参考に、半径を
10mmに設定しておく

1 右クリックして
メニューを表示　　**2** [ポリライン]を
クリック

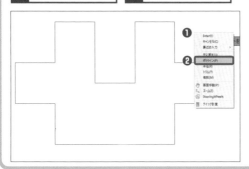

3 図形をクリック　　角がすべて丸まった

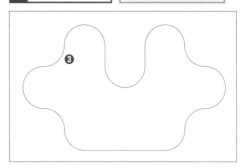

30

図形の角を面取りするには

面取り

[面取り]コマンドは、図形のコーナー部分に斜めに切り込んだ線分を作ります。線分が交差していない場合でも、簡単に面取りができるのが特徴です。

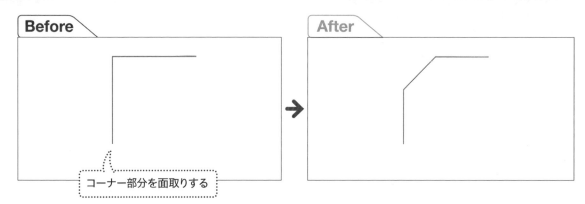

Before	After

コーナー部分を面取りする

1 [面取り]コマンドを実行する

1 [ホーム]タブをクリック

2 [フィレット]の[▼]をクリック

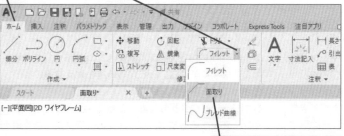

3 [面取り]をクリック

2 面取り距離の指定を開始する

ここでは面取り距離を指定する

1 右クリックしてメニューを表示

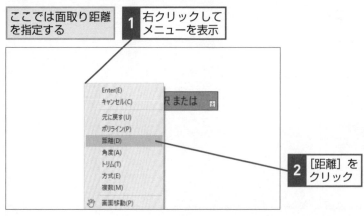

尺 または

2 [距離]をクリック

キーワード

オプション	p.341
コマンド	p.341
ポリライン	p.343

📄 レッスンで使う練習用ファイル
面取り.dwg

⌨ **ショートカットキー**

Ctrl + O …… ファイルを開く

コマンド	CHAMFER
エイリアス	CHA
リボン	[ホーム]-[修正]-[面取り]

HINT!

面取りって何?

機械部品の鋭角な角が危険な場合や部材の角を削り取って面を作ることを面取りといいます。AutoCADの[面取り]コマンドは角からの距離で指定する面取りで、機械加工でよく使用します。削り取って面を作るときの面の長さを指定するものではありません。

---

③ 1本目の面取り距離を指定する

ここでは 15mm に
指定する

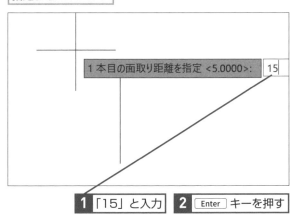

1本目の面取り距離を指定 <5.0000>: 15

1 「15」と入力　**2** Enter キーを押す

④ 2本目の面取り距離を指定する

ここでは同じく 15mm に
指定する

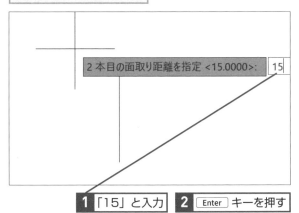

2本目の面取り距離を指定 <15.0000>: 15

1 「15」と入力　**2** Enter キーを押す

次のページに続く

HINT!
面取りできる図形を知ろう

面取りが可能な図形には、線分、構築線、放射線、ポリライン、があります。[ポリゴン] コマンドや [長方形] コマンドで作成された図形は、ポリラインで構成されているので面取りを実行できます。

HINT!
交差していなくても面取りできる

このレッスンでは、面取りする線分が交差している例で解説していますが、面取りの対象とする図形は交差している必要がありません。例えば、交差していない線分を面取りした場合は、2つの線分の延長線上の頂点からの距離で面取りされます。

交差していない線分でも
面取りできる

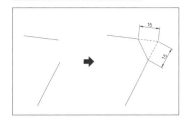

HINT!
面取りの距離をそれぞれ変更できる

このレッスンでは、面取りの距離を同じ値で指定していますが、1本目と2本目で、異なる距離を自由に指定できます。ただし、面取り距離が異なる場合は、選択の順番によって結果が変わることに注意しましょう。

⑤ 1本目の線分を選択する

手順3で指定した面取り
距離が適用される

1 線分をクリック

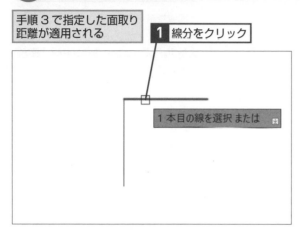

1本目の線を選択 または

⑥ 2本目の線分を選択する

手順4で指定した面取り
距離が適用される

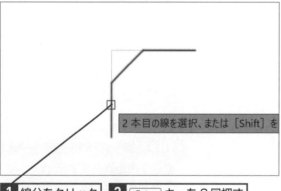

2本目の線を選択、または［Shift］を

1 線分をクリック　**2** ［Enter］キーを2回押す

図形の角が、指定した
長さから面取りされた

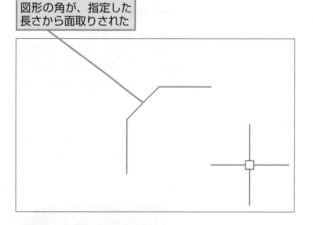

基本編　第4章　図形を修正しよう

HINT!

連続して面取りを実行するには

［面取り］コマンドは、1回の操作で終了します。同じ距離で数個所の編集をするときは、［複数］オプションを選択しましょう。手順1～4で面取り距離を設定した後に［複数］オプションを選択すると、続けて面取りの位置を指定して操作できます。面取りの操作を終了するには［Enter］キーを押します。

HINT!

元の図形を残して面取りするには

［面取り］コマンドでは、標準の設定で面取りを行う場合、不要な部分は切り取られ、足りない部分は延長されます。元の線分を残したまま面取り線を作図するには、手順2で［トリム］オプションを選択し、［非トリム］をクリックします。ただし、設定後は［非トリム］が［面取り］と［フィレット］コマンドに適用されたままになるので、忘れずに設定を元に戻しておきましょう。

Point

面取りの距離をしっかり理解しておこう

［面取り］コマンドでは、面取り距離と2本の線分を指定すれば、図形を面取りできます。このときの面取り距離は、「もともとの角の頂点から、面取り線と辺の交点までの距離」です。面取り線の長さを指定するわけではありません。その点を混同しないように気を付けましょう。

テクニック 決まった角度の面取りも簡単

面取りの距離を指定した後に特定の角度で面取りするには、[角度] オプションが便利です。ここでは水平な線分で距離を指定して、その位置から30度の角度で面取りをしてみましょう。

手順1を参考に、[面取り] コマンドを実行しておく

1 右クリックしてメニューを表示

2 [角度] をクリック

角からの距離を入力する

3 「10」と入力

4 Enter キーを押す

角度を入力する

5 「30」と入力

6 Enter キーを押す

7 1本目の線分をクリック

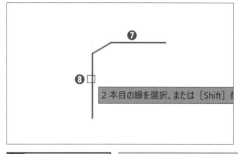

8 2本目の線分をクリック

距離が10mm、角度が30度で面取りされた

テクニック 面取りもポリラインなら簡単

数個所の角を同じ距離で面取りするには、[フィレット] コマンドでも利用できる [ポリライン] オプションが便利です。共通の面取り距離を指定した後に、[ポリライン] オプションを選択しましょう。以下の例は121ページの下のテクニックと同じ図形で面取りを実行しています。ポリラインで角を丸めるのと、面取りする方法の両方を覚えておくと便利です。

手順1〜4を参考に、距離をそれぞれ5mmに設定しておく

1 右クリックしてメニューを表示

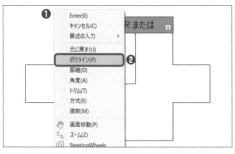

2 [ポリライン] をクリック

3 図形をクリック

すべての角が面取りされる

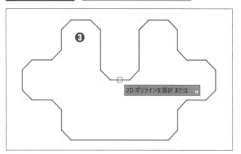

31

同じ図形を等間隔に並べるには

配列複写

「一定の間隔で複数の図形を効率良く並べたい……」そんなときに役立つのが［配列複写］コマンドです。ここでは行数と列数を指定して複写を実行します。

▶ キーワード

グリップ	p.341
スプライン	p.342
ポリライン	p.343

レッスンで使う練習用ファイル
配列複写_1.dwg

コマンド	ARRAY
エイリアス	AR
リボン	［ホーム］-［修正］-［配列複写］

ここでやること

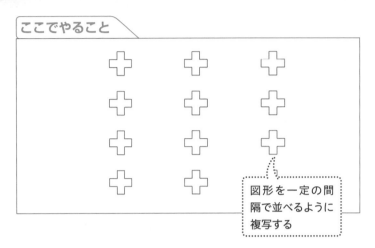

図形を一定の間隔で並べるように複写する

HINT!

配列複写の種類を知ろう

配列複写には、以下の3つの種類があります。

●矩形状配列複写

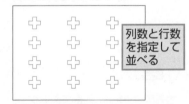

列数と行数を指定して並べる

●パス配列複写

パス線を指定して並べる

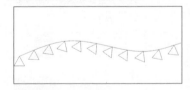

●円形状配列複写

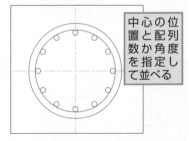

中心の位置と配列数か角度を指定して並べる

① 配列複写のオプションを選択する

1 ［ホーム］タブをクリック

2 ［配列複写］の［▼］をクリック

3 ［矩形状配列複写］をクリック

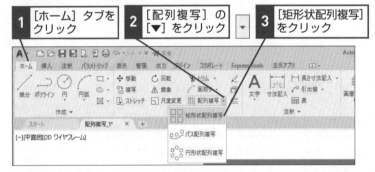

② 配列複写する図形を選択する

ここでは十字型の図形を複写する

1 図形をクリック

2 Enter キーを押す

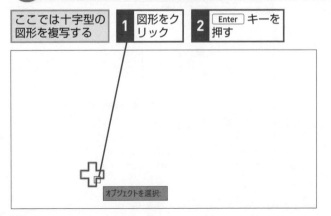

オブジェクトを選択:

③ 列数と列間の距離を指定する

| 配列複写の結果がプレ | ここでは列数を3列、列間の |
| ビューで表示された | 距離を30mmに指定する |

1 右クリック　　　　　　　　　　**2** [列数] をクリック

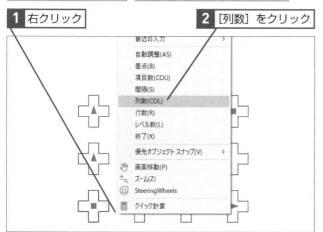

最近の入力　　　　　　　　　>
自動調整(AS)
基点(B)
項目数(COU)
間隔(S)
列数(COL)
行数(R)
レベル数(L)
終了(X)

優先オブジェクトスナップ(V)　>

画面移動(P)
ズーム(Z)
SteeringWheels
クイック計算　　　　　　　　>

列数を指定する　　　　　　　　　　**3** 「3」と入力

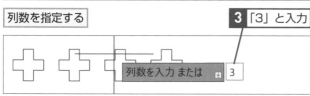

列数を入力 または　　　3

4 Enter キーを押す

列間の距離を指定する　　　　　　　**5** 「30」と入力

列間の距離を指定 または　　30

6 Enter キーを押す

④ 列数と列間が指定された

列数と列間の距離が指定された

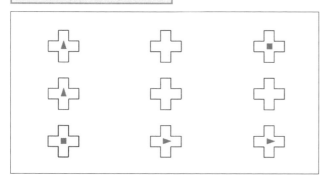

HINT!

**列や行の間隔は
図形の同じ位置から測る**

AutoCADでは、配列複写の列や行の間隔を図形の基準点から測った距離で指定します。図形と図形の隙間ではないことに注意してください。

図形の隙間ではなく、同じ位置の間の距離を指定する

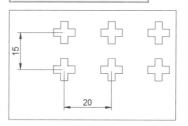

15

20

HINT!

リボンでも設定できる

手順2を実行すると、リボンに [配列複写作成] タブが表示されます。手順3以降では入力ボックスに数値を入力しますが、リボンでも行数や列数を設定できます。

[配列複写作成] タブで、行数や列数を設定できる

⚠️ **間違った場合は？**

手順3で列数や距離の数値を間違って入力してしまったときは、[配列複写] タブの [列] や [行] に正しい数値を入力します。

次のページに続く

⑤ 行数と行間の距離を指定する

ここでは行数を4行、行間の距離を
15mmに指定する

1 右クリック　　**2** [行数] をクリック

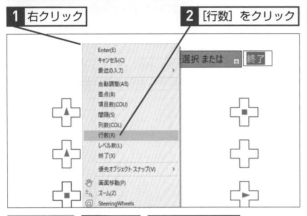

行数を指定
する　　**3** 「4」と
入力　　**4** Enter キーを
押す

行間の距離を
指定する　　**5** 「15」と
入力　　**6** Enter キーを
押す

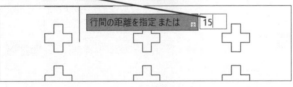

⑥ 配列複写を完了する

列数と行数、それぞれの
距離が指定された　　**1** Enter キーを
2回押す

HINT!

指定した曲線に沿わせて図形を配列できる

[パス配列複写] コマンドを使うと、指定したパスに沿ってオブジェクトを配列複写できます。パスとして使用できる図形は、線分、ポリライン、スプライン、円弧、円、楕円弧などです。パスを選択後に表示されるグリップや [配列複写作成] タブからも操作ができます。

パス上に均等に図形を
並べられる

Point

大量の図形を一括で複写できる

図形を複写するコマンドとして、レッスン㉒で [複写] コマンド、レッスン㉓で [オフセット] コマンドを解説してきましたが、このレッスンで解説した [配列複写] コマンドは大量の図形を一括で複写でき、大変効率的です。矩形状や円形状に図形を並べたいという状況では積極的に [配列複写] コマンドを使ってみるといいでしょう。

基本編　第4章　図形を修正しよう

テクニック 円形状に等間隔で複写できる

［円形状配列複写］は、中心を指定して配列する数と
角度で図形を円形状に配列複写します。中心の位置は
オブジェクトスナップを使用して正確に指定しましょ

う。既定値では、全体の複写角度（360度）に6個の
オブジェクトが配列されたプレビューが表示されます
が、［項目数］や［項目間の角度］で変更が可能です。

1 ［円形状配列複写］を実行する

| 1 | ［ホーム］タブをクリック | 2 | ［配列複写］の［▼］をクリック |

| 3 | ［円形状配列複写］をクリック |

2 配列する小さい円と中心を選択する

| 1 | 複写するオブジェクトをクリック | 2 | Enter キーを押す |

| 配列複写の中心を指定する | 3 | 中心線の中心をクリック |

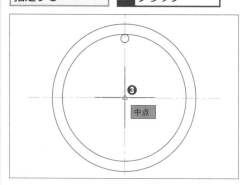

3 ［項目数］オプションを選択する

| 1 | 右クリックしてメニューを表示 | 2 | ［項目数］をクリック |

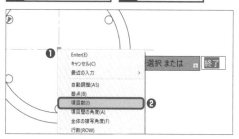

4 項目数を入力する

| ここでは図形を12個複写する | 1 | 「12」と入力 | 2 | Enter キーを押す |

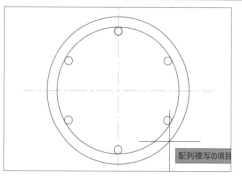

5 配列複写を確定する

| 複写結果のプレビューが表示された | 1 | Enter キーを押す |

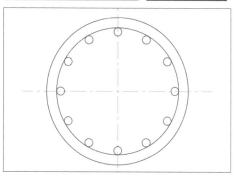

この章のまとめ

●コマンドの基本操作と便利なオプションを身に付けよう

この章では、図形を編集するさまざまなコマンドを解説してきました。図形の選択や移動、複写などはひんぱんに使用する基本操作です。また、[オフセット] コマンドや [トリム] コマンド、[フィレット] コマンドなどは、実際の業務で特によく使われている利用価値の高いコマンドです。操作をしっかり覚えて、自分のものにしておきましょう。この章で紹介したコマンドには、有用なオプションが多数存在します。例えば [オフセット] コマン

ドであれば、複写後に元の図形を削除する [消去] オプションやオフセット距離の代わりに複写後の線分の通過点を指定する [通過点] オプション、まとめて複数の図形を複写する [一括] オプションなどです。これらのオプションを覚えておくと、コマンドをより便利に活用できます。これらの使い方もしっかり身に付けて、操作の引き出しを広げていきましょう。

有用なオプションを身に付けよう

AutoCADのコマンドには多くのオプションがある。オプションを利用すれば操作のひと手間を減らせる

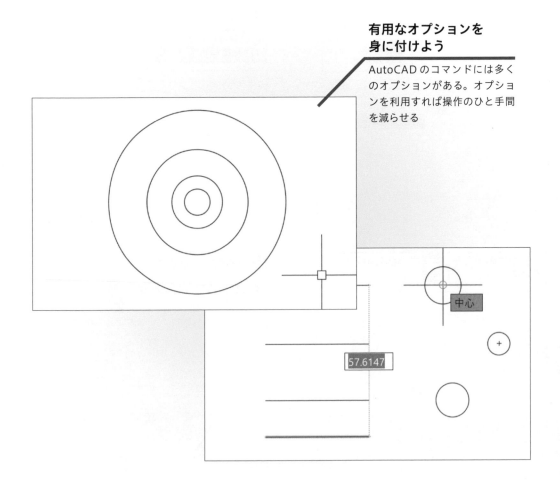

練習問題

第4章までで学んだ操作を駆使して、コンクリートブロックの平面図と正面図を作図してみましょう。[第4章_練習問題.dwg] を開いて、右の寸法で図形を作図します。

練習用ファイル

第4章_練習問題.dwg

関連レッスン

▶レッスン**12**
線分を引くには ……………………………… p.50
▶レッスン**14**
長方形を作図するには ……………………… p.58
▶レッスン**18**
円弧を作図するには ………………………… p.76
▶レッスン**23**
図形を平行な位置に複写するには ………… p.98
▶レッスン**26**
図形を境界線まで延長するには …………… p.106

ここでやること

コンクリートブロックの平面図と正面図を作図する

▶レッスン**29**
図形の角を丸めるには ……………………………… p.112
▶レッスン**30**
図形の角を面取りするには ……………………… p.116

HINT! [オフセット] コマンドを活用すると効率的

コンクリートブロックの図形は正方形や線分で構成されています。毎回同じコマンドを使用してもいいですが、[オフセット] コマンドを率先して活用すると、より効率的に作図できます。この練習問題でも [オフセット] コマンドを利用できる個所があります。その点を意識しながら作図してみましょう。

コンクリートブロックの作図には [オフセット] コマンドが役立つ

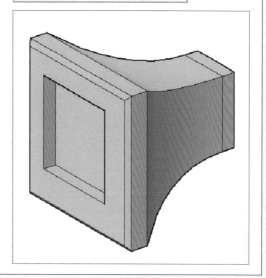

［長方形］コマンドと［オフセット］コマンド、［線分］コマンドで平面図を作図します。その後［長方形］コマンド、［分解］コマンド、［オフセット］コマンド、［延長］コマンド、［フィレット］コマンド、［面取り］コマンド、［円弧］コマンドを使って正面図を作図します。

平面図の作図

1 正方形を作図する

［長方形］コマンドで正方形を作図する

1	［長方形］コマンドを実行	2	任意の点をクリックして一方のコーナーに指定

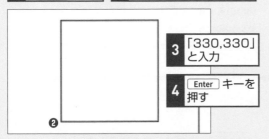

3	「330,330」と入力
4	Enter キーを押す

2 図形を内側に平行複写する

作図した図形を［オフセット］コマンドで55mm内側に平行複写する

1	［オフセット］コマンドを実行	2	「55」と入力

3	Enter キーを押す

4	手順1で作図した正方形を選択	5	内側をクリック

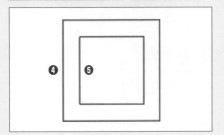

3 続けて図形を平行複写する

同様にして［オフセット］コマンドで手順1と手順2で作図した正方形をそれぞれ10mm内側に平行複写する

1	［オフセット］コマンドを実行	2	「10」と入力

3	Enter キーを押す

4	手順1で作図した正方形を選択	5	内側をクリック

6	手順2で作図した正方形を選択	7	内側をクリック

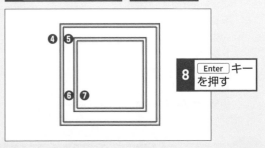

8	Enter キーを押す

4 コーナーに線分を作図する

［線分］コマンドでそれぞれのコーナーに線分を作図する	1	［線分］コマンドを実行

2	手順1で作図した正方形と手順3で作図した図形の近い頂点をそれぞれクリック

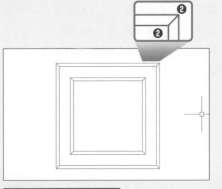

3	Enter キーを押す

［線分］コマンドでそれぞれのコーナーに線分を作図する

正面図の作図

5 長方形の始点を指定する

| オブジェクトスナップをオンにしておく | 平面図の点の延長線上の任意の点を、長方形の始点に指定する | **1** [長方形] コマンドを実行 |

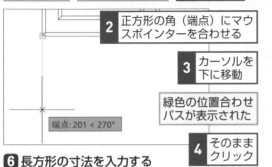

2	正方形の角（端点）にマウスポインターを合わせる
3	カーソルを下に移動
	緑色の位置合わせパスが表示された
4	そのままクリック

端点: 201 < 270°

6 長方形の寸法を入力する

長方形の寸法を入力する

| **1** | 「330,-50」と入力 |
| **2** | Enter キーを押す |

7 長方形を分解して平行複写する

| [分解] コマンドを実行しておく | **1** 手順6で作図した長方形を選択 |

2 Enter キーを2回押す

| [オフセット] コマンドで平行複写する | **3** [オフセット] コマンドを実行 |

4	「320」と入力
5	Enter キーを押す
6	上側の線分を選択
7	下側をクリック

| 同様に下の線分の350mm下側にも線分を平行複写しておく | **8** Enter キーを2回押す |

8 続けて線分を平行複写する

| 長方形の左右の辺を85mm内側に平行複写する | **1** [オフセット] コマンドを実行 |

| **2** 「85」と入力 | **3** Enter キーを押す |

4	左辺をクリック
5	右側をクリック
6	右辺をクリック
7	左側をクリック
8	Enter キーを2回押す

9 複写した線分を延長する

| 手順8で複写した線分を延長する | **1** [延長] コマンドを実行 |

| **2** 手順8で複写した線分を一番下の線分までクリックして延長する |

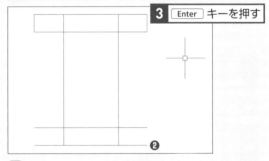

3 Enter キーを押す

10 作図した線分から角を作る

はみ出した部分を [トリム] コマンドで切り取る

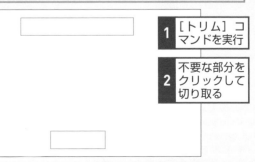

| **1** | [トリム] コマンドを実行 |
| **2** | 不要な部分をクリックして切り取る |

同様に、はみ出した部分を切り取っておく

⓫ 線分を平行複写する

長方形の上側の線分を 10mm 下側に
平行複写する

1 ［オフセット］コマンド
を実行

2 「10」と
入力

3 Enter キーを押す

4 上側の線分を
クリック

5 下側をク
リック

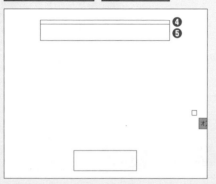

⓬ 角を面取りする

手順 7 ～ 9 で作図した線分を
［面取り］コマンドで編集する

1 ［面取り］コマンド
を実行

2 右クリックして
メニューを表示

3 ［距離］をクリック

4 面取り距離を
それぞれ「10」
に指定

5 面取りする線
分をそれぞれ
クリック

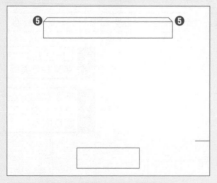

左右両側の角を面取りしておく

⓭ 曲線を作図する

［円弧］コマンドで上下の図形を
結ぶ曲線を作図する

1 ［円弧］コマンドの［始点、
終点、半径］を実行

2 始点をクリック

3 終点をクリック

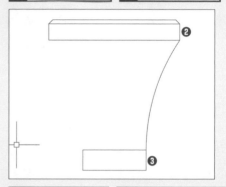

4 「473」と入力

5 Enter キーを押す

⓮ 続けて曲線を作図する

同様にして左側にも
曲線を作図する

1 ［円弧］コマンドの［始点、
終点、半径］を実行

2 始点をクリック

3 終点をクリック

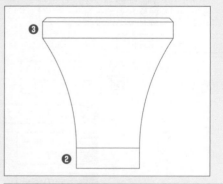

始点と終点を反対の順番でクリックすると、
外側にふくらむ円弧になるので順番に気を
付ける

4 「473」と入力

5 Enter キーを押す

基本編 第4章 図形を修正しよう

基本編

第5章

文字や寸法を記入しよう

図面上で設計の意図を正確に表現するには、文字記入や寸法記入が重要です。正しい情報を適切な方法で記入することで、誰もが図面の内容をきちんと把握できるようになるのです。この章では文字や寸法を記入するコマンドについてマスターしましょう。

●この章の内容

32

2つの文字記入操作を理解しよう

マルチテキスト、文字記入

図面の詳細情報を補完するのに、文字入力は欠かせません。AutoCADでは複数行と1行の文字入力でコマンドが2つ用意されています。その違いを解説します。

長い文字列の記入に適した「マルチテキスト」

[マルチテキスト] コマンドは、長い文章の入力に適したコマンドです。注釈や注意事項、箇条項目などを入力するときに利用するといいでしょう。[マルチテキスト] コマンドでは、文字境界ボックスというテキストボックスに文字を入力します。文字境界ボックスを作成すると、リボンに [テキストエディタ] タブが表示されます。[テキストエディタ] タブには文字や段落の書式を設定する機能が多く用意されているため、文字の色や高さ、行間を簡単に変更できます。

注釈や箇条書きなど、長い文字列の
入力に適している

```
注記
指示なきR部分は、3Rとする。
溶接記号の記入なき部分は、記入済の部分に合わせて施工のこと。
溶接組立後、焼きなましを行うこと。
```

[テキストエディタ] タブで文字や段落の
書式を細かく設定できる

文字ごとに書式を
設定できる

*快適な環境*で上質な住まいを公開中！

文字に背景色を
設定できる

PREMIUM PLAN

キーワード

コマンド	p.341
フォント	p.343
文字スタイル	p.343

HINT!

**文字の入力中に
スペルチェックが実行される**

[マルチテキスト] コマンドの入力中にスペルを間違えると、文字境界ボックス内の文字の下に赤い点線が表示されます。これはスペルチェック機能の働きによるものです。コマンド終了後には消え、印刷もされません。

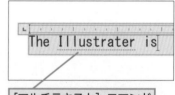

[マルチテキスト] コマンド
では、スペルを間違えると
赤い点線が表示される

テクニック 文字スタイルの役割を知ろう

AutoCADでは、文字のフォントや高さなどは、すべて文字スタイルで管理されています。初期設定では［フォント］が［Arial］、高さが［0］の［Standard］というスタイルが設定されています。図面中に特定のフォントを使いたいというときに、［文字スタイル管理］ダイアログボックスを利用し、フォントや高さなどを設定して文字スタイルを登録します。あらかじめ文字スタイルを登録しておけば、図面内の文字の見ためを簡単に統一できます。なお、ここではフォントに関する詳しい説明は省きますが、AutoCADではTrueTypeフォントとSHXフォントというフォントを利用できます。SHXフォントは、AutoCAD独自のフォントで一部の特殊文字は入力できません。SHXフォントを使う場合、日本語が入力できるように［文字スタイル管理］ダイアログボックスで［ビッグフォントを使用］の設定を有効にする必要があります。

［文字スタイル管理］ダイアログボックスで図面に入力する文字のフォントや高さなどを登録できる

短い文字列の記入に適した「文字記入」

［文字記入］コマンドでは、図面上のクリックした位置に、改行を含まない1行の文字オブジェクトを作成します。1行単位で作成するため、建築平面図などの室名や項目名の記入に適しています。ただし、［マルチテキスト］コマンドのように文字の書式を個別に変更することはできません。

［文字記入］コマンドは、短い文字列の入力に適している

A-A断面図　S=1:50

Point

文字が図面の出来栄えを左右する

見やすい図面を作図するにはいくつかのポイントがあります。なかでも文字の記入が図面の精度を大きく左右するのです。正確な情報を図面で伝えるには、文字がきちんと記入されているか、そして文字が読みやすい位置にあるかどうかが大切です。AutoCADには、文字の記入やスタイルを管理する機能が豊富に用意されています。この章を通して、文字を適切に記入し、正しい情報を伝える方法を学びましょう。

33

長い文字列を記入するには

マルチテキスト

[マルチテキスト] コマンドで文章を入力してみましょう。改行を含んだ長文を入力できるほか、個別にフォントや文字色の変更、下線といった装飾も可能です。

[テキストエディタ] タブでできること

[マルチテキスト] コマンドを実行すると、[テキストエディタ] タブがリボンに表示されます。[テキストエディタ] タブは、大きく8つのグループに分かれています。フォントや高さ、色などを文字ごとに設定でき、箇条書きのリストや段落番号が付いたリストの作成も簡単です。[テキストエディタ] タブには数多くの機能が用意されていますが、このレッスンでは文章を入力し、後から段落番号を設定します。

▶ キーワード

コマンド	p.341
文字スタイル	p.343
リボン	p.343

📄 レッスンで使う練習用ファイル
マルチテキスト.dwg

コマンド	MTEXT
エイリアス	MT
リボン	[注釈]-[文字]-[マルチテキスト]

❶ 文字スタイル ❷ 書式設定 ❸ 段落 ❹ 挿入 ❺ スペルチェック

❻ ツール ❼ オプション ❽ 閉じる

基本編 第5章 文字や寸法を記入しよう

❶文字スタイル
文字スタイルの切り替えや文字の高さ、背景マスク（背景色）の設定ができます。

利用中の文字スタイルがグレーに反転して表示される

❷書式設定
新しく入力する文字や選択した文字に対して、現在の文字スタイルに関係なく、個別にフォントや色などの設定ができます。

❸段落
文字の位置合わせや箇条書き、段落番号、行間などの設定ができるほか、自動的に箇条書きや段落番号のリストを作成できます。

❹挿入
段組みの設定や特殊なシンボル記号、データの変更に対応する文字オブジェクトであるフィールドの挿入ができます。

❺スペルチェック
文字入力、または編集時のスペルチェックのオン／オフの切り替えやスペルチェック設定ができます。

❻ツール
文字の検索や置換のほか、外部ファイルから文字を読み込めます。

❼オプション
[元に戻す] や [やり直し] のほか、エディタやルーラーの設定変更ができます。

❽閉じる
[テキストエディタ] タブを閉じて、[マルチテキスト] コマンドを終了します。

■ [マルチテキスト] コマンドによる文字の記入

注記
1．　指示なきR部分は、3Rとする。
2．　溶接記号の記入なき部分は、記入済の部分に合わせて施工のこと。
3．　溶接組立後、焼きなましを行うこと。

4行分の文章を入力して、2行目から
4行目に段落番号を設定する

❶ [マルチテキスト] コマンドを実行する

1 [注釈] タブを
クリック

[MS] という文字スタイルが
すでに設定されている

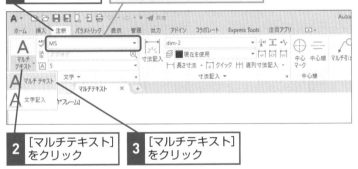

2 [マルチテキスト]
をクリック

3 [マルチテキスト]
をクリック

❷ 文字境界ボックスの大きさを指定する

2個所をクリックして文字境界ボックスを作成する

1 1点目をクリック

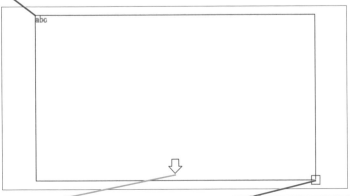

矢印は段落の方向を
示している

2 2点目をクリック

文字境界ボックスは大きめに
作成しておこう

このレッスンのように、1行に長い文
章を入力することが分かっていると
きは、文字境界ボックスの大きさを
少し大きめにしておきましょう。幅
が狭いままで文字を入力すると、文
字境界ボックス内で文字が折り返さ
れます。

幅が小さいと、文字が
折り返される

注記
指示なきR部分は、
3Rとする。

右下を右にドラッグして
幅を変更できる

テキストの読み込みが可能

[マルチテキスト] コマンドでは、外
部ファイルからテキストを読み込め
ます。図面上で繰り返し記入する文
字列などをテキストファイルに保存
し、必要に応じて読み込むようにす
れば、文字を何度も入力する手間を
省けます。読み込みができるのは、
拡張子が「.txt」か「.rtf」のファイ
ルで、読み込めるファイルサイズの
上限は256KBです。

次のページに続く

③ 文字境界ボックスが作成された

| ◆文字境界ボックス | 文字境界ボックスにメモ帳や Word のように文章を入力していく |

1 以下の文章を入力

```
注記
指示なきR部分は、3Rとする。
溶接記号の記入なき部分は、記入済の部分に合わせて施工のこと。
溶接組立後、焼なましを行うこと。
```

④ 文章に段落番号を付ける

| 2 行目以降の行頭に段落番号を付ける | **1** ここにカーソルを合わせる | **2** ここまでドラッグ |

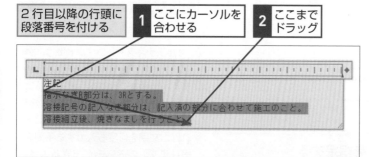

| **3** [テキストエディタ] タブをクリック | **4** [箇条書きと段落番号] をクリック |

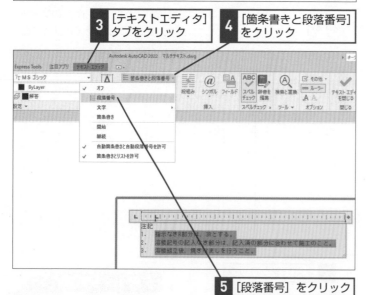

5 [段落番号] をクリック

HINT!

箇条書きを設定するには

文字列を箇条書きに設定するには、手順4の操作5で[箇条書き]をクリックします。

| 箇条書きも設定できる |

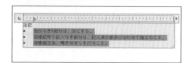

HINT!

後から文章を編集するには

テキストエディタを閉じた後で、文章を編集するには、マルチテキストをダブルクリックしてください。編集を終了するには、手順6のように[テキストエディタを閉じる]ボタンをクリックするか、文字境界ボックスの外側の図面上をクリックします。また、変更を保存せずに編集を終了するには Esc キーを押します。

1 修正する文章をダブルクリック

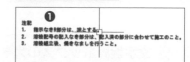

| 文字が編集できる状態になった |

⑤ 段落番号が付いた

2行目以降に段落番号が
付いた

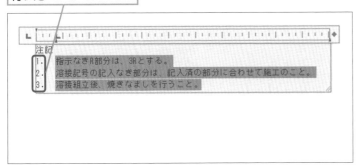

⑥ 文字の編集を終了する

文章の入力が
完了した

[テキストエディタを閉じる]
をクリック

1

文字境界ボックス外側の図面上をクリックしても
編集状態が終了する

文字境界ボックスが非表示になり、
入力内容が確定した

注記
1.　指示なきR部分は、3Rとする。
2.　溶接記号の記入なき部分は、記入済の部分に合わせて施工のこと。
3.　溶接組立後、焼きなましを行うこと。

Point

箇条書きや注釈の作成が簡単

[マルチテキスト] コマンドのポイン
トは、文字境界ボックスの作成です。
幅や高さはドラッグ操作で後から変
更できますが、長い文章を入力する
ときは初めから幅を広くしておくと
手間を減らせます。また、文字境界
ボックスを作成すると [テキストエ
ディタ] タブが表示されることを紹
介しましたが、[テキストエディタ]
タブの機能をすべて覚える必要はあ
りません。必要に応じて機能を覚え
ていきましょう。このレッスンでは、
段落番号を文章に設定しましたが、
文字列の書式を柔軟に設定できるの
も大きな特長の1つです。

34 面積情報を 記入するには

面積情報

図面上のポリラインに対して、「面積」を表示するように設定できます。ポリラインの領域を修正すると、面積の値も更新されます。

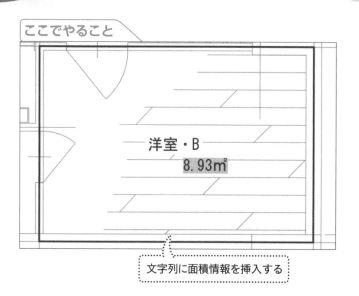

ここでやること

洋室・B
8.93㎡

文字列に面積情報を挿入する

 レッスンで使う練習用ファイル
文字とフィールド.dwg

コマンド	TEXT
エイリアス	DT
リボン	[注釈] - [文字] - [文字記入]

HINT!

フィールドとは

フィールドは、ファイル内のオブジェクトやその情報（面積・日付・尺度…）が変更されたときに自動的に更新できる機能です。マルチテキスト、文字記入、属性値、寸法値、表のセル内に使用できます。フィールドの文字は現在の文字スタイルで管理されます。グレーの背景色が付いた表示になりますが、背景は印刷されません。

HINT!

面積の範囲が複雑な場合はポリラインで描く

「洋室・B」は長方形のため［長方形］コマンドで範囲を描きましたが、「収納」も含めたような複雑な形になる場合は、ポリラインで面積領域を作図するといいでしょう。

① 床面積のための長方形を描く

現在の画層が［面積］であることを確認しておく	レッスン⑭を参考に［長方形］コマンドを実行しておく

1 ［交点］をクリック

2 ［交点］をクリック

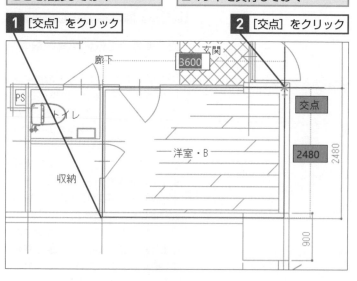

廊下
玄関
3600
PS
トイレ
交点
洋室・B
2480
2480
収納
900

② 文字記入のオプションを表示する

レッスン㉝を参考に［文字記入］
コマンドを実行しておく

1 任意の場所をクリック

2 Enter キーを2回押す

3 カーソルを右クリック

4 ［フィールドを挿入］をクリック

③ フィールドを選択する

1 ［オブジェクト］をクリック

2 ここをクリック

3 図面に戻り長方形をクリック

4 ［面積］をクリック

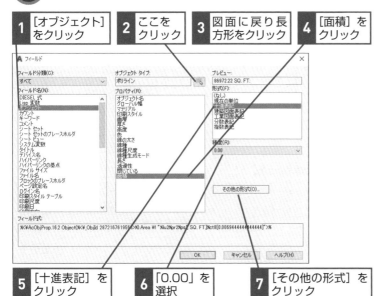

5 ［十進表記］をクリック

6 「0.00」を選択

7 ［その他の形式］をクリック

8 「0.000001」と入力

9 「㎡」と入力

10 ［OK］をクリック

面積情報が表示される

HINT!
フィールドは表にも設定できる

このレッスンでは、文字列にフィールドを挿入しましたが、長方形（面積の領域）の大きさが変更されると、面積の値も更新されます。自動的に値が更新されない場合は、［挿入］→［データ］→［フィールドを更新］ボタンを実行しましょう。

また、表オブジェクトのセル内にフィールドを挿入して面積表を作成することもできます。

Point

フィールド機能を使いこなそう

フィールド機能は関連付けられた情報を図面上に表示します。このレッスンのように、平面図上に手早く床面積を表示することができます。また、フィールドの利点として床面積の変更に伴い、面積計算された最新情報が図面上に表示されます。手書き図面とは異なるデジタルな情報として活用しましょう。

35 文字を修正するには

行間隔

このレッスンでは、[マルチテキスト] コマンドで作成した文章の体裁を変更します。行の間隔を変更し、文章が読みやすくなるようにしましょう。

ここでやること

> 注記
> 1.　　指示なきR部分は、3Rとする。
> 2.　　溶接記号の記入なき部分は、記入済の部分に合わせて施工のこと。
> 3.　　溶接組立後、焼なましを行うこと。

[マルチテキスト] コマンドで入力した文章の行間隔を変更する

キーワード

AutoCAD	p.340
コマンド	p.341

📄 レッスンで使う練習用ファイル
文字編集.dwg

HINT!

行間隔って何？

AutoCADでは、行の下基準から次の行の下基準までの距離を行間隔と規定しています。行内で最も高さのある文字に基づいて、自動的に行の間隔が調整されます。

行の下基準から次の行の下基準までの距離を行間隔と呼ぶ

> 注記
> 1.　　指示なきR部分は、3Rとする。
> 2.　　溶接記号の記入なき部分は、記入済の
> 3.　　溶接組立後、焼なましを行うこと。

HINT!

文字列を積み重ねて表示できる

AutoCADでは、「スタック」という機能で文字を積み重ねて入力できます。半角英数文字で下表のように入力すると、自動で文字が縦に積み重なります。「1/3」を「3分の1」ではなく「1月3日」という意味で記入したいときは、[テキストエディタ] タブの [スタック] ボタンをクリックして設定を解除します。

●スタックの入力例

入力例	結果	説明
1/3	$\frac{1}{3}$	文字は水平線で区切られ、縦にスタック
1#3	$1\!/\!3$	文字は斜線で区切られ、斜めにスタック
1^3	$\frac{1}{3}$	区切り線は使用されずに、縦にスタック

---

① 文字境界ボックスを表示する

コマンドを実行しているときは Esc キーを押して解除しておく

1 修正する文章をダブルクリック

> 注記
> 1.　　指示なきR部分は、3Rとする。
> 2.　　溶接記号の記入なき部分は、記入済の部分に合わせて施工のこと。
> 3.　　溶接組立後、焼なましを行うこと。

② 修正する文章を選択する

文字境界ボックスが表示された

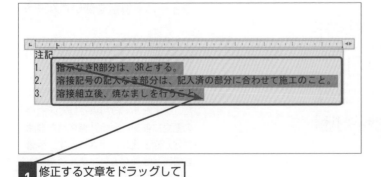

1 修正する文章をドラッグして選択

③ 行の間隔を広くする

ここでは箇条書き部分の
行間隔を広くする

1 [テキストエディタ] タブを
クリック

2 [行間隔] を
クリック

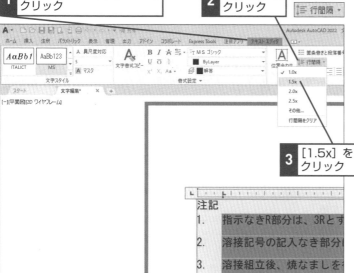

3 [1.5x] を
クリック

注記
1. 指示なきR部分は、3Rとす
2. 溶接記号の記入なき部分
3. 溶接組立後、焼なましを

[行間隔] の項目にカーソルを合わせると、プレビューが表示される

自分で行間隔を設定するときは、[その他] をクリックして [間隔] に数値を入力する

④ 文章の編集を終了する

1 [テキストエディタを閉じる]
をクリック

テキスト エディタ
を閉じる

行間隔の変更が
確定した

注記
1. 指示なきR部分は、3Rとする。
2. 溶接記号の記入なき部分は、記入済の部分に合わせて施工のこと。
3. 溶接組立後、焼なましを行うこと。

35

行間隔

HINT!

文字の背景を塗りつぶすには

線分の上に文字が重なってしまったときや、文字を目立たせたいときは下の手順で背景色を設定しましょう。ただし、[文字記入] コマンドで入力した文字には設定できません。

マルチテキストをダブル
クリックしておく

1 [マスク] をクリック

2 [背景マスクを使用]
をクリックしてチェックマークを付ける

3 ここをクリックして色を選択

4 [OK] を
クリック

Point

行間隔で読みやすさが変わる

行間隔の変更もAutoCADなら簡単です。[行間隔] の一覧から選ぶだけで間隔の変更ができます。1行の独立した文字列なら気にする必要はありませんが、複数行の段落で構成された文章では、行間隔の設定で読みやすさが変わります。このレッスンでの操作はあくまでも一例です。文字の大きさによって適切な行間隔が異なるので、読みやすくなる項目を [行間隔] から選択するようにしましょう。

短い文字列を
記入するには

文字記入

1行単位の文字を入力するには［文字記入］コマンドを利用しましょう。文字の記入位置、高さ、角度が基本手順ですが、位置合わせについても紹介します。

ここでやること

A-A断面図　S=1：50

高さが5mmの文字を記入する

▶ キーワード

オブジェクトスナップ	p.340
オプション	p.341
基点	p.341

 レッスンで使う練習用ファイル
文字記入.dwg

コマンド	TEXT
エイリアス	―
リボン	［注釈］-［文字］-［文字記入］

① ［文字記入］コマンドを実行する

1 ［注釈］タブをクリック

2 ［マルチテキスト］をクリック

［マルチテキスト］コマンドと同じように［MS］というスタイルが設定されている

3 ［文字記入］をクリック

HINT!

位置合わせオプションって何？

手順2で設定している「位置合わせオプション」とは、文字列の位置合わせの点を変更するオプションです。位置合わせの点とは、文字を配置する点であり、選択するときのオブジェクトスナップ（挿入基点）の点になります。位置合わせオプションを適切に設定すれば、目的の位置に文字が効率よく記入できます。
なお、文字記入時に設定した位置合わせオプションの点は、次の操作でもそのまま適用されますので注意しましょう。

② 位置合わせオプションを設定する

初めに文字の配置方法を設定する

1 右クリックしてメニューを表示

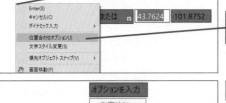

または　43.7624　101.8752

2 ［位置合わせオプション］をクリック

ここでは中央にそろえる

3 ［中央］をクリック

③ 文字を記入する位置を選択する

クリックした場所が1文字目 が記入される場所になる	**1** 記入する場所を クリック

文字列の中央点を指定: 50.3194 88.7703

④ 文字の高さを指定する

ここでは文字の高さ を5mmに指定する	**1** 「5」と 入力	**2** Enter キーを 押す

高さを指定 <5.0000>: 5

⑤ 文字の角度を指定する

ここでは角度 を付けない	**1** 「0」と 入力	**2** Enter キーを 押す	**3** 文字の角度を 指定

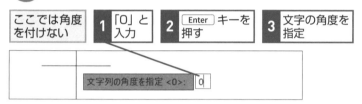

文字列の角度を指定 <0>: 0

⑥ 文字を記入する

ここでは1行の文字列を
入力する

1 以下の文章を入力

A-A断面図　S=1:50

文字の入力が完了した

A-A断面図　S=1:50

2 Enter キーを 2回押す	文字の入力が 確定する

HINT!

文字を円の中央に
記入するには

位置合わせオプションで［中央］を
選択し、[文字列の中央点]を［中心］
に設定すれば、下の例のように円の
中心に文字を入力できます。

位置合わせを［中央］に設定
し、円の中心をクリックすれ
ば中心に文字を記入できる

HINT!

［両端揃え］と［フィット］の
違いを知ろう

位置合わせオプションには［両端揃
え］と［フィット］という項目があ
ります。両方とも文字を均等に割り
付ける機能ですが、文字の大きさに
違いがあります。［両端揃え］は、
指定した幅に収まるサイズに文字の
高さと幅が自動調整されます。文字
数が増えるのに比例し、サイズが小
さくなります。一方の［フィット］
では、高さを固定したまま指定した
幅に文字が収まります。文字数が少
ない場合は横長に変形し、文字数が
増えると文字の幅が自動で調整され
ます。「どうしても特定の範囲に文字
を収めたい」というときにこれらの
オプションを利用しましょう。

Point

位置合わせが大切

独立した1行の文字を記入するとき
は［文字記入］コマンドの出番です。
文字列の始点と高さ、角度の順番に
設定することを覚えましょう。文字
列の確定にはEnterキーを2回押し
ますが、慣れないうちは2回目を押
しを忘れてしまう場合があるので気
を付けましょう。

37

さまざまな寸法の記入方法を知ろう

寸法記入の種類

ここでは、寸法記入のコマンドや寸法図形の名称をまとめて紹介します。オブジェクトスナップの設定のほか、寸法記入に関する注意点を確認しましょう。

寸法記入に利用できる6つのコマンド

図面内に作図した図形の大きさや位置、傾きなどを、設計図書として正しく表現するためには、適切な寸法記入を心がける必要があります。寸法は特に明示しない限り、対象物の仕上がり寸法（図面上で指示した加工が終わった状態の寸法）を記入します。ここでは、図面上でよく使用する6つの寸法記入のコマンドを解説します。

● ［長さ寸法］コマンド
水平寸法と垂直寸法の両方を記入できます。寸法線の位置指定で水平または垂直方向の寸法を記入します。
→レッスン㊳

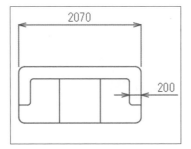

● ［平行寸法］コマンド
2点の位置を指定することにより、その距離の寸法を記入できます。傾いた図形や斜辺などの実際の長さに対して平行な方向に寸法を記入します。
→レッスン㊳

● ［直列寸法記入］コマンド
寸法線を連続して記入するときなど、直前に記入した寸法の補助線から、1列に続けて寸法記入するときに使用します。
→レッスン㊴

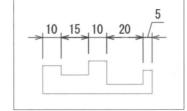

キーワード

オブジェクトスナップ	p.340
寸法図形	p.342
寸法スタイル	p.342
寸法線	p.342
寸法値	p.342
寸法補助線	p.342

HINT!

寸法記入時の注意点とは

寸法記入にはいくつかのルールがあります。以下の8点に注意して、寸法を入力するように心がけましょう。
❶ 寸法は、重複しないよう記入する
❷ 寸法は、なるべく計算して求める必要がないように記入する
❸ 寸法の配置は、見やすい方向で対象となる図形の近くに記入する
❹ 寸法線が隣接して連続する場合、同一直線上にそろえて記入する
❺ 寸法数値を記入する余地がない場合には、寸法線を延長して記入する
❻ 寸法数値は、図面に描いた線で分割されない位置に記入する
❼ 原則的に中心線、外形線、基準線およびそれらの延長線を寸法線として使用しない
❽ 加工方法、注記、番号などを指示する引出線は、原則として斜め方向に引き出す

HINT!

オブジェクトスナップは必須！

寸法記入時に図形の点を指定する際には、オブジェクトスナップを必ずオンに設定して、適切な点を正確にクリックすることを心がけましょう。

● ［並列寸法記入］コマンド

1つの寸法図形の寸法補助線を
基準として、等間隔に並列に寸
法記入するときに使用します。

→レッスン㊴

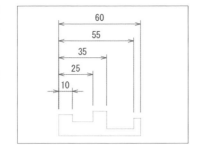

● ［直径寸法］コマンド

円や円弧、球などの直径寸法
を記入します。

→レッスン㊵

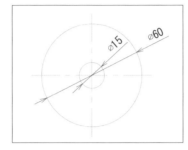

● ［角度寸法］コマンド

円弧、円、線分などの角度寸
法を記入します。

→レッスン㊶

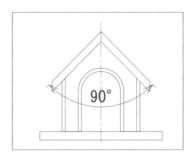

HINT!

寸法のデザインは どこで設定されているの？

AutoCADの寸法に使用される矢印
や寸法値の高さなどの詳細な設定
は、寸法スタイルとして名前を付け
て保存して使用します。［寸法スタイ
ル管理］ダイアログボックスを開く
と図面内に保存された寸法スタイル
の一覧や設定内容を確認できます。
［新規作成］ボタンをクリックすれば、
新しい寸法のスタイルも作成できま
す。なお、本書の練習用ファイルで
は、寸法スタイルを作成済みなので、
新規作成の必要はありません。

1	［寸法記入］のここ をクリック

［寸法スタイル 管理］ダイア ログボックス が表示された	寸法スタイル の設定を確認、 変更できる

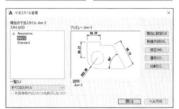

テクニック　寸法図形の名称を知ろう

製図基準で明記されている、それぞれの寸法図形の名
称を確認しましょう。

図面上の図形に寸法補助線を引き出し、補助線の間に
は一般的に矢印（端末記号）の付いた寸法線に寸法値
を記入します。基本的にmm単位で記入し、その計測
された数値のみを表記します。端末記号は、業務や職
場により異なるのであらかじめ記号の表記ルールを確
認しておきましょう。また、曲がり具合を表す半径寸
法などは数値の前に寸法補助記号のRを付けます（レッ
スン㊵を参照）。

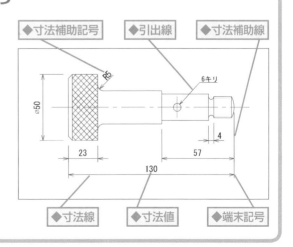

38

直線の寸法を記入するには

長さ寸法、平行寸法

寸法補助線を作図する基本の方法は、起点となる2点の選択です。2点を選択したら、カーソルを移動して寸法補助線の配置位置を決定しましょう。

水平寸法の記入

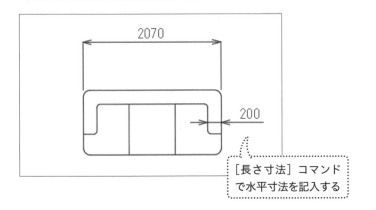

[長さ寸法] コマンドで水平寸法を記入する

📄 レッスンで使う練習用ファイル
長さ寸法_1.dwg

コマンド	DIMLINEAR
エイリアス	DLI
リボン	[注釈] - [寸法記入] - [長さ寸法]

---

1 [長さ寸法] コマンドを実行する

1 [注釈] タブをクリック

2 [長さ寸法] の [▼] をクリック

3 [長さ寸法] をクリック

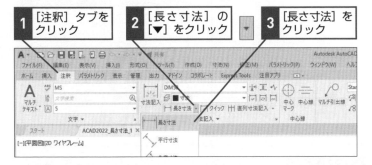

---

2 1本目の寸法補助線の起点を指定する

ここでは左端を指定する

1 端点をクリック

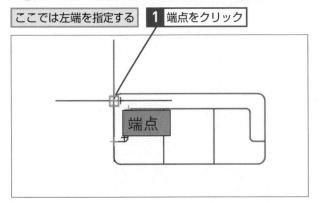

端点

HINT!

円弧の長さ寸法を記入するには

円弧の長さを記入するときには、手順1で [弧長寸法] コマンドを使用します。寸法スタイルの設定で、寸法数値の前または上に弧長シンボルが表示されます。

1 [長さ寸法] の [▼] をクリック

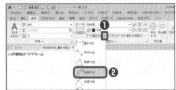

2 [弧長寸法] をクリック

3 円弧をクリック

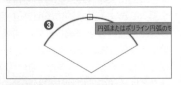

❸

円弧またはポリライン円弧の

4 寸法を配置する場所をクリック

3665.19 ❹

中点: 296.1399 < 90°

基本編 第5章 文字や寸法を記入しよう

③ 2本目の寸法補助線の起点を指定する

| ここでは右端を指定する | **1** 端点をクリック |

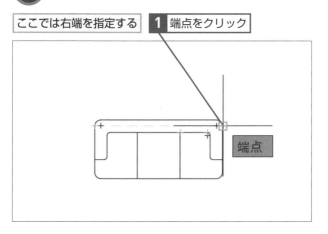

端点

④ 寸法線の位置を指定する

| カーソルを上に移動して位置を指定する | **1** 寸法を配置する場所をクリック |

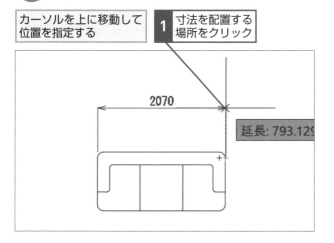

2070

延長: 793.129

⑤ 長さ寸法が記入された

| 水平な距離の長さ寸法が記入された |

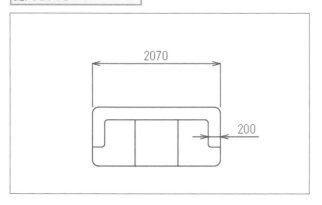

2070

200

HINT!

垂直寸法を記入するには

[長さ寸法] コマンドで垂直の距離を指定するには、図面上の2点の位置を指定した後に、カーソルを右か左に移動して、寸法線を配置する位置をクリックします。

| [長さ寸法] コマンドを実行しておく |

1 端点をクリック

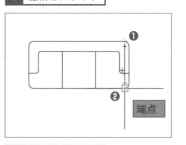

端点

2 端点をクリック

| ここでは図形の右側に寸法を記入する |

3 寸法を配置する場所をクリック

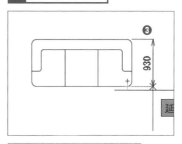

930

延

| 垂直な距離の長さ寸法が記入される |

次のページに続く

平行寸法の記入

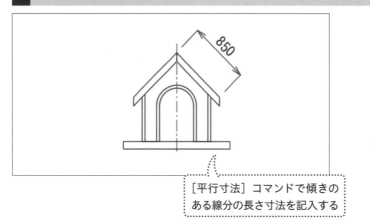

[平行寸法] コマンドで傾きの
ある線分の長さ寸法を記入する

⑥ [平行寸法] コマンドを実行する

1 [注釈] タブを
クリック

2 [長さ寸法] の
[▼] をクリック

3 [平行寸法] を
クリック

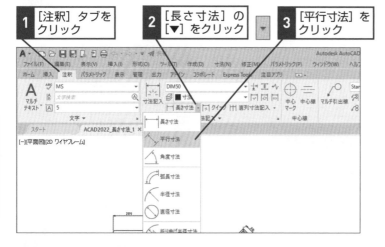

⑦ 1本目の寸法補助線の起点を指定する

ここでは三角形の上
の頂点を指定する

1 端点をク
リック

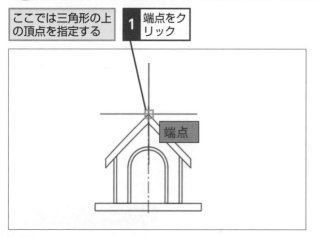

HINT!

平行寸法って何？

2点間の距離に平行な寸法を記入す
るのが [平行寸法] コマンドです。
図面上でクリックした2点（2円の中
心間の距離）、または角度のある線
分などの寸法記入に適しています。

2点間の距離に平行な寸法を
平行寸法という

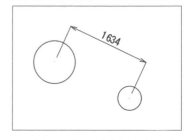

HINT!

Enter キーでコマンドの
再実行ができる

コマンド終了直後に Enter キーを押
すと、直前に使用したコマンドを再
実行できます。繰り返し同じコマン
ドを操作するときに便利です。

記入が終わった後で、[平行
寸法] コマンドを再実行する

1 Enter キーを押す

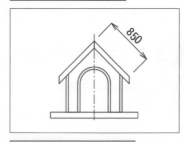

[平行寸法] コマンドが
再実行された

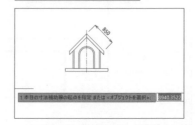

8 2本目の寸法補助線の起点を指定する

ここでは三角形の右の頂点を指定する　**1** 端点をクリック

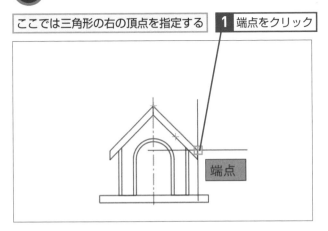

端点

9 寸法線の位置を指定する

カーソルを移動して位置を指定する　**1** 寸法を配置する場所をクリック

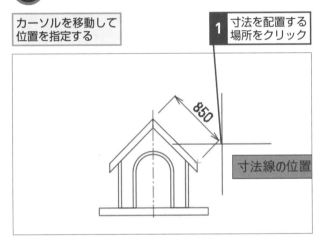

850

寸法線の位置

10 平行寸法が記入された

2点間の距離に平行な寸法が記入された

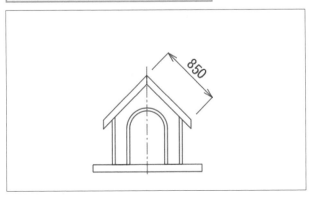

850

38

長さ寸法、平行寸法

HINT!

[Enter]キーを押せば寸法を素早く記入できる

手順7〜8では、2点をクリックして寸法を記入していますが、[平行寸法]コマンドの実行直後に[Enter]キーを1回押すと、[オブジェクト選択]オプションが有効になります。記入する図形をクリックするだけでその寸法をプレビュー表示し、位置を指定して寸法を記入できます。効率良く作業するには欠かせない操作です。

[平行寸法]コマンドを実行しておく

1 [Enter]キーを押す

2 寸法を記入する斜辺をクリック

寸法記入する

寸法を配置する場所をクリックすれば寸法を記入できる

Point

コマンドとキーを活用して素早く寸法を入力しよう

このレッスンでは長さ寸法と平行寸法を作成しました。「平行や垂直の2点間の距離」を表現するには長さ寸法、「角度のある2点間の平行な距離」を表現するときは平行寸法、この違いをしっかりと覚えてください。上のHINT!で紹介していますが、コマンドの実行直後に[Enter]キーを押せば同じコマンドが再実行されます。また、[平行寸法]コマンドではコマンド実行後に[Enter]キーを押すと記入対象の線分を選択できます。コマンドと[Enter]キーをうまく活用し、効率良く寸法を記入しましょう。

複数の寸法を連続で記入するには

直列寸法記入、並列寸法記入

基準の寸法に合わせ、寸法値を連続で記入する方法を解説します。寸法を一直線にそろえる「直列」と一定の間隔で記入する「並列」の違いを見てみましょう。

直列寸法の記入

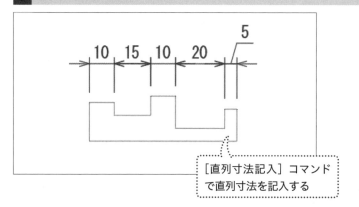

[直列寸法記入] コマンドで直列寸法を記入する

キーワード

寸法スタイル	p.342
寸法線	p.342
寸法値	p.342

📄 レッスンで使う練習用ファイル
直列寸法記入_1.dwg

コマンド	DIMCONTINUE
エイリアス	DCO
リボン	[注釈] - [寸法記入] - [直列寸法記入]

HINT!

直列寸法って何？

直列寸法とは、寸法線が隣接して連続する複数の寸法を、一直線上にそろえる方法です。基準となる寸法図形の寸法補助線の2本目側につなげて、連続で寸法を記入します。

> 連続する複数の寸法を一直線上にそろえて記入する方法を直列寸法という

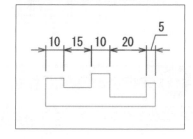

① [長さ寸法] コマンドを実行する

1 [注釈] タブをクリック

2 [長さ寸法] の [▼] をクリック

3 [長さ寸法] をクリック

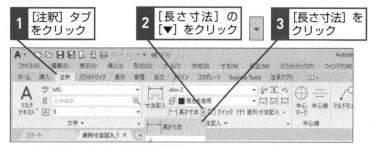

② 長さ寸法を記入する

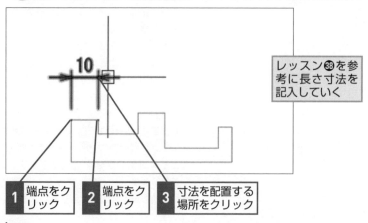

> レッスン㊳を参考に長さ寸法を記入していく

1 端点をクリック

2 端点をクリック

3 寸法を配置する場所をクリック

基本編 第5章 文字や寸法を記入しよう

③ [直列寸法記入] コマンドを実行する

 1 [注釈] タブ
をクリック

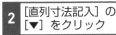 2 [直列寸法記入] の
[▼] をクリック

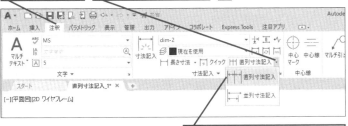

3 [直列寸法記入] をクリック

④ 直列寸法を記入する

寸法の端点を指定すれば、手順2で記入した寸法の基点から直列寸法を記入できる

1 端点をク
リック

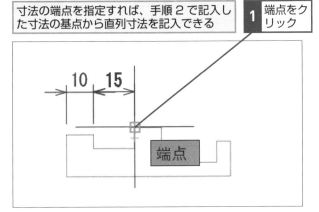

端点

同様にして寸法の
端点を指定する

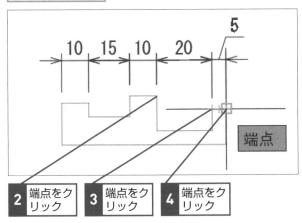

端点

2 端点をク
リック

3 端点をク
リック

4 端点をク
リック

5 Enter キーを2回押す

HINT!

寸法値をもっと見やすくするには

幅が狭く、寸法値が見にくいときは引出線で寸法値を見やすい位置に移動しましょう。編集する寸法図形を選択して [オブジェクトプロパティ管理] か、寸法値に表示されるグリップで位置を変更します。

1 寸法値を
クリック

2 寸法値の赤い
グリップに
カーソルを合
わせる

3 [引出線とともに移動]
をクリック

4 寸法値を配置する場所を
クリック

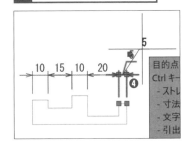

HINT!

傾斜のある寸法も直列にできる

直列寸法記入は、傾斜のある図形の連続寸法も記入できます。下のような例では、最初の基準となる寸法を平行寸法で記入し、[直列寸法記入] コマンドを実行すると、連続した寸法を記入できます。

次のページに続く

並列寸法の記入

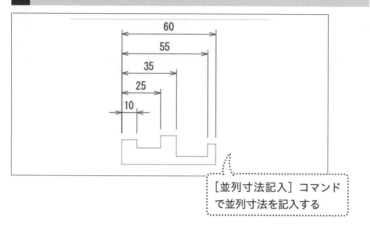

[並列寸法記入] コマンド
で並列寸法を記入する

⑤ [長さ寸法] コマンドを実行する

1 [注釈] タブ
をクリック

2 [長さ寸法] を
クリック

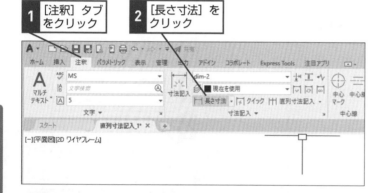

⑥ 長さ寸法を記入する

レッスン㊳を参考に長さ寸法を
記入していく

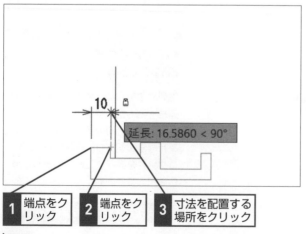

1 端点をク
リック

2 端点をク
リック

3 寸法を配置する
場所をクリック

HINT!

並列寸法って何?

基準となる位置から互いの寸法の間
隔を一定にそろえて記入する方法で
す。基準となる寸法図形（最初の長
さ寸法、ここでは10mm）の1本目
の補助線側から並列に段々の形で寸
法が記入されます。

基準位置からの複数の距離を
一定間隔で並べて記入する方
法を並列寸法という

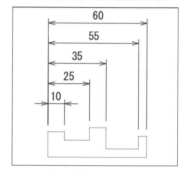

HINT!

傾斜のある寸法も
並列にできる

並列寸法記入は、傾斜のある図形の
連続寸法も記入できます。この場合
は、最初の基準寸法を平行寸法で記
入し、その直後に [並列寸法記入]
コマンドを実行すると、簡単に寸法
を記入できます。

傾斜のある図形にも並列寸法を
記入できる

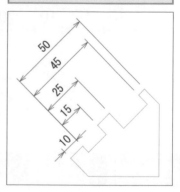

⑦ [並列寸法] コマンドを実行する

1 [注釈] タブをクリック	2 [直列寸法記入] の [▼] をクリック	3 [並列寸法記入] をクリック

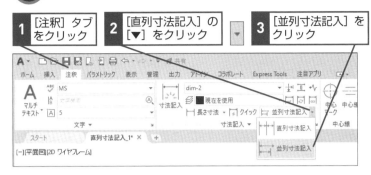

⑧ 並列寸法を記入する

寸法の端点を指定すれば、手順2で記入した長さ寸法の並列寸法を記入できる

1 端点をクリック

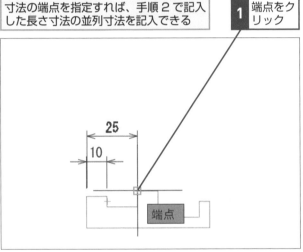

同様にして寸法の端点を指定する	2 端点をクリック	3 端点をクリック	4 端点をクリック

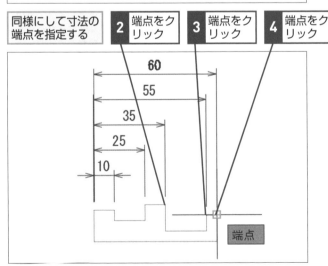

5 [Enter] キーを2回押す

HINT!
寸法線の間隔を変更したい

並列寸法を記入する場合、互いの寸法線の間隔は寸法スタイルで設定された数値で記入されます。この寸法スタイルの設定は図面に保存されるので、正しく使うことができれば、複数の図面の寸法の表記を統一できます。設定は、以下の手順で[寸法スタイル管理]ダイアログボックスを表示し、[寸法線]タブの[並列寸法の寸法線間隔]で変更できます。

1 [修正] をクリック

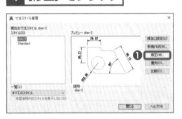

2 [寸法線] タブをクリック

[並列寸法の寸法線間隔] の値で間隔を変更できる

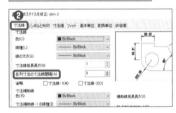

Point
基点のクリックで連続した寸法をすぐに記入できる

[直列寸法記入]コマンドと[並列寸法記入]コマンドでは、直前に作図した長さ寸法が記憶されているので、連続した寸法をすぐに作図できます。[並列寸法記入]コマンドでは、寸法の基点をクリックで指定するたびに並列に寸法が追加されます。追加する寸法同士の間隔は上のHINT!で紹介している方法で変更できます。しかし、設定を変更しても、作図済みの寸法は自動で間隔が修正されないので注意してください。

40

円の寸法を記入するには

直径寸法

円の寸法は、直径か半径で記入できます。ここでは直径寸法を記入しますが、[直径寸法]と[半径寸法]の操作は同じです。用途に応じて使い分けましょう。

ここでやること

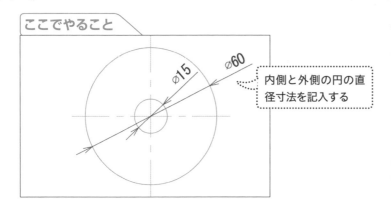

内側と外側の円の直径寸法を記入する

キーワード

グリップ	p.341
寸法値	p.342
ポリライン	p.343

📄 レッスンで使う練習用ファイル
直径寸法.dwg

コマンド	DIMDIAMETER
エイリアス	DDI
リボン	[注釈]-[寸法記入]-[直径寸法]

---

1 [直径寸法]コマンドを実行する

1 [注釈]タブをクリック

2 [長さ寸法]の[▼]をクリック

3 [直径寸法]をクリック

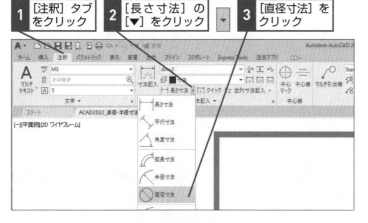

2 直径寸法を記入する円を選択する

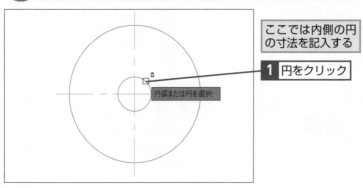

ここでは内側の円の寸法を記入する

1 円をクリック

円弧または円を選択:

HINT!

半径寸法を記入するには

円や円弧の半径寸法を記入するときは、手順1の操作3で[半径寸法]をクリックしましょう。ポリラインに含まれる円弧にも半径寸法を記入できます。

HINT!

寸法値を移動するには

寸法値の文字だけを移動させるには、寸法図形をクリックして選択し、グリップを表示します。グリップにカーソルを合わせて表示される一覧から[文字のみを移動]をクリックすれば、寸法値の文字だけを移動できます。

1 グリップにカーソルを合わせる

2 [文字のみを移動]をクリック

寸法値の文字だけを移動できるようになる

③ 直径寸法を記入する

| 直径寸法を記入する 円が選択された | **1** 円の外側にカーソルを移動 | **2** 寸法を配置する 場所をクリック |

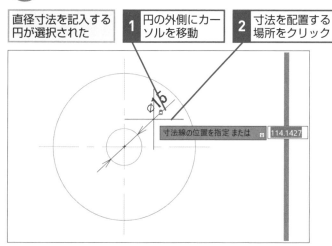

直径寸法が記入された

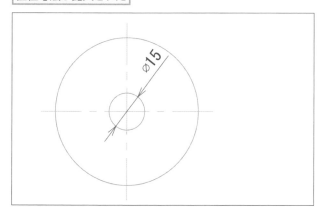

④ 続けて外側の円の直径寸法を記入する

手順 1 〜 3 を参考に、外側の円の 直径寸法（φ60）を記入する

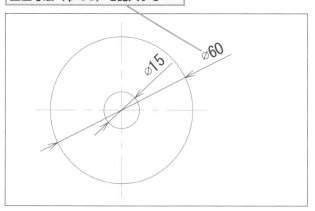

HINT!

寸法補助記号が 自動で記入される

直径寸法を記入すると、数字の前に「φ」という記号が挿入されます。この「φ」は「寸法補助記号」の1つで、寸法が直径寸法であることを表しています。寸法補助記号は、製図基準で指定されていて、以下の種類があります。覚えておくと、寸法の意味を作業者が読み違えることなく、正確に伝えられるようになります。

●主な寸法補助記号

記号	記号の呼び方	記号の意味
R	あーる	半径
Φ	まる／ふぁい	直径
□	かく	正方形
SΦ	えすまる／えすふぁい	球の直径
t	てぃー	厚み

Point

寸法記号のルールを 覚えておこう

直径寸法と半径寸法の記入方法は同じですが、手順1で目的のコマンドを正しく選ぶようにしてください。寸法に記入されたφかRの記号をよく確認することが大切です。なお、直径寸法の「φ」は、JISや設計現場によって記入のルールが異なります。図形や加工方法によっても寸法記号のルールが変わることがあることを覚えておきましょう。また、機械図面などでは「φ」を表示させないケースがあります。

41

角度を記入するには

角度寸法

2つの図形を選択するだけで、角度を簡単に記入できます。ここでは、オブジェクトスナップを適切に使用しながら角度寸法を記入する方法を学びましょう。

ここでやること

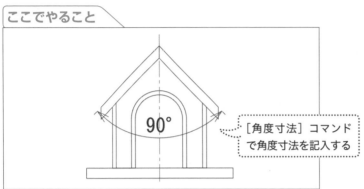

[角度寸法] コマンドで角度寸法を記入する

キーワード

オブジェクトスナップ	p.340
コマンド	p.341
寸法値	p.342

レッスンで使う練習用ファイル
角度寸法.dwg

コマンド	DIMANGULAR
エイリアス	DAN
リボン	[注釈] - [寸法記入] - [角度寸法]

HINT!
円や円弧にも角度寸法を記入できる

平行でない2つの線分や円、円弧にも角度寸法を記入できます。次ページのHINT!を参考に図面上の3点をクリックして角度を記入してみましょう。

HINT!
角度寸法を「度分秒」に変更するには

記入した角度寸法を後から度分秒の形式に変更するには、角度寸法をクリックしてから[ホーム]タブの[プロパティ]パネルの右下にある⬚をクリックします。[プロパティ]パレットが表示されたら[基本単位]の項目にある[角度の形式]を[度/分/秒]に変更します。

1 [角度寸法] コマンドを実行する

1 [注釈] タブをクリック
2 [長さ寸法] の [▼] をクリック
3 [角度寸法] をクリック

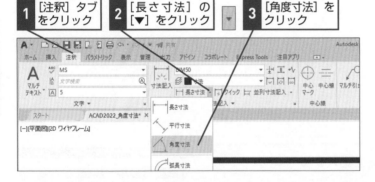

2 1本目の線分を選択する

ここでは水平線を選択する　　1 線分をクリック

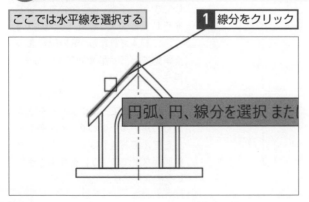

円弧、円、線分を選択 また

③ 2本目の線分を選択する

ここでは傾いたオブジェクト
の底の線分を選択する

1 線分をクリック

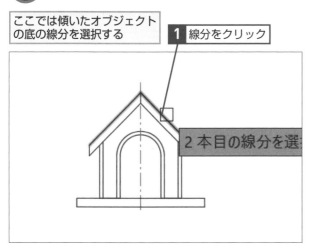

2本目の線分を選

④ 角度寸法の位置を指定する

2本の線分が
選択された

1 寸法を配置する場所を
クリック

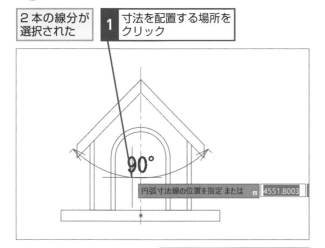

90°

円弧寸法線の位置を指定 または 🔲 4551.8003

選択した線分から計測され
た角度が記入された

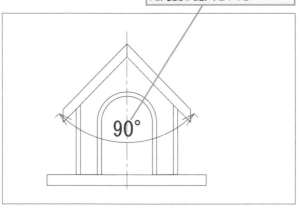

90°

HINT!

外側の角度を記入するには

90度の寸法の外側である「270度」
の角度寸法を記入するときは、角度
の頂点を指定します。[角度寸法]
コマンドを実行し、その後 Enter
キーを押して[頂点を指定]オプショ
ンを選択します。1点目は頂点に当
たる位置の端点をクリックし、2点目
と3点目の指定した後に角度寸法が
プレビューされるので、寸法値を配
置する側（270度）をクリックして
寸法を記入します。

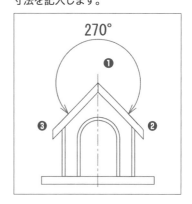

Point

外側の角度は頂点を指定する

このレッスンで紹介した［角度寸法］
コマンドでは、2本の線分を選択す
るだけで簡単に角度を計測して寸法
を記入できます。外側の角度寸法を
記入するときは、HINT!の方法で［角
度寸法］コマンドの実行後に Enter
キーを押します。ツールチップに「角
度の頂点を指定」と表示されたら、
角度寸法の頂点を指定します。次に
頂点からの角度の1点目、頂点から
の角度の2点目というように、図面
上の3点をクリックするのがポイント
です。

寸法をまとめて記入するには

クイック寸法記入

［クイック寸法記入］コマンドは、一連の寸法を素早く記入するのに便利な機能です。このレッスンでは、5つの円がある例で直列寸法を記入する方法を紹介します。

ここでやること

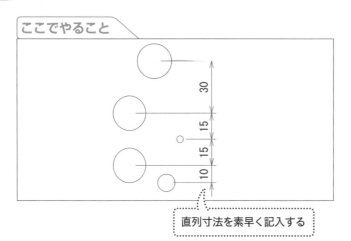

直列寸法を素早く記入する

キーワード

オプション	p.341
コマンド	p.341
寸法線	p.342
寸法値	p.342
ポリライン	p.343

レッスンで使う練習用ファイル
クイック寸法記入.dwg

コマンド	QDIM
エイリアス	—
リボン	［注釈］-［寸法記入］-［クイック］

① ［クイック寸法記入］コマンドを実行する

1 ［注釈］タブをクリック

2 ［クイック］をクリック

② 1つ目の図形を選択する

ここでは5つの円で、中心からの垂直距離を表す直列寸法を記入する

1 円をクリック

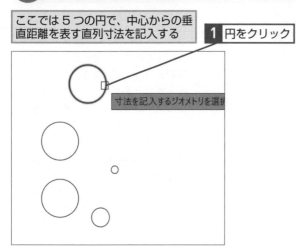

寸法を記入するジオメトリを選択

HINT!

**オプションの設定で
さまざまな寸法を
記入できる**

［クイック寸法記入］コマンドのオプションには多くの寸法記入方法があり、右クリックメニューで切り替えられます。オプションを活用すると、直列寸法以外に並列寸法や半径寸法に直径寸法も記入できます。

手順1～3の操作を
実行しておく

1 右クリック

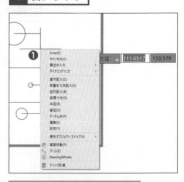

さまざまな種類の寸法を
記入できる

③ ほかの図形を選択する

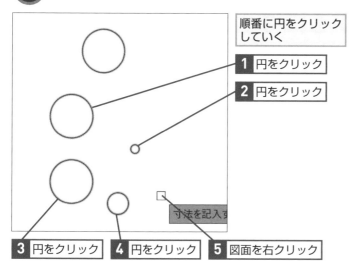

順番に円をクリックしていく

1 円をクリック

2 円をクリック

3 円をクリック **4** 円をクリック **5** 図面を右クリック

寸法を記入す

④ 寸法の記入を完了する

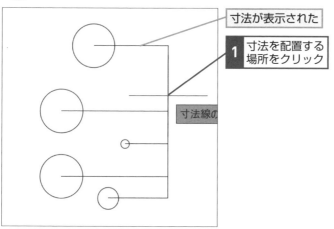

寸法が表示された

1 寸法を配置する場所をクリック

寸法線の

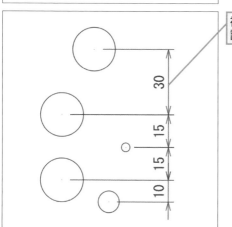

複数の円の直列寸法が記入された

30
15
15
10

42

クイック寸法記入

HINT!

素早く半径寸法を記入するには

手順3の操作5の実行後に、図面上を右クリックして［半径］を選択すると半径寸法を記入できます。寸法線の位置はクリックで指定しましょう。機械図面などで、多くの異なる穴形状に半径を記入する場合に利用するといいでしょう。

手順1～3の操作を行っておく

1 右クリックしてメニューを表示 **2** ［半径］をクリック

3 寸法を配置する場所をクリック それぞれの円の半径が記入された

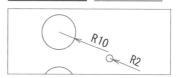

R10
R2

Point

図形が複数でも寸法の記入は簡単

［クイック寸法記入］コマンドが便利なのは、このレッスンのように、一連の円や円弧などに一度に寸法を記入する場合です。円や円弧は中心を基点とし、線分やポリラインは端点を基点とした寸法線を記入できます。また、すでに作図済みの寸法の位置を変更したり、並列寸法を直列寸法に変更したりすることも簡単です。複数のオプション項目を活用して、寸法値を記入しましょう。

43

適切な寸法を自動で記入するには

寸法記入

寸法記入の総仕上げとして、AutoCAD 2016から利用できる[寸法記入]コマンドを紹介しましょう。コマンドの切り替えをせず、連続で寸法を記入できます。

ここでやること

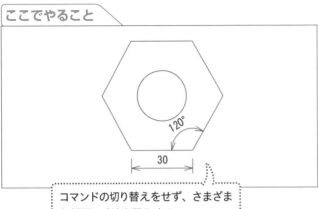

コマンドの切り替えをせず、さまざまな種類の寸法を記入する

キーワード

オブジェクト	p.340
カーソル	p.341
コマンド	p.341
寸法図形	p.342
寸法値	p.342

📄 レッスンで使う練習用ファイル
寸法記入.dwg

コマンド	DIM
エイリアス	―
リボン	[注釈] - [寸法記入] - [寸法記入]

HINT!

[寸法記入]コマンドって何?

このレッスンで紹介する[寸法記入]コマンドは、ボタンをクリックするだけでさまざまな寸法値を連続で入力できます。オブジェクトにカーソルを合わせるとその図形に適切な寸法がプレビュー表示され、カーソルの方向で水平寸法や垂直寸法、平行寸法の表示に切り替わり、クリックした場所に寸法が記入されます。続けて寸法を記入できるので、作業効率がアップします。

① [寸法記入]コマンドを実行する

1 [注釈]タブをクリック	2 [寸法記入]をクリック

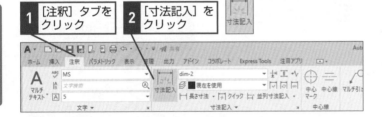

② 長さ寸法を記入する

1 線分にカーソルを合わせる	長さ寸法のプレビューが自動的に表示された

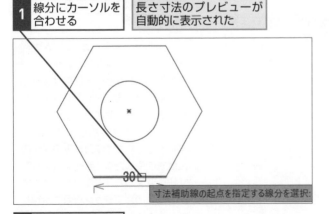

寸法補助線の起点を指定する線分を選択:

2 そのままクリック

⚠ 間違った場合は?

手順2で別の線分をクリックしてしまったときは、別の線分に長さ寸法が記入されます。クイックアクセスツールバーの[元に戻す]ボタンをクリックするか、「U」と入力し、Enter キーを押してから操作をやり直しましょう。

③ 寸法の位置を確定する

寸法の位置を指定すれば
寸法記入を確定できる

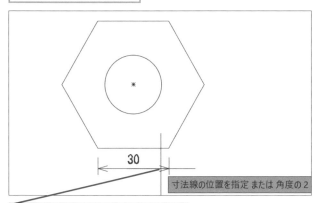

30

寸法線の位置を指定 または 角度の2

1 寸法を配置する場所をクリック

④ 角度寸法を記入する

1 線分をクリック

2 線分にカーソルを合わせる

角度寸法のプレビューが自動的に表示された

3 そのままクリック

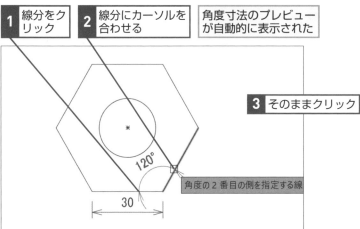

120°

角度の2番目の側を指定する線

30

寸法の位置を指定すれば
寸法記入を確定できる

4 寸法を配置する場所をクリック

5 Enter キーを押す

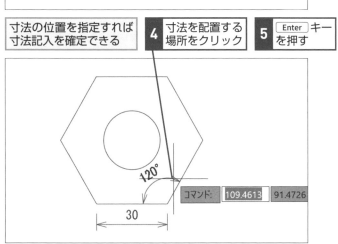

120°

コマンド: 109.4613 91.4726

30

HINT!

直径も素早く記入できる

[寸法記入]コマンドでは、カーソルを図形に合わせると適切な寸法図形がプレビュー表示されます。下図のような円周上のケースでは直径寸法のプレビューが表示されます。円の外側と内側のどちらに寸法を記入するかはクリックで指定しましょう。

1 円周上にカーソルを合わせる

直径寸法が自動的にプレビューが表示された

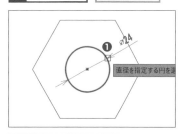

ø24

直径を指定する円を

2 そのままクリック

寸法の位置を指定すれば
寸法記入を確定できる

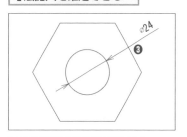

ø24

3 寸法の位置をクリック

Point

コマンドの違いを意識せずに寸法を記入できる

AutoCADの[寸法記入]コマンドは、寸法を記入したい図形にカーソルを合わせるだけで寸法がプレビュー表示される優れものです。これまでのレッスンで紹介した長さ寸法や平行寸法、直径寸法記入、並列寸法記入、直径寸法、半径寸法、角度寸法などコマンドを切り替えずに連続で寸法を記入できます。

43

寸法記入

44

寸法を修正するには

寸法線間隔

設計変更や図面の修正が生じると、寸法の配置を変える必要があります。間隔がまちまちな寸法は見にくく、間違いのもとです。効率良く間隔をそろえましょう。

Before

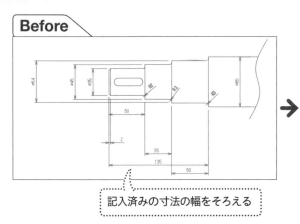

→

After

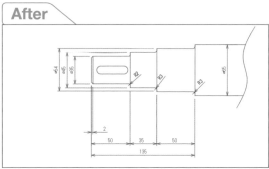

記入済みの寸法の幅をそろえる

① [寸法線間隔] コマンドを実行する

1 [注釈] タブをクリック

2 [寸法線間隔] をクリック

② 基準となる寸法を選択する

間隔を調整する基準となる寸法線を選択する

1 「φ35」をクリック

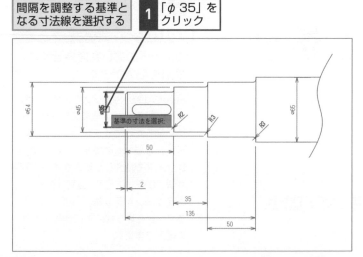

基準の寸法を選択:

▶ **キーワード**

オブジェクト	p.340
寸法図形	p.342
寸法スタイル	p.342

📄 レッスンで使う練習用ファイル
寸法線間隔.dwg

コマンド	DIMSPACE
エイリアス	―
リボン	[注釈]-[寸法記入]-[寸法線間隔]

HINT!

寸法スタイルを編集するには

図面で使用している寸法図形の外観を一括編集するには、レッスン㉟のHINT!を参考に [寸法スタイル管理] ダイアログボックスで編集する寸法スタイルを選択し、[修正] ボタンをクリックして [寸法スタイルを修正] ダイアログボックスを表示します。寸法スタイルを修正すると、その寸法スタイルで記入されたすべての寸法図形に変更が適用されます。

③ 間隔を調整する寸法を選択する

続けて寸法を選択する　**1**「φ45」をクリック

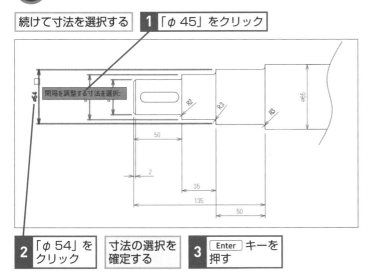

間隔を調整する寸法を選択:

2「φ54」を
クリック　寸法の選択を
確定する　**3** Enter キーを
押す

④ 寸法間隔を入力する

ここでは寸法同士の間隔
を10mmに指定する　**1**「10」と
入力　**2** Enter キーを
押す

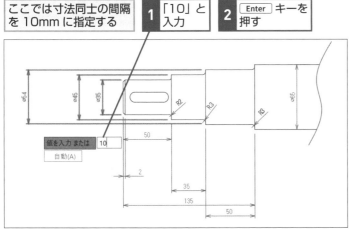

値を入力 または　10
自動(A)

寸法間隔が修正された　同様に水平寸法の間隔も変更できる

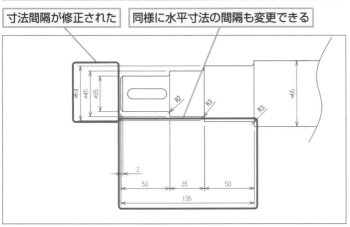

44

寸
法
線
間
隔

HINT!

寸法図形は分解しない

寸法図形は、寸法値や寸法線、寸法補助線が1つのまとまったオブジェクトとして作成され、まとまったオブジェクトである限り、図形のサイズが変わると自動的に寸法値が更新されます。[分解] コマンドで分解すると、線分と矢印と文字のオブジェクトに分離され、寸法値が自動的に更新されなくなります。そのため、寸法図形は分解しないように気を付けましょう。

HINT!

水平方向を編集するには

水平方向の寸法を直列に配置するには、基準となる寸法に中央の［35］をクリックし、間隔を調整する寸法は上下の［50］をクリック、寸法間隔は「0」と入力して Enter キーを推します。

⚠ 間違った場合は？

手順4で間違った寸法を入力してしまったときは、クイックアクセスツールバーの [元に戻す] ボタンをクリックするか、「U」と入力し、Enter キーを押して、操作を一度取り消してやり直しましょう。

Point

**見やすくて分かりやすい
図面にする工夫が大切**

このレッスンでは、φ54とφ45、φ35という3つの寸法線の間隔をそろえました。1つ目の寸法線を基準にし、2つ目や3つ目の寸法線を選択して間隔を指定するだけで寸法の間隔がきれいにそろいます。仮に寸法値の位置が上下や左右でバラバラな場合でもすぐに同一線上にそろえられます。寸法は同じ図面内であればすべて同じ間隔に統一した方が見やすくなるので、ぜひ [寸法線間隔] コマンドを活用しましょう。

この章のまとめ

●文字や寸法が図面の印象を左右する

この章では文字記入や寸法記入など、図形を作図した後に記入する説明書きの入れ方について解説しました。文字の場合は［文字記入］コマンドと［マルチテキスト］コマンド、寸法には［長さ寸法］コマンドや［半径寸法］コマンド、［角度寸法］コマンドというように、記入する内容に応じて専用のコマンドが用意されているので、操作自体は決して難しくはありません。しかし、寸法値の記入方法次第

で図面の見やすさや分かりやすさは変わります。また、製図基準の規則に則って寸法が記入されているかどうかも重要です。
文字や寸法の見やすさは、図面全体の印象を左右する非常に大切な要素であると同時に、製作者に正確な情報伝達ができるかどうかを決める要素でもあります。分かりやすく、製図基準に則った寸法を記入するように、日々心がけるようにしましょう。

見やすい記入を心がける

文字や寸法は、見やすさが大切。文字や寸法記入の決まり事に気を付けて丁寧な記入を心がけよう

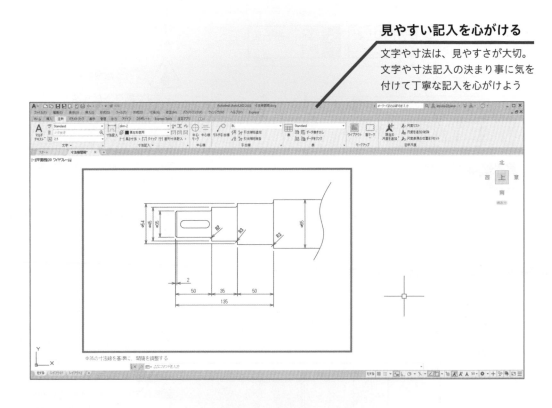

基本編 第5章 文字や寸法を記入しよう

練習問題

ドアの図形に寸法を記入してみましょう。[第5章_練習問題.dwg] を開いてから、長さ寸法と半径寸法を記入します。

練習用ファイル
第5章_練習問題.dwg

関連レッスン

▶レッスン**37**
直線の寸法を記入するには p.142
▶レッスン**39**
円の寸法を記入するには p.150

Before

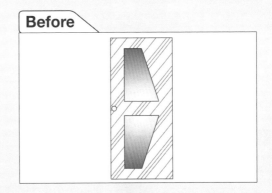

ドアの寸法を記入する

After

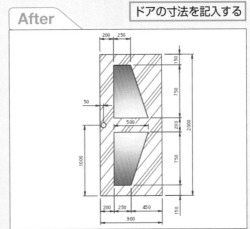

HINT!

端点をクリックする順番によって寸法値の位置が変わる

[長さ寸法] コマンドで寸法を記入するとき、寸法値が寸法補助線の間に入らない場合は、寸法値が一方の側に配置されます。どちらに配置されるかは、寸法の端点をクリックする順番によって変わることに注意しましょう。寸法値はクリックした2点目側に配置されるため、上、下の順にクリックすると寸法値が下側に配置されます。

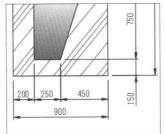

上から下の順にクリックすると寸法値が下側に配置される

解 答

[長さ寸法] コマンドで長さ寸法を記入して
いきます。寸法値の位置に気を付けながら、
1つずつ記入していきましょう。

❶ ドアの下側の寸法を記入する

[長さ寸法] コマンドを実行しておく

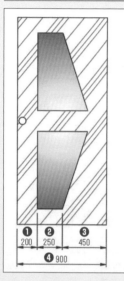

1	200mm の長さ寸法を記入
2	250mm の長さ寸法を記入
3	450mm の長さ寸法を記入
4	900mm の長さ寸法を記入

❷ ドアの右側の寸法を記入する

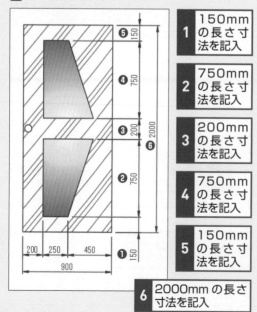

1	150mm の長さ寸法を記入
2	750mm の長さ寸法を記入
3	200mm の長さ寸法を記入
4	750mm の長さ寸法を記入
5	150mm の長さ寸法を記入
6	2000mm の長さ寸法を記入

❸ ドアの上側と中央の寸法を記入する

| 1 | 200mm の長さ寸法を記入 | 2 | 250mm の長さ寸法を記入 |

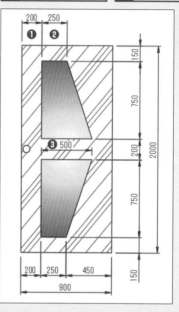

| 3 | 500mm の長さ寸法を記入 |

❹ ドアノブ位置の寸法を記入する

| 1 | 1000mm の長さ寸法を記入 | 2 | 50mm の長さ寸法を記入 |

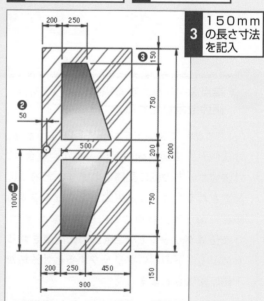

| 3 | 150mm の長さ寸法を記入 |

実践編

第6章

機械部品の図面を
作図しよう

この章からは、1レッスンごとに機械部品の作図方法を紹介します。これまでの章で学んだ作図方法を応用すれば、本格的な機械部品の図面を作成できます。また、画層の使い方や寸法の編集方法も解説します。断面図では、切断面に欠かせない作図方法を覚えましょう。

●この章の内容

45

作図する図面の内容を確認しよう

機械部品の作図

ここでは実際の作図に入る前に、作図する図面の概要や環境設定の確認をします。レッスンの練習用ファイルでは、文字や寸法のスタイルは設定済みです。

■ この章で作図する図面

この章では、これまでに学んだコマンドやオプションを駆使して機械製図の描き方を学びます。下の図面は、Vプーリーという部品の断面図と正面図です。詳しくはHINT!で解説しますが、V字型のベルトを利用して動力を伝達する滑車がVプーリーです。こういった部品を正確に作図するには、AutoCADのモデルとレイアウトという2つの空間があることを理解する必要があります。モデル空間では実寸で作図を行うので、尺度の設定は不要です。レイアウト空間では用紙サイズや図面枠・印刷方法などの設定（ページ設定をして）、尺度を設定したビューポートという枠内にモデル空間に描いた図形の表示したい部分を指定します。このことを踏まえておきましょう。実寸で図面情報を表すには、文字と寸法スタイルを適切に設定する必要があります。この章で利用する練習用ファイルには機械製図に必要な作図環境が設定されているので、手順通りに操作するだけで正確な図面を作図できます。

Vプーリーの図面を作図する

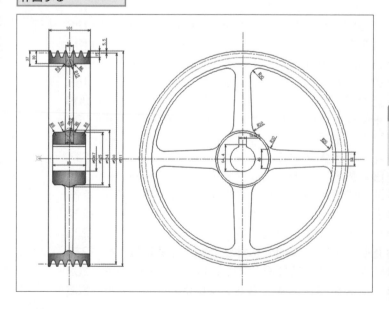

> **キーワード**
>
> | | |
> |---|---|
> | オブジェクトスナップ | p.340 |
> | 寸法スタイル | p.342 |
> | 文字スタイル | p.343 |
> | モデル空間 | p.343 |
> | レイアウト空間 | p.343 |

HINT!

Vプーリーって何？

Vプーリーとは、滑車の1種です。中央に軸があり、円盤形状の本体にベルトなどを巻いて動力を伝達します。Vプーリーに利用するベルトは、断面がV字になってなっているため、Vベルトと呼んでほかのベルトと区別します。この章では、Vベルトを巻く溝も正確に作図します。

ベルトを巻いて動力を伝達する滑車を作図する

HINT!

モデル空間とレイアウト空間とは

モデル空間は、通常の設計製図を行うための空間です。これまでのレッスンではすべてモデル空間を利用しています。一方、レイアウト空間とは、モデル空間で作図した図形をプリンターやPDFに出力するための図面を作成する空間です。この章では、レッスン❸でレイアウト空間の表示方法を紹介します。

この章での作図の流れ

❶断面図上部のセンターラインを作図します。
→レッスン㊽

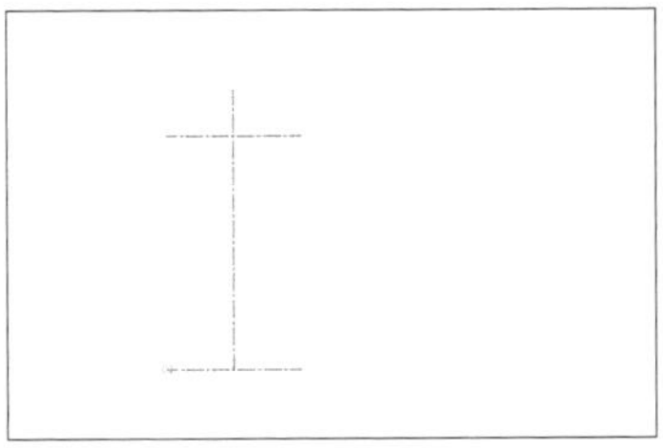

❷Vプーリーの外形線を作図し、補助線を使用して、V字型の溝を作図します。
→レッスン㊾、㊿、(51)

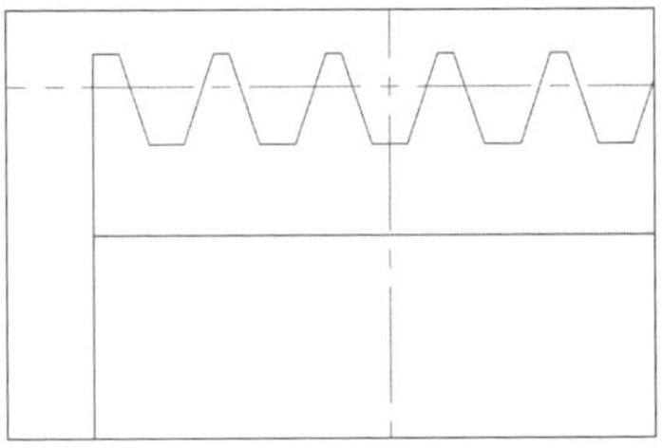

❸Vプーリーの軸部分を作図し、[鏡像]コマンドで鏡像化します。
→レッスン(52)、(53)

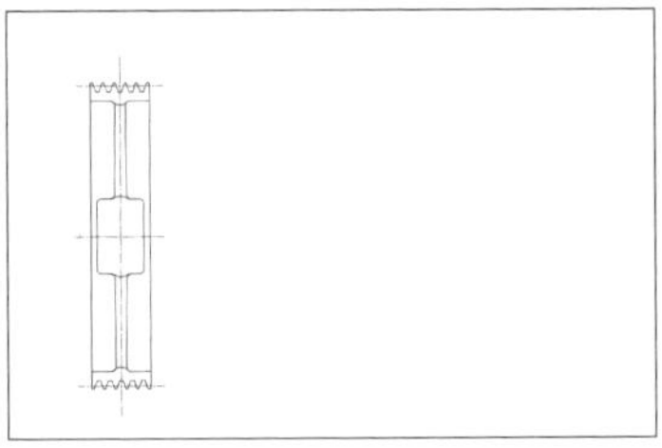

❹Vプーリーの正面図を作図し、扇形の図形を円形状に4つ並べます。
→レッスン(54)、(55)、(56)

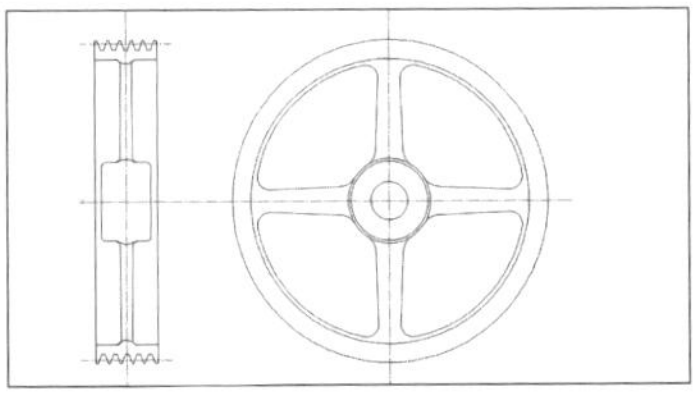

❺Vプーリーの軸穴にキーをはめ込む「キー溝」を作図します。
→レッスン(57)、(58)、(59)

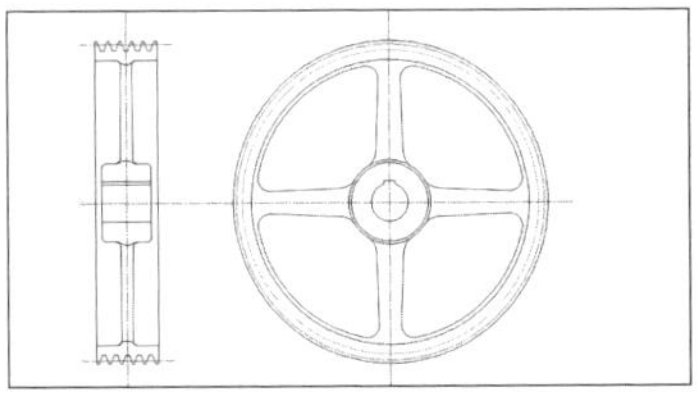

❻Vプーリーの断面図と正面図の図形に寸法値を記入します。
→レッスン(60)、(61)、(62)

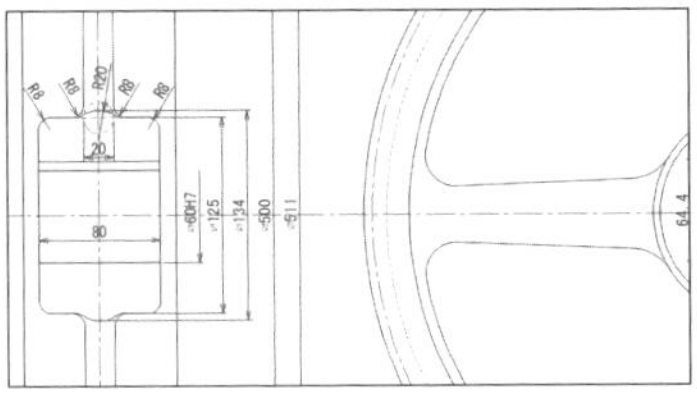

HINT!

作図するときの注意点

AutoCADは多機能なため、図面を作図するためにいくつものツールが用意されています。作図の過程で利用するコマンドが少し違っていても、図形が正確で見やすい完成図面であれば問題はありません。この章では作図補助機能を使用して、効率の良い作図方法を紹介していきます。基本的な注意事項として、以下の4点をよく注意しておくといいでしょう。

・下書き線や補助線は、不要になったら削除をする
・オブジェクトスナップを「オン」に設定して、作図や修正を行う
・寸法や文字は、見やすい位置に記入する
・作業中の図面は、こまめに上書き保存をする

次のページに続く

作図環境の確認

作図を開始する準備として、機械製図に必要な作図環境を整えた練習用ファイルを開いておきます。すでに文字スタイルや寸法スタイルの設定が済んでいるので、手順に従って文字や寸法を記入しましょう。レッスン❹でも解説していますが、文字スタイルや寸法スタイルは、図面ファイルに保存されます。必要に応じて業務の目的に合うスタイルをいくつか作成するといいでしょう。現在設定されているスタイル名を確認するには [注釈] タブをクリックします。

練習用ファイルに設定済みの「MSG」という名前の文字スタイルには、「MSゴシック」を設定しています。このスタイルでは、文字の高さ（大きさ）は固定していません。寸法記入の数値にも同じスタイルが適用されます。

> MS ゴシックが練習用ファイルの文字スタイルに設定されている

> 機械製図の課題は「Vプーリー. dwg」です。

> [文字] パネルや [寸法記入] パネルのここをクリックすると、スタイルを確認できる

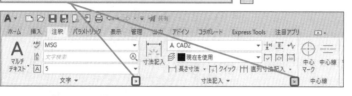

●文字スタイルの確認

> 作成済みの「MSG」という文字スタイルが表示される

練習用ファイルに設定している「CAD2」という寸法スタイルを利用すると、下の例のように寸法値を記入できます。設定の詳細は [寸法スタイル管理] ダイアログボックスで確認してください。

> 練習用ファイルで寸法値を記入すると、「CAD2」の寸法スタイルが適用される

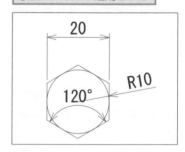

●寸法スタイルの確認

> 作成済みの「CAD2」という寸法スタイルが表示される

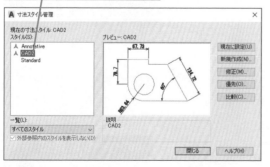

定常オブジェクトスナップの設定

作図や編集の時に正確な製図の手助けになるオブジェクトスナップの設定は、[定常オブジェクトスナップ]で設定します。以下の手順で[オブジェクトスナップ設定]を選択しましょう。[作図補助設定]ダイアログボックスでは[端点]～[交点]をオンにし、[OK]ボタンをクリックして設定します。この設定は、図面ファイルには保存されません。レッスンごとに練習用ファイルを開いて操作するときは、オブジェクトスナップ点を確実に選択できるよう、しっかりと作図環境の設定を整えておきましょう。また、[カーソルを2D参照点にスナップ]ボタンもオンにしておく必要があります。オフの状態ではスナップ点を選択できないので注意してください。なお、1回限り有効な[優先オブジェクトスナップ]の機能については、レッスン⓫で解説しています。

1 [カーソルを 2D 参照点にスナップ]の[▼]をクリック

2 [オブジェクトスナップ設定]をクリック

[作図補助設定]ダイアログボックスが表示された

3 [オブジェクトスナップ]タブをクリック

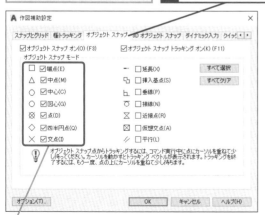

[端点][中点][中心][図心][点][四半円点][交点]の７つにチェックマークが付いていることを確認する

45

機械部品の作図

HINT!

文字や寸法スタイルの設定を変更しないように注意

練習用ファイルでは、機械製図に必要な設定がすべて完了しています。ダイアログボックスを開いて設定内容を確認した後は、[キャンセル]ボタンをクリックしてダイアログボックスを閉じます。設定内容を変更しないように気を付けましょう。

Point

製図のノウハウは変わらない

これまでのレッスンでは、コマンドやオプションの使い方を学ぶために基本となる図形の作図方法を紹介してきました。この章では、本格的な機械製図の方法を紹介しますが、これまでの章と作図のノウハウは変わりません。作業効率がアップする機能を使い、できるだけ無駄をなくして正しい情報を図面で伝えることが何よりも大切です。順を追って繰り返し作図を行えば、本格的な図面を作成できるようになります。作図の流れを繰り返し確認し、作図の大まかな流れを把握しましょう。

46

画層を使って図面を作ろう

画層

製図に取りかかる前に、画層について解説します。画層とは、図形を目的ごとに管理できるシートのようなものです。画層の役割やメリットを紹介しましょう。

機械部品の図面を作図しよう　実践編　第6章

画層の概要

さまざまな要素から構成されている図面ファイルで、図形枠や図形、文字、寸法、センターラインなどの要素を管理するのが「画層」です。以下の図を見てください。4つの画層を立体的に示した例ですが、トレーシングペーパーのような透明な用紙に、図形や寸法、図面枠などを別々に作成し、重ね合わせて1枚の図面になっているイメージを考えるといいでしょう。画層の大きな特長は、画層ごとに表示と非表示を切り替えたり、ロックを実行して要素が編集されないようにしたりすることができることです。画層ごとにオブジェクトの線の種類や色を管理できるので、作図のミスを減らせるのも大きな利点です。

> 図形を書き込む層を「画層」と呼ぶ

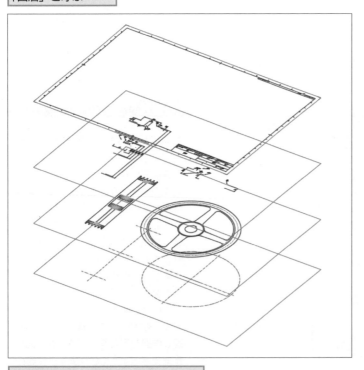

> 図面枠や寸法、図形、センターラインなどを別の画層に分けている

▶キーワード

AutoCAD	p.340
オブジェクト	p.340
画層	p.341

HINT!

AutoCADの画層には上下関係がない

AutoCADの画層は、レイヤーとも呼ばれます。左の図は複数の画層がある図面の例ですが、実際に透明なシートがあるわけではありません。左の例では、[図面枠][寸法][Vプーリー][センターライン]と名前を付けた画層があります。画層の上下は関係なく、画面上ではすべての画層を重ねて真上から見るようなイメージです。練習用ファイルの画層の構成については、次ページの表を参照してください。

HINT!

図面を新規作成したときは

新しく図面を作成すると、[0]という名前の画層のみがある状態となります。通常[0]の画層は使用せず、作図内容に応じて画層を新規に作成します。画層の作成方法と名前の変更方法については、179ページのHINT!で解説します。

画層を使うメリット

要素の表示・非表示について、実際の例を見てみましょう。下の例では、[寸法] という画層を非表示にしていますが、操作はクリック1つです。図面に変更が生じても、寸法やセンターラインといった画層をロックしておけば「間違って図形を削除してしまった」というミスをなくせるほか、「特定の画層にある図形を印刷したくない」といったときに画層の設定が役立ちます。なお、この章の練習用ファイルでは、主に下表の画層で構成しています。画層の構成が分からなくなったときに確認してください。

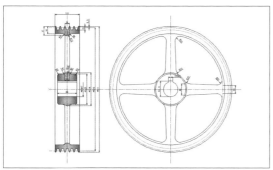

> 図面の情報がすべて表示されている

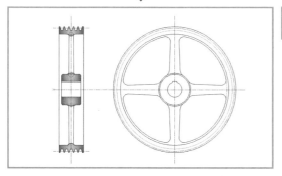

> 寸法だけを非表示にできる

●練習用ファイルで利用されている画層

画層名	内容	線種	
Vプーリー	Vプーリーの外形線	CONTINUOUS	実線
センターライン	図形の基準となる中心線	CENTER 2	一点鎖線
ハッチング	断面を表すハッチング	CONTINUOUS	実線
ビューポート	レイアウト上で、尺度に合わせた表示機能の枠	CONTINUOUS	実線
図面枠	指定された用紙サイズの図面枠	CONTINUOUS	実線
寸法	図形サイズを表す寸法	CONTINUOUS	実線
点スタイル	点オブジェクト	CONTINUOUS	実線
破線	隠れている部分を表す図形	HIDDEN 2	破線
文字	図形に必要な文字や注記	CONTINUOUS	実線
補助線	作図に必要な補助線	PHANTOM 2	2点鎖線

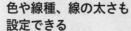

色や線種、線の太さも設定できる

AutoCADの画層では、図形の色や線種、線の太さを一括で設定できます。これらの設定をまとめて図形のプロパティと呼びますが、レッスン❻で紹介する [画層プロパティ管理] パレットで図形のプロパティをまとめて設定できます。左の例では、[Vプーリー] と [センターライン] [寸法] という3つの画層を図示していますが、それぞれに黒い実線、赤い一点鎖線、青い実線を画層に設定しています。こうすることで画層を色分けでき、ひと目でどの画層なのか区別が付きやすくなるのです。もちろん、画層の設定とは別に図形のプロパティは変更できます。

Point

分かりやすい画層設定が重要

画層を分けなくても図面は作図できます。しかし、要素の数が増えると、編集作業が膨大となり、効率良く要素を管理する必要が生じます。業務で利用する場合、画層の利用の有無と画層名を決めておく場合がほとんどです。どの画像に何を描くのかを決めておけば、複数人で作業する場合でも作図に迷うことがなくなります。また、いくら作図に必要だからといって、画層が多ければいいわけでもありません。どの要素がどの画層にあるかが瞬時に分からなければ、画層を使うメリットがなくなってしまいます。

47

画層を切り替えるには

画層プロパティ管理

練習用ファイルを開いて、画層を切り替えてみましょう。切り替えた後の画層を「現在層」と呼びます。現在層が作図対象の画層となることを覚えましょう。

1 画層の一覧を表示する

1 [ホーム] タブをクリック

2 [画層プロパティ管理] をクリック

画層プロパティ管理

レッスンで使う練習用ファイル
Vプーリー .dwg

HINT!

画層コントロールでも切り替えができる

このレッスンでは、[画層プロパティ管理] ボタンをクリックして [画層プロパティ管理] パネルの一覧から画層を切り替えますが、[画層コントロール] でも画層を切り替えられます。何も図形を選択していないときに [画層コントロール] に表示される画層が現在層です。

2 画層を切り替える

画層の一覧が表示された

ここでは、画層を [0] から [センターライン] に切り替える

1 [センターライン] をダブルクリック

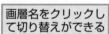

1 [画層コントロール] をクリック

画層名をクリックして切り替えができる

[画層の表示 / 非表示] のアイコンをクリックして表示を切り替えられる

③ 画層の一覧を閉じる

[現在の画層] に [センター
ライン] と表示された

現在の画層は [状態] にチェック
マークで表示される

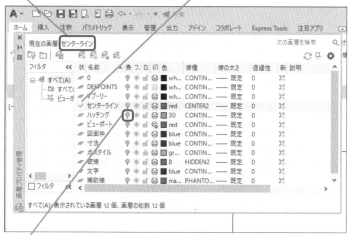

[表示] のアイコンをクリックし、
[現在の画層を非表示にする] を
選択すると画層が非表示になる

1 [閉じる] を
クリック

④ 画層が切り替わった

手順2で選択した画層の
名前が表示された

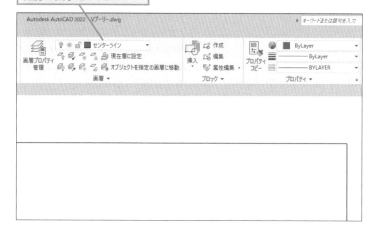

HINT!

分かりやすい名前を
付けておこう

画層を新規作成するには、手順2で
[新規作成] ボタンをクリックします。
このとき、現在の画層または選択さ
れている画層の設定が引き継がれま
す。画層の一覧には、「画層1」と表
示されるので、その画層で何を作図
するのかがひと目で分かる名前に変
更します。企業などでは、画層名を
半角英数字などで簡略化する場合も
あります。また、画層色や線種など
も図面の印刷に対応するように設定
し、業務の中で管理共有します。作
成した画層を削除するには画層名を
クリックし、[画層を削除] ボタンを
クリックして削除します。ただし、
現在の画層やオブジェクト（図形や
文字）がある画層は、削除できない
ので注意しましょう。

Point

画層の切り替えを忘れずに

このレッスンでは、次レッスンから
の作図準備として画層を切り替える
方法を紹介しました。HINT!で解説
していますが、画層は [画層コント
ロール] からもすぐに切り替えられ
ます。図面がどういう画層でできて
いるか把握できていれば、[画層コ
ントロール] で画層を切り替える方
が簡単です。重要なのは、図形を作
図する前に、目的の画層に切り替え
ることです。せっかく図形ごとに画
層を分けているのに、別の画層に作
図してしまっては意味がありません。

47

画層プロパティ管理

48

センターラインを引くには

ダイナミック入力、直交モード

作図の基本となる水平方向と垂直方向のセンターラインを作図していきます。図面上に用意された点オブジェクトをクリックして、作図を開始しましょう。

ここでやること

画層を変更してセンターラインを作図する

キーワード

オブジェクト	p.340
オブジェクトスナップ	p.340
カーソル	p.341
画層	p.341
ダイナミック入力	p.342
直交モード	p.343

 レッスンで使う練習用ファイル
ダイナミック入力.dwg

HINT!

センターラインが作図の基準になる

製図に使用される線の種類と、どのようなときに、どの線種を使えばいいのか、基本を理解しておきましょう。線の種類には、実線、破線、一点鎖線、二点鎖線の4種類があります。Vプーリーの断面図に使用する[センターライン]の画層では、図形の中心を表す中心線を引きます。中心線や基準線は「細い一点鎖線」で表記するようにしましょう。

●線種とその役割

線種	役割
実線	対象物の形で、見える部分を表す
破線	対象物の形で、見えない部分を表す
一点鎖線	対象物の、中心線や基準線を表す
二点鎖線	隣接部などの、仮想の部分を表す

① 画層と直交モードの設定を行う

レッスン④を参考に、画層を[センターライン]に変更しておく	直交モードをオンにしておく

1 [線分]をクリック

② 水平な線分を作図する

1 点をクリック	2 カーソルを右に移動

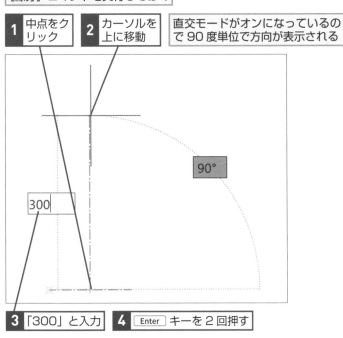

3 「150」と入力	4 [Enter] キーを2回押す

③ 垂直な線分を作図する

[線分] コマンドを実行しておく

1 中点をクリック	2 カーソルを上に移動	直交モードがオンになっているので90度単位で方向が表示される

3 「300」と入力	4 [Enter] キーを2回押す

> レッスン⑬を参考に、ファイルを上書き保存しておく

HINT!

直接距離入力を使えば簡単に水平な線分を作図できる

マウスによって作図する方向を直接指示できる入力方法は、大変便利です。手順2のように、0度方向に作図する場合、直交モードを組み合せることで、ぶれることなく正確に位置を指定できます。この方法は距離と角度を指定する座標入力と同じ操作で、誰でも簡単に水平な線分を作図できます。

HINT!

作図ウィンドウでオブジェクトの画層を確認できる

コマンドの実行前に点にカーソルを合わせると、画面上にツールチップが表示され [点スタイル] と表示されます。オブジェクトがどの画層にあるか迷ったときは、オブジェクトをクリックすると画層コントロールに画層名が表示されるので確認できます。

Point

直交モードを忘れずにオンにしよう

このレッスンのようなセンターラインは、[線分] コマンドで簡単に作図できます。操作手順もレッスン⑫で解説した方法と何ら変わりません。2つのレッスンを通じて、[線分] コマンドの使い方をマスターしましょう。鍵となるのは直交モードです。設定がオフになっている場合は作図途中でもステータスバーの [カーソルの動きを直交に強制] ボタンをクリックしてオンに切り替えてから操作しましょう。

49

Vプーリーの外形線を描くには

オフセット、[画層] オプション

ここでは、断面図の外形線を描くために図面上の中心線を利用し、[オフセット] コマンドで編集します。[画層] オプションの利用方法も併せて学びましょう。

📄 レッスンで使う練習用ファイル
オフセット_2.dwg

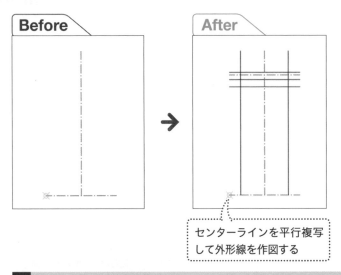

Before → After

センターラインを平行複写して外形線を作図する

HINT!

オフセットを活用して効率的に作図をする

図面上に類似する図形がある場合、繰り返し作図するのではなく、図形同士の距離を指定するだけで平行に複写できる [オフセット] コマンドを利用した方が便利です。作図だけでなく、編集作業で配置する位置の補助線として利用すると、図面で描く位置が分かりやすくなるので、計画図などの作図に役立ちます。しかし、補助線を多く平行複写すると、本来の目的の位置が不明確になるので注意してください。

同じ図形を平行複写する

① 距離を指定する

レッスン㉓を参考に、[オフセット] コマンドを実行しておく	ここではレッスン㊽で引いた水平なセンターラインを、上方向に250mm離れた位置に平行複写する

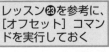

オフセット距離を指定 または 250

> **1** 「250」と入力

> **2** Enter キーを押す

② 平行複写する線分を選択する

オフセット距離が指定された	**1** 線分をクリック

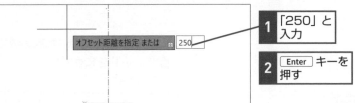

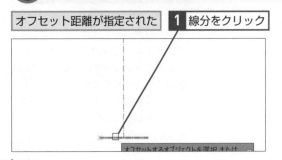

オフセットするオブジェクトを選択 または

③ 平行複写する方向を指定する

ここでは上方向に平行複写する

| 1 カーソルを 上に移動 | 手順１で指定した距離の位置に、プレビューが表示された | 2 そのまま クリック |

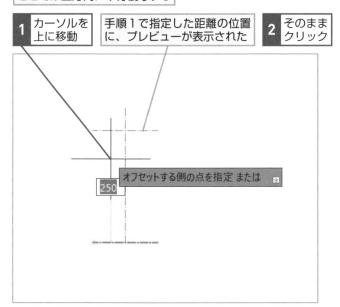

オフセットする側の点を指定 または

250

④ 水平線が平行複写された

| 指定した距離の位置にセンターラインが平行複写された | 1 Enter キー を押す | ［オフセット］コマンドが終了する |

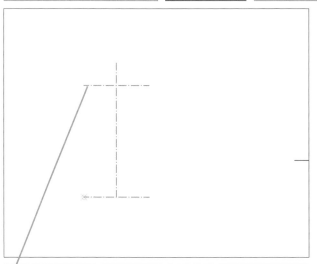

| センターライン が平行複写され た | ［センターライン］の画層で作図した線 分が、そのまま指定した距離で並行に 複写される |

HINT!

下方向に平行複写するには

手順3では、センターラインより上側にカーソルを移動させています。下側に平行複写するには、センターラインより下側にカーソルを移動させ、クリックすれば指定した距離で平行複写されます。

下側に平行複写する こともできる

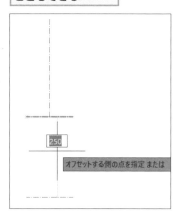

250

オフセットする側の点を指定 または

49

オフセット、［画層］オプション

⚠ 間違った場合は？

手順3で平行複写する側を間違えたときにはコマンド実行中のまま、右クリックメニューを表示させ、［元に戻す］を選択します。コマンド操作は継続中なので、手順2から操作をやり直しましょう。

次のページに続く

⑤ [画層] オプションを表示する

画層を [センターライン] から [V プーリー] に切り替えておく	レッスン㉓を参考に、[オフセット] コマンドを実行しておく

センターラインが [V プーリー] の画層に複写されるようにする

1 右クリックしてメニューを表示	**2** [画層] をクリック

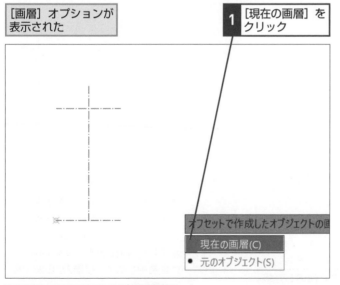

Enter(E)
キャンセル(C)
最近の入力
通過点(T)
消去(E)
画層(L)
優先オブジェクト スナップ(V)
画面移動(P)
ズーム(Z)
SteeringWheels
クイック計算

は 250.0000

⑥ [画層] オプションを設定する

[画層] オプションが表示された	**1** [現在の画層] をクリック

オフセットで作成したオブジェクトの画

現在の画層(C)
● 元のオブジェクト(S)

現在の画層（[V プーリー]）に図形が複写される

HINT!

[画層] オプションって何？

手順6の［画層］オプションでは、選択した図形を現在層に平行複写できます。このレッスンの例では、［センターライン］の画層にあるセンターラインの図形を［Vプーリー］に平行複写します。［画層］オプションを指定すれば平行複写した図形の画層を変更する手間を省けます。

HINT!

[クイックプロパティ] パレットで画層を変更するには

［画層］オプションを設定し忘れて別の画層に線分を複写してしまったときは、以下の手順を実行しましょう。［クイックプロパティ］パレットを利用すれば、作図済みのオブジェクトを別の画層に変更できます。

1 線分をクリック	**2** 右クリックしてメニューを表示

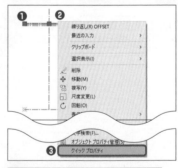

❶ **❷**
繰り返し(R) OFFSET
最近の入力
クリップボード
選択表示(I)
削除
移動(M)
複写(Y)
尺度変更(L)
回転(O)

文字検索(F)...
オブジェクト プロパティ管理(S)
❸ クイック プロパティ

3 [クイックプロパティ] をクリック

[クイックプロパティ] パレットが表示された

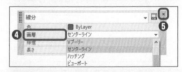

線分
色 　　　 ByLayer
❹ 画層 　 センターライン
　　　 Vプーリー
　　　 センターライン
　　　 ハッチング
　　　 ビューポート
長さ

❺

4 [画層] をクリックして変更後の画層を選択

5 [閉じる] をクリック

⑦ 平行複写を実行する

上のセンターラインの5.5mm
上に線分を平行複写する

1 「5.5」と入力

2 Enter キーを押す

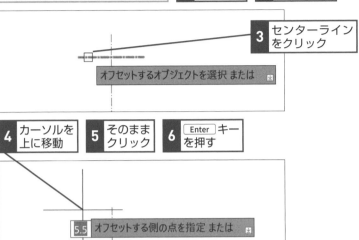

3 センターラインをクリック

オフセットするオブジェクトを選択 または

4 カーソルを上に移動

5 そのままクリック

6 Enter キーを押す

5.5 オフセットする側の点を指定 または

⑧ Vプーリーの外形線を平行複写する

同様に以下の寸法で手順7で作図した
水平な線分を平行複写しておく

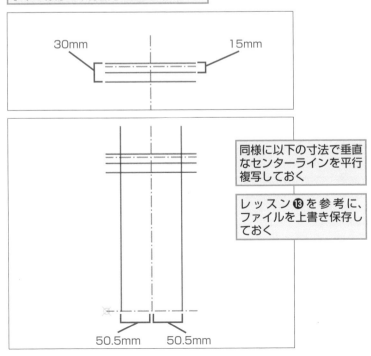

30mm   15mm

同様に以下の寸法で垂直
なセンターラインを平行
複写しておく

レッスン⑬を参考に、
ファイルを上書き保存し
ておく

50.5mm   50.5mm

レッスン⑬を参考に、

HINT!

［一括］オプションで同じ間隔の連続複写ができる

間隔が一定で複数の平行複写をする
場合などは［一括］オプションが便
利です。操作後は Enter キーを押
して終了します。

［オフセット］コマンドを実行し、
オフセット距離を指定しておく

1 線分をクリック

2 右クリックしてメニューを表示

	Enter(E)
❷	キャンセル(C)
	最近の入力
❸	終了(E)
	一括(M)
	元に戻す(U)
	優先オブジェクト スナップ(V)
	画面移動(P)
	ズーム(Z)
	SteeringWheels
	クイック計算

3 ［一括］をクリック

線分をクリックしてカーソルを
移動し、クリックするたびに続
けて複写を実行できる

Point

［画層］オプションを活用しよう

［オフセット］コマンドの［画層］オ
プションを利用すれば、図形を複写
元の図形と異なる画層に平行複写で
きます。画層は後から移動すること
もできますが、後々の手間を増やさ
ないために、最初から正しい画層に
作図するように習慣付けましょう。

50

台形型のくぼみ部分を作図するには

オフセット、［画層］オプション、トリム

Vベルトを巻くVプーリーの溝を作図してみましょう。このレッスンでは、補助線をそれぞれ平行複写し、2点に斜線を引く操作を繰り返して溝を作図します。

レッスンで使う練習用ファイル
オフセット_3.dwg

ここでやること

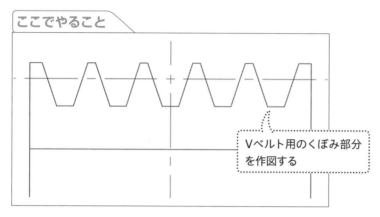

Vベルト用のくぼみ部分を作図する

1 不要な部分を切り取る

レッスン㉕を参考に、［トリム］コマンドを実行しておく

 線分を切り取る

切り取る部分をクリック

Enter キーを押す

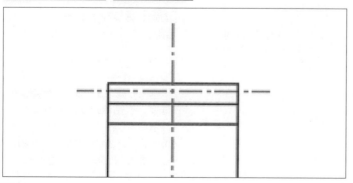

HINT!

コマンドウィンドウを活用しよう

画面下部のコマンドウィンドウでは、コマンドの履歴が3行分表示されます。コマンドを実行した直後から数秒間はコマンド履歴が表示され、何も操作をしないでいると自動で履歴が消える設定になっています。繰り返し［オフセット］コマンドを実行していると、どこまで操作をしたのか分からなくなることがあるかもしれません。その場合は、［コマンド履歴］ボタンをクリックして、コマンド履歴を確認するといいでしょう。このコマンド履歴は、図面ファイルを終了すると削除されます。

1 ［コマンド履歴］をクリック

F2 キーを押してもいい

② [画層] オプションの設定を変更する

[オフセット] コマンドを実行しておく

ここでは、[センターライン] の画層にあるセンターラインを同じ画層に平行複写する

レッスン㊽を参考に、[画層] オプションを [元のオブジェクト] に設定しておく

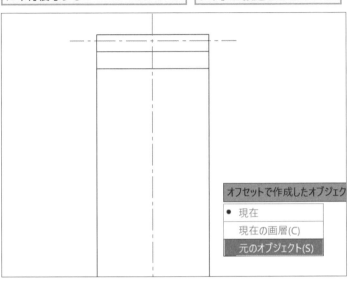

オフセットで作成したオブジェク

● 現在
　現在の画層(C)
　元のオブジェクト(S)

HINT!

左右3mmの距離で平行複写する

手順3では、センターラインを左右3mmの位置に平行複写しています。手順だけで仕上がりのイメージが分からない場合は、以下の寸法入りの図を参考にしてください。

センターラインを左右3mmに平行複写する

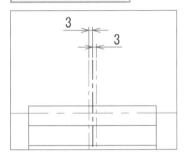

③ 補助線を引く

ここではセンターラインからオフセット距離3mmで平行複写する

1 センターラインを3mm右側に平行複写

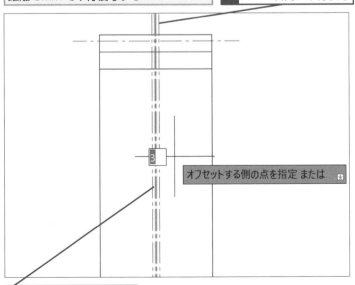

 3

オフセットする側の点を指定 または

2 センターラインを3mm左側に平行複写

⚠ 間違った場合は？

手順2で [現在の画層] をクリックすると、[画層] オプションが [現在の画層] に設定されます。もう一度右クリックしてメニューを表示し、[画層] オプションを設定し直しましょう。

次のページに続く

④ 続けて補助線を引く

補助線を引けた

続けてセンターラインからオフセット
距離 8.15mm で平行複写する

1 センターラインを 8.15
mm 右側に平行複写

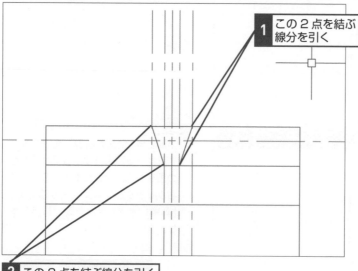

8.15

オフセットする側の点を指定 また

2 センターラインを 8.15mm 左側に平行複写

⑤ 補助線を使って斜線を引く

補助線を引けた

補助線を利用して、[線分] コマン
ドでくぼみの元になる斜線を引く

レッスン⑫を参考に、[線分]
コマンドを実行しておく

1 この 2 点を結ぶ
線分を引く

2 この 2 点を結ぶ線分を引く

HINT!

補助線を利用した作図のコツ

手順4以降は、繰り返し補助線を平
行複写します。しかし、同じ補助線
を繰り返し複写するうちに、本来の
補助線がどれで、どの点を結んで線
分を引くのか分からなくなる場合も
あるでしょう。その場合は、下記の
ように作図途中の段階で寸法値を入
れるといいでしょう。また、線分を
引くための補助線専用の画層を別の
色で作成しておき、レッスン⑱の手
順5の方法で、補助線を元に線分を
複写してもいいでしょう。ただし、
作図の過程で利用するだけの寸法や
補助線は、溝が完成したら早めに削
除しておきましょう。

線分の目安にする補助線に
寸法値を入力してもいい

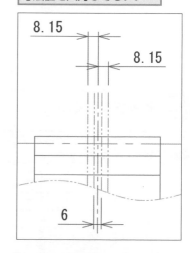

8.15

8.15

6

HINT!

画層を削除するには

不要になった画層は [画層プロパ
ティ管理] パネルで [画層を削除]
ボタンをクリックして削除します。
ただし、図が1つでも作図されてい
る場合は、画層が削除されず [削除
できません] というダイアログボッ
クスが表示されます。画層にある図
形をすべて削除してから画層の削除
を実行しましょう。

機械部品の図面を作図しよう

実践編　第6章

⑥ 補助線と斜線を引く

くぼみの元になる斜線を引けた

1 外側の補助線を2.7mm 右側に平行複写

2 センターラインの右隣の補助線を13mm右側に平行複写

3 この2点を結ぶ線分を引く

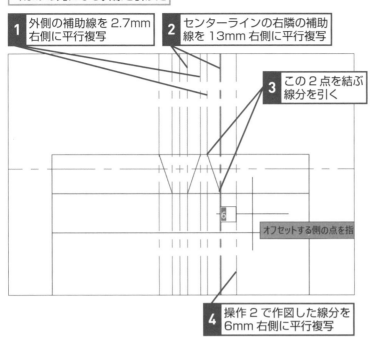

オフセットする側の点を指

4 操作2で作図した線分を6mm右側に平行複写

⑦ 2本の斜線を複写する

手順5と6で作図した斜線を複写する

レッスン㊷を参考に、[複写]コマンドを実行しておく

1 2本の斜線をクリック

2 Enter キーを押す

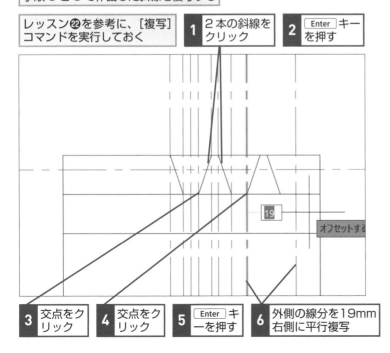

19

オフセットする

3 交点をクリック

4 交点をクリック

5 Enter キーを押す

6 外側の線分を19mm右側に平行複写

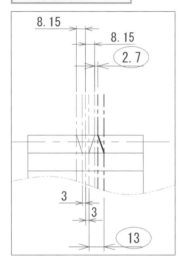

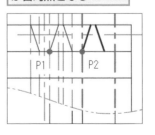

次のページに続く

HINT!

3回目以降は複写元の補助線が異なる

手順6では、もともとのセンターラインではなく、手順4で平行複写した補助線をさらに平行複写します。以下の図を確認しながら、慎重に作図しましょう。

複写の元となる線分がそれぞれ異なる

8.15

8.15

2.7

3

3

13

HINT!

手順7ではどの斜線を複写するの？

手順7では、手順5と6で作図した溝の斜線を複写します。以下の図では、P1が複写の基点、P2が複写の目的点となります。補助線がたくさんありますが、正しい交点を指定してください。

P1が複写の基点、P2が目的点となる

P1   P2

⑧ 続けて斜線を複写する

ここでは斜線1本 だけを複写する	レッスン㉒を参考に、[複写] コマンドを実行しておく	**1** 斜線をク リック

2 [Enter] キー を押す

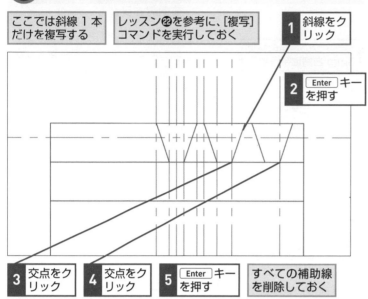

3 交点をク リック	**4** 交点をク リック	**5** [Enter] キー を押す	すべての補助線 を削除しておく

HINT!
最後の複写は1本だけ

手順8では、手順7で複写した斜線 のうちの1本をさらに複写していま す。以下の図ではP3が複写の基点、 P4が複写の目的点です。基点と目的 点を正しく指定できるよう、よく確 認しておきましょう。

P3が複写の基点、P4が 目的点となる

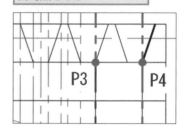

⑨ 右側の4本の斜線を鏡像化する

右側の4本の斜線を左側 に鏡像化していく	レッスン㉘を参考に、[鏡像] コマンドを実行しておく

1 4本の斜線を選択	**2** [Enter] キーを押す

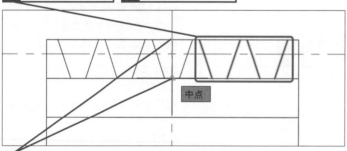

中点

3 センターラインの交点をクリック して対称軸に指定

4 [いいえ] をクリック

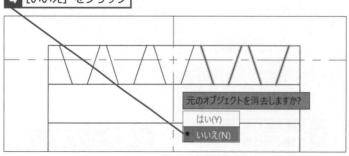

元のオブジェクトを消去しますか？
はい(Y)
いいえ(N)

HINT!
線対象となる図形は 鏡像化すると効率的

手順9では、センターラインの中点 を軸にして、作図済みの4本の斜線 を対称複写します。レッスン㉘でも 紹介していますが、こういうケース で役立つのが[鏡像]コマンドです。 手順9の操作4では元の画像をその まま残して対称複写を実行します。

⑩ 不要な部分を切り取る

右側の4本の斜線が、左側に鏡像化された | レッスン㉟を参考に、[トリム]コマンドを実行しておく

1 以下の線分を切り取る

トリムするオブジェクトを選択 または [Shift] を押して延長するオブジェクトを選

2 切り取る線分をクリック | **3** 切り取る線分をクリック

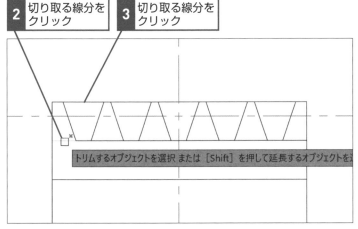

トリムするオブジェクトを選択 または [Shift] を押して延長するオブジェクトを選

クリックした線分が切り取られた | **4** 同様に、残りの切り取る線分をクリック | **5** [Enter] キーを押す

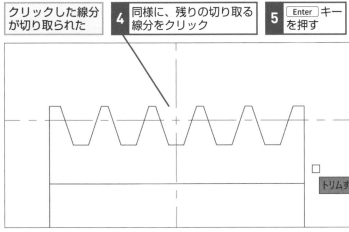

トリムす

不要な部分が切り取られて、くぼみ部分が作図される | レッスン⑬を参考に、ファイルを上書き保存しておく

HINT!

溝の斜線部分のみを選択しよう

手順10では、溝の山側と谷側にある不要な線分を [トリム] コマンドで切り取ります。

Point

既存の図形をうまく活用しよう

このレッスンで作図した溝のような形状をした図形でも、センターラインや補助線を利用して線分の基点を作れば、簡単に作図できます。HINT!でも解説しましたが、多くの補助線を平行複写すると、どれが本来の補助線か分からなくなることがあるので、寸法値を入れたり、別の画層を利用したりするといいでしょう。ある程度形ができたら [鏡像] コマンドの出番です。1つ1つの作図の繰り返しは面倒にも思えますが、結果的には効率良く作図ができます。どういった順番で、どのコマンドを使うといいかを常に意識するようにしましょう。

51

角を丸めるには

フィレット、[複数] オプション

角を丸めるには、レッスン㉙で紹介した [フィレット] コマンドを使います。[複数] オプションを使えば、編集対象の図形が多くても効率良く作業できます。

機械部品の図面を作図しよう　実践編　第6章

ここでやること

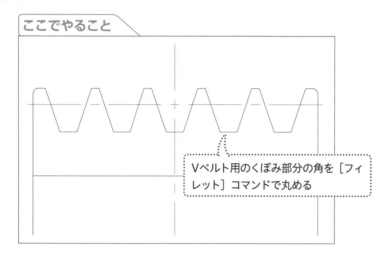

Vベルト用のくぼみ部分の角を [フィレット] コマンドで丸める

キーワード

オプション	p.341
コマンド	p.341

レッスンで使う練習用ファイル
フィレット_2.dwg

HINT!

フィレットの寸法を確認しておこう

このレッスンでは以下の図のように、両端の角を半径2mm、それ以外の角を半径0.5mmで丸めます。スムーズに操作を進められるように、あらかじめ寸法を確認しておきましょう。

両端の角を半径 2mm、それ以外の角を半径 0.5mm で丸める

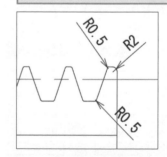

1 [フィレット] コマンドの設定をする

レッスン㉙を参考に、[フィレット] コマンドを実行しておく

1 右クリックしてメニューを表示	2 [複数] をクリック

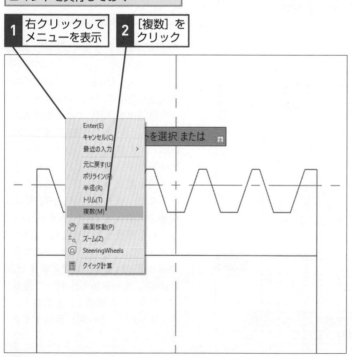

Enter(E)
キャンセル(C)
最近の入力
元に戻す(U)
ポリライン(P)
半径(R)
トリム(T)
複数(M)
画面移動(P)
ズーム(Z)
SteeringWheels
クイック計算

HINT!

同じ半径で複数の角を丸めるときは

通常 [フィレット] コマンドでは、1つの半径値を指定し、丸めの処理が完了するとコマンドが終了します。ここでは同じ半径値で複数の角を編集するので、手順1では [複数] オプションを指定します。

② 半径値を設定する

[フィレット] コマンド
の設定が完了した

ここでは半径値を
0.5mm に設定する

1 右クリックして
メニューを表示

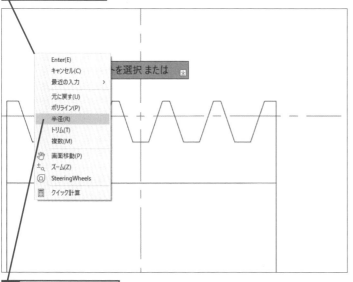

Enter(E)
キャンセル(C)
最近の入力 >
元に戻す(U)
ポリライン(P)
半径(R)
トリム(T)
複数(M)
画面移動(P)
ズーム(Z)
SteeringWheels
クイック計算

...を選択 または

2 [半径] をクリック

3 「0.5」と入力

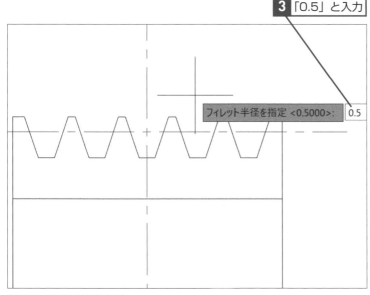

フィレット半径を指定 <0.5000>: | 0.5

4 Enter キーを押す

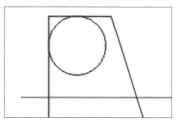

HINT!

円を使用して
角を丸めたいときは

[円] コマンドの [接点・接点・半径]
オプションを利用すれば、円と交差
する2つの図形を丸められます。下
図のように [フィレット] コマンド
の編集結果と異なる図にしたいとき
は、この手順で線分の不要な部分を
[トリム] コマンドで編集するといい
でしょう。

[円] コマンドの [接点・接点・
半径] オプションで、2本
の接線と半径を指定して円
を作図できる

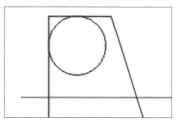

[トリム] コマンドで円を
境界線にして外側を切り
取れば丸めを描ける

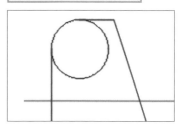

次のページに続く

③ 角を丸める

| 半径値が設定された | **1** 線分をクリック |

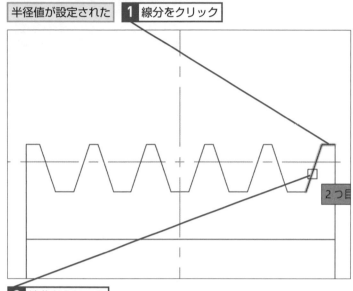

2つ目

2 線分をクリック

④ 続けて溝の角を丸める

| 角が丸められた | 手順1で[複数]を選択しているので、続けて角を選択できる |

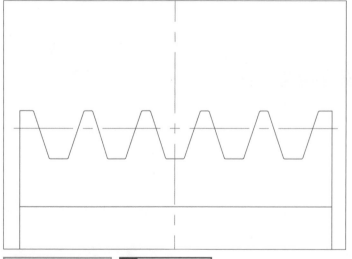

| 同様の手順で台形の溝の角を丸めておく | **1** Enter キーを押す |

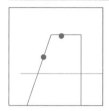

⑤ 外周の部分を丸める

外周の部分は半径値を2mmに変更して丸める

[フィレット] コマンドを実行し、手順2を参考に半径値を2mmに変更しておく

1 線分をクリック

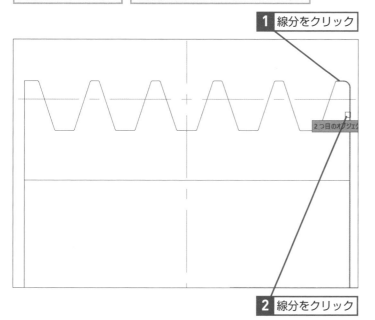

2つ目のオブジェク

2 線分をクリック

⑥ 角を丸められた

手順5を参考にこの角も丸めておく

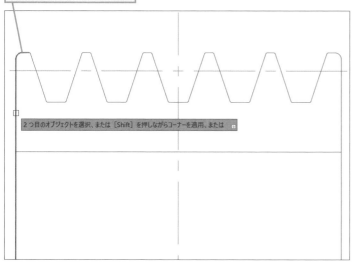

2つ目のオブジェクトを選択、または [Shift] を押しながらコーナーを適用、または

レッスン⑬を参考に、ファイルを上書き保存しておく

HINT!

反対側の丸め処理も忘れずに

手順5では、以下の図の赤丸で示した2本の線分で作られる角を丸めています。手順6では、この反対側の角を丸めます。

赤丸で示した2本の線分で作られる角を丸める

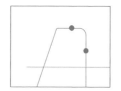

HINT!

半径を変えながら編集ができる

手順4では、半径値を変更するためにいったん [フィレット] コマンドを終了し、手順5で再度 [フィレット] コマンドを実行しています。しかし [複数] オプションを使用しながら、サイズの違う丸めの値を [半径] オプションで指定して続けて操作しても構いません。

Point

複数の丸め処理もAutoCADなら簡単

図形の丸め処理を行う [フィレット] コマンドは製図に欠かせないコマンドですが、そんな [フィレット] コマンドをさらに効率良く活用できるのがこのレッスンで紹介した [複数] オプションです。同じ形状の図形を同じ半径で丸めるときにときに重宝することでしょう。忘れがちなのが、コマンドの実行直後に [複数] オプションを設定することです。また、半径値の設定後に線分を2つ指定して角を丸めますが、線分のクリック位置と角を丸める位置を勘違いしないように気を付けてください。

52

軸の外形を作図するには

フィレット、角の作成

ここでは、外形線の編集作業に[フィレット]コマンドを使い、角を作成していきます。すでに半径値が指定されていても、Shiftキーを使用して角を作れます。

機械部品の図面を作図しよう

実践編 第6章

ここでやること

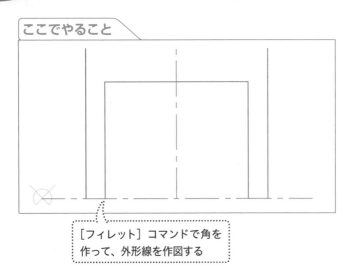

[フィレット]コマンドで角を作って、外形線を作図する

キーワード

オプション	p.341
画層	p.341
コマンド	p.341

レッスンで使う練習用ファイル
フィレット_3.dwg

HINT!

画層コントロールで画層を変更するには

手順1の操作で[画層]オプションの変更をせずに、オフセットした図形を目的の画層に変更できます。まず、画層を変更する図形を選択します(複数可)。続いて[画層コントロール]をクリックし、変更後の画層を選択しましょう。

[センターライン]の画層にある線分を[V プーリー]の画層に変更する

1 平行複写した図形をクリックして選択

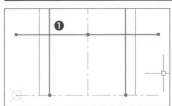

2 [画層]の[▼]をクリック

3 [V プーリー]をクリック

画層が[センターライン]から[V プーリー]に変更される

① センターラインを平行複写する

[オフセット]コマンドを実行しておく

レッスン㊾を参考に、[画層]オプションを[現在の画層]に変更しておく

1 センターラインを 40mm 左側に平行複写

2 センターラインを 40mm 右側に平行複写

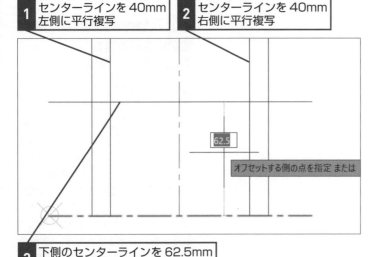

62.5

オフセットする側の点を指定 または

3 下側のセンターラインを 62.5mm 上側に平行複写

② [フィレット] コマンドで角を作成する

左側の軸の角を作成する

レッスン㉙を参考に、[フィレット] コマンドを実行しておく

1 線分をクリック

2 Shift キーを押しながら線分をクリック

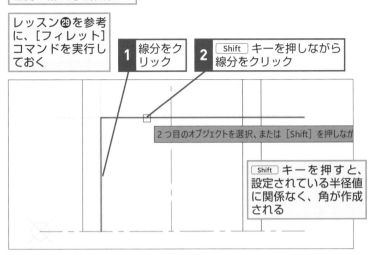

2つ目のオブジェクトを選択、または [Shift] を押しなが

Shift キーを押すと、設定されている半径値に関係なく、角が作成される

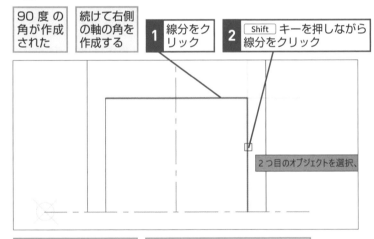

③ 続けて角を作成する

90度の角が作成された

続けて右側の軸の角を作成する

1 線分をクリック

2 Shift キーを押しながら線分をクリック

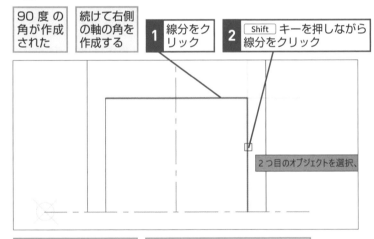

2つ目のオブジェクトを選択、

[フィレット] コマンドで角が作成された

レッスン⑬を参考に、ファイルを上書き保存しておく

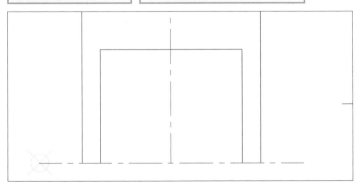

HINT!

[フィレット] コマンドでコーナーを作成できる

[フィレット] コマンドでは、現在設定されている半径値に関係なく、最初のオブジェクトをクリックした後、Shift キーを押しながら2つ目のオブジェクトをクリックするとコーナーを作成できます。これは半径値を0（ゼロ）に設定したときと同様の編集結果になります。

Point

角を簡単に作成できる

このレッスンで見てきたように、[フィレット] コマンドは角を丸めるだけでなく、角の作成にも利用できるコマンドです。角を作成するには[トリム] コマンドなどを利用できますが、[フィレット] コマンドを利用した方が手間を減らせます。コマンドの機能への理解を深めることは、作図効率を上げることに直結します。基本的な機能だけでなく、オプションの使い方もしっかり本書で身に付けましょう。

53

Vプーリーの断面図を作図するには

円、線分、フィレット、鏡像

このレッスンでは、Vプーリーの断面図を作図します。Vプーリーのように上下対称の図形の場合は、片側を正確に作図してから[鏡像]コマンドを使います。

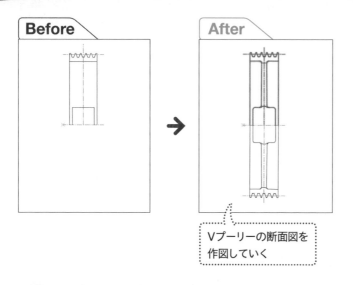

Before	After

Vプーリーの断面図を作図していく

キーワード

オブジェクトスナップ	p.340
オプション	p.341
カーソル	p.341
極トラッキング	p.341
グリップ	p.341
交差選択	p.341
座標	p.342
直交モード	p.343

📄 レッスンで使う練習用ファイル
鏡像_2.dwg

HINT!

大きさが違う円で線分に傾斜を付ける

手順1では、直径18mmと20mmの円を作図します。中心に近い円を少し大きくしているのは、Vプーリーの溝側から中心部に向かうアームを少しだけ太くするためです。大きさが異なる円を作図して2点を線分で結べば、中心に向かって太く広がったアームを作図できます。

補助円を利用して角度を付けた線分を引く

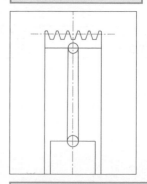

上の円より下の円が大きいので、2点を結んだ線分が下に向かってやや広がる

左側縦書き: 機械部品の図面を作図しよう

実践編 第6章

---

① 補助円を作図する

ここでは補助円を作図する

[円]コマンドの[中心、直径]オプションを実行しておく

1 センターラインと線分の交点を中心とする直径 18mm の円を作図

20

円の直径を指定 <18.0000

2 センターラインと線分の交点を中心とする直径 20mm の円を作図

② Vプーリーの外形線を作図する

補助円が作図された	補助円の四半円点を結ぶ補助線を作図する	[線分] コマンドを実行しておく

1 補助円の四半円点を結ぶ線分を作図

2 補助円の四半円点を結ぶ線分を作図

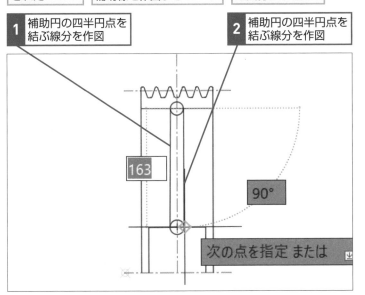

163

90°

次の点を指定 または

HINT!

同じ位置に四半円点と線分の交点がある

手順2では、手順1で作図した補助円の四半円点を選択して線分を引きます。手順2のケースでは四半円点と線分の交点が同じ位置なので、カーソルを近づけたときツールチップに「交点」と表示される場合もあります。どちらでも同じ点を取得できるので、「交点」と表示されているときにクリックしても構いません。

> このレッスンの例では、四半円点と交点のどちらでも同じ点を取得できる

交点

③ 不要な部分を切り取る

線分が作図された	手順1で作図した補助円を削除しておく	レッスン㉖を参考に、[トリム] コマンドを実行しておく

1 円や補助線をクリックして削除

ヤフレーム

2 Enter キーを押す

HINT!

不要な補助円は削除しよう

手順2で、補助円を使用して外形線を描いた後は、補助円が不要になります。図面上に作図補助のための線分や円などを残しておくと、図面が見づらくなります。早めに削除するか、補助図形などの専用画層にまとめて表示・非表示の管理をしましょう。

次のページに続く

④ 角を丸める

不要な部分が	レッスン㊴を参考に、	レッスン㊶を参考に、
削除された	[フィレット] コマン	[複数] を設定し、[半径]
	ドを実行しておく	を8mmにしておく

1 これらの角を
クリック

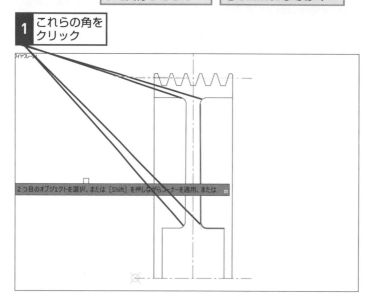

⑤ 上下のアール部分を作図する

角が丸まった	補助線と円を作図する

1	上部のセンターラインを 31.5mm下側に平行複写	直交モードをオン にしておく

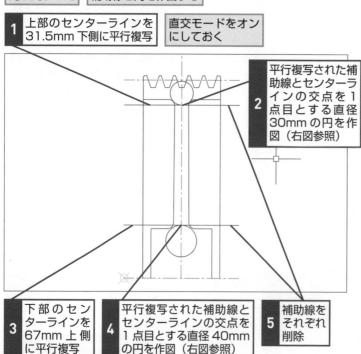

2 平行複写された補
助線とセンターラ
インの交点を1
点目とする直径
30mmの円を作
図（右図参照）

3 下部のセン
ターラインを
67mm上側
に平行複写

4 平行複写された補助線と
センターラインの交点を
1点目とする直径40mm
の円を作図（右図参照）

5 補助線を
それぞれ
削除

HINT!

直交モードなら
1点目クリックと
直径の数値で作図できる

[円] コマンドの [2点] オプション
では通常、円周上の2点と直径値を
与えることで円を作図しますが、直
交モードをオンにしているときに
[円] コマンドの [2点] オプション
を実行すると、円周上の1点と直径
値を与え、方向をマウスで指定する
だけで円を作図できます。

HINT!

円を作図するためにセンター
ラインを平行複写する

手順5では、画層を変えずに、赤い
一点鎖線のセンターラインを
31.5mm下と67mm上にそれぞれ平
行複写します。さらに、P1やP2を通
る円を作図します。円の作成後は、
平行複写したセンターラインが不要
になるので、早めに削除しましょう。

補助線と円を作図する

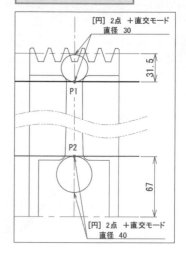

6 上部のアール部分を修正する

レッスン❾を参考に、上部を拡大しておく

レッスン㉙を参考に、［フィレット］コマンドを実行しておく

レッスン(51)を参考に、［複数］を設定し、［半径］を6mmにしておく

1 線分をクリック

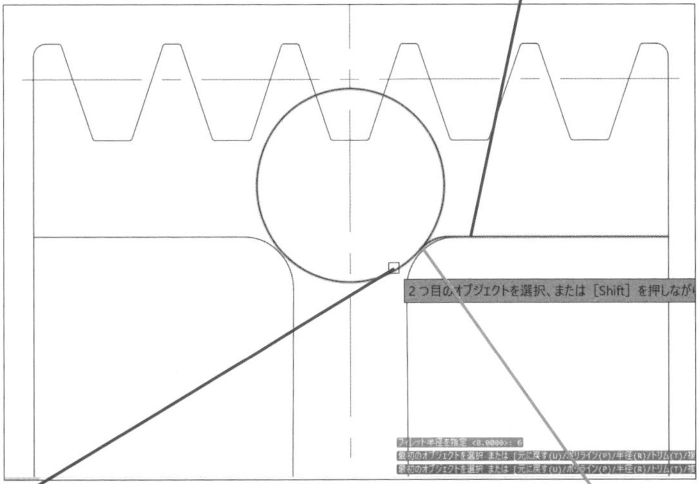

2 円の下側をクリック

右側に円弧が作図される

同様に左側にも円弧を作図する

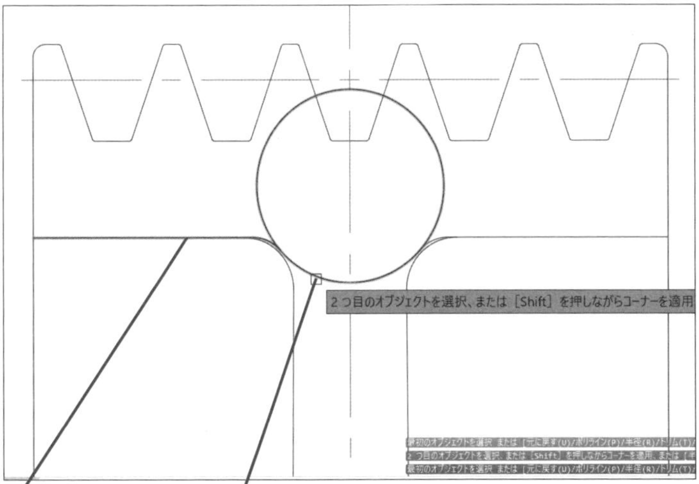

3 線分をクリック

4 円の下側をクリック

5 Enter キーを押す

HINT!
クリックする場所によって結果が変わる

手順6では線分をクリックしてから円をクリックしていますが、選択の順番はどちらが先でも問題ありません。クリックする位置により、指定した半径で丸め処理が行われます。編集する部分を拡大表示して操作を行い、2つ目の図形にカーソルを合わせたときのプレビュー表示をよく確認しましょう。

クリックする位置によって丸め方が変わる

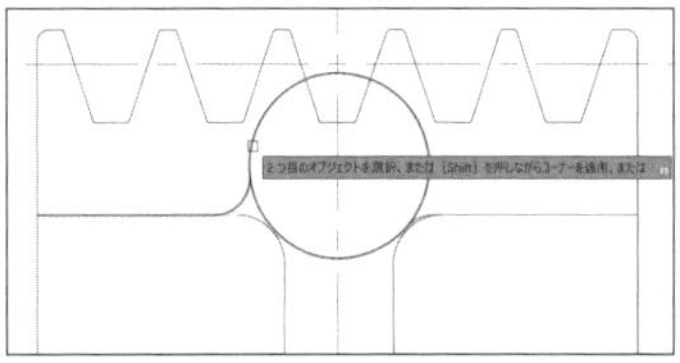

次のページに続く

⑦ 下部のアール部分を修正する

手順6と同様に、下部にも円弧を作図する	レッスン㉔を参考に、[フィレット] コマンドを実行しておく	レッスン㊿を参考に、[複数] を設定し、[半径] を8mmにしておく

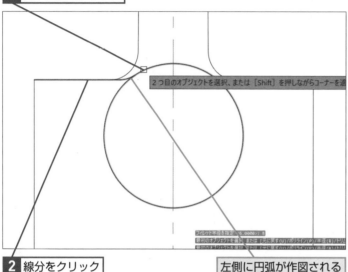

1 円の上側をクリック

2つ目のオブジェクトを選択、または [Shift] を押しながらコーナーを選

フィレット半径を指定 <6.0000>: 8
最初のオブジェクトを選択 または [元に戻す(U)/ポリライン(P)/半径(R)/トリ]

2 線分をクリック

左側に円弧が作図される

同様に右側にも円弧を作図する

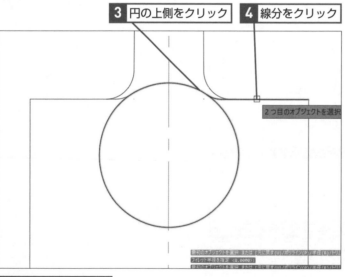

3 円の上側をクリック **4** 線分をクリック

2つ目のオブジェクトを選択

最初のオブジェクトを選択 または [元に戻す(U)/ポリライン(P)/半径(R)/
フィレット半径を指定 <8.0000>:
最初のオブジェクトを選択 または [元に戻す(U)/ポリライン(P)/半径(R)/トリ]

5 [Enter] キーを押す

HINT!

円の場合は [フィレット] コマンドで形が変わらない

[フィレット] コマンドの標準設定ではオプションが [トリム] に設定されています。その場合、丸めるために長い部分が切り取られ、足りない部分は自動で延長されます。オプションを [非トリム] に設定すると、編集対象の図形はそのままで円弧が作成されます。しかし、手順7では[非トリム] オプションの設定をしていません。「円と円」や「円と線分」などの編集にはオプションが [トリム] に設定されていても、下の例のように円の形状は変わらず、2つの円の間に半径の円弧が作成されます。

HINT!

選択対象の図形を拡大表示して確認しよう

手順7では、線分と円の上側を選択し、以下の図のように半径8mmで [フィレット] コマンドを実行しています。選択する図形や半径を間違えないように気を付けましょう。

線分と円の上側を半径8mmでフィレットする

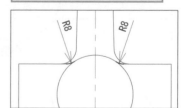

8 上部の不要な部分を切り取る

上部を拡大表示しておく	レッスンを参考に、[トリム]コマンドを実行しておく

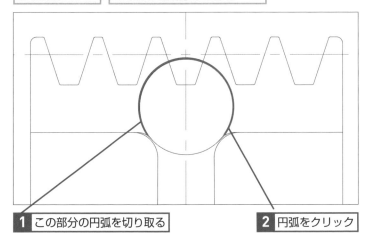

1 この部分の円弧を切り取る	**2** 円弧をクリック

3 削除する円弧を順番にクリック

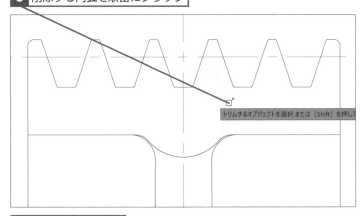

トリムするオブジェクトを選択 または [Shift] を押して

4 Enter キーを押す

次のページに続く

HINT!

隣接する複数の図形から目的の図形を選択するには

[選択の循環]コマンドを利用すると、クリックした図形の周囲にある図形が[選択]ダイアログボックスから選べるようになります。[選択]ダイアログボックスに表示された図形の要素名にカーソルを合わせても、該当の図形にグリップが表示されるので、図形が重なっていてもすぐに目的の図形を選択できます。ただし、画面の表示倍率や図形の形状、図形の重なり方などによって[選択]ダイアログボックスが表示されない場合もあります。

1 [カスタマイズ]をクリック

2 [選択の循環] をクリック

3 [選択の循環]をクリック

[選択の循環]がオンになった	**4** 図形をクリック

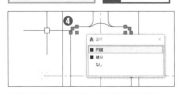

[選択] ダイアログボックスが表示された	クリックで別の図形を選択できる

下部の不要な部分を切り取る

下部を拡大表示しておく	レッスン㉕を参考に、[トリム]コマンドを実行しておく

トリムするオブジェクトを選択 または [Shift]

1 円の不要な部分をクリック	**2** Enter キーを押す

⑩ **左右の角を丸める**

上下のアール部分が作図された	レッスン㉙を参考に、[フィレット]コマンドを実行しておく	レッスン㊿を参考に、[複数]を設定し、[半径]を 8mm にしておく

1 これらの角をそれぞれ丸める

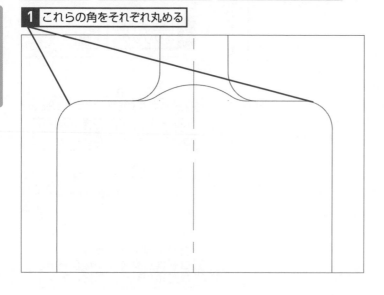

HINT!

右クリックでコマンドを再実行するには

コマンドの再実行については、152ページのHINT!でも解説していますが、「毎回 Enter キーを押すのが面倒」というときは、作図ウィンドウで右クリックし、最上部に表示された[繰り返し]をクリックするといいでしょう。すぐにコマンドを再実行できます。また、[最近の入力]をクリックすると、最近利用したコマンド名が表示されます。少し前に使ったコマンドを実行するときに利用しましょう。

❶ **1** 右クリックしてメニューを表示	❷ **2** [繰り返し(R)FILLET]をクリック

[フィレット]コマンドが再実行される

⑪ 断面図の上部を鏡像化する

レッスン㉓を参考に［鏡像］
コマンドを実行しておく

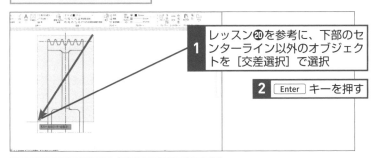

1 レッスン⑳を参考に、下部のセンターライン以外のオブジェクトを［交差選択］で選択

2 Enter キーを押す

3 端点をクリック　**4** 端点をクリック

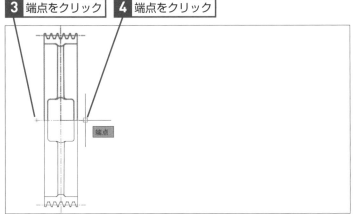

5 ［いいえ］をクリック

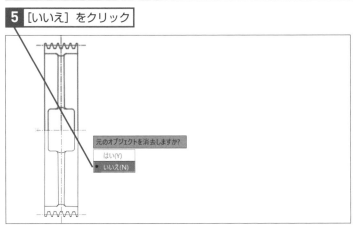

レッスン⑬を参考に、ファイルを
上書き保存しておく

端点を正しく指定しないと間違っ
た図形になってしまう可能性があ
るので注意する

HINT!
選択を部分的に解除できる

手順11では、交差選択でセンターライン以外の図形を選択しています。もしもセンターラインも含めて選択してしまった場合は、Shift キーを押しながら図形をクリックすることで、選択セットから除外できます。1回の選択で正しい範囲を選択できなかったとしても、後から微調整が利くことを覚えておきましょう。

HINT!
2点を指定して
対称軸を指定する

鏡像化の操作で指定する対称軸を、線分を選択する線対称で行うCADソフトもあります。AutoCADの場合は、図面上の2点を指定します。座標入力や直交モード、極トラッキングでも可能ですが、図面上の2点をクリックするときは、必ずオブジェクトスナップの点をクリックして正確に指定しましょう。

Point
図形とコマンドを
素早く選択しよう

複雑な図面を作図すると、扱う図形の数が格段に増えます。場合によって図形が重なることもあるでしょう。また、コマンドを繰り返し実行したり、ほかのコマンドを続けて実行したりする操作も増えます。そのようなときは、HINT!で紹介した［選択］ダイアログボックスや右クリックでコマンドを再実行する方法が便利です。図形やコマンドの選択に時間をかけないようにするのが作図速度のアップにつながります。このレッスンで紹介したVプーリーの断面図の例では、複数のコマンドを繰り返し利用しました。コマンドそのものは難しくありませんが、HINT!などを参照し、操作内容と手順のステップをよく確認してください。

53

円、線分、フィレット、鏡像

正面図を作図する
準備をするには

グリップ編集

グリップを利用し、センターラインの長さを変更しましょう。また、垂直のセンターラインを平行複写します。これらが正面図のセンターラインにもなります。

キーワード	
画層	p.341
グリップ	p.341
ポリライン	p.343

📄 レッスンで使う練習用ファイル
グリップ編集.dwg

ここでやること

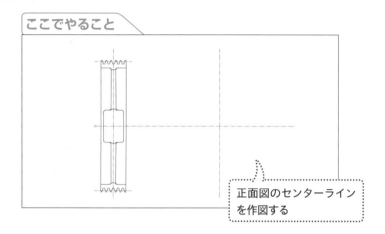

正面図のセンターライン
を作図する

---

1 水平のセンターラインを延長する

水平のセンターラインを
右に 650mm 延長する

レッスン⑰を参考に、画層を
［V プーリー］に変更しておく

1 センターラインをクリック

2 右端のグリップにカーソル
を合わせる

150

0°
　　ストレッチ
　　長さ変更

3 ［長さ変更］をクリック

4 「650」と入力　**5** Enter キーを押す

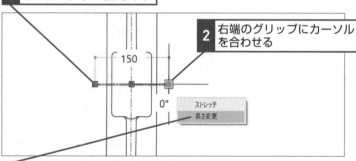

300.4622
650

HINT!

断面図と正面図は
並べて作図しよう

図面は正投影図（三角法）で作成する決まりです。正面や平面、側面の3面に対し、直角方向から平行な視点で見た形状を図面に描きます。この章で扱うVプーリーの場合は、軸の形状が分かるように断面図を描きました。このとき、軸の中心線とVプーリーの正面図の中心線は同一の基準線となることを覚えておきましょう。このレッスンでは、水平のセンターラインを延長し、垂直のセンターラインを平行複写しますが、図面右側のセンターラインの交点がVプーリーの中心点となります。

HINT!

グリップが
表示されないときは

グリップが表示されないときは、選択した図形の画層がロックされています。ロックされた画層のオブジェクトは編集ができません。178ページのHINT!を参考に［画層コントロール］の一覧を表示してから、［画層をロックまたはロック解除］をクリックします。アイコンの表示が🔒から🔓に変わったことを確認してください。

② 垂直のセンターラインをオフセットする

| 水平のセンターライン | ここでは、垂直のセンターライン |
| が延長された | を430mm右に平行複写する |

レッスン❷を参考に、	レッスン❹を参考に、[画層]オ
[オフセット]コマン	プションを[元のオブジェクト]
ドを実行しておく	に設定しておく

1 「430」と入力　**2** Enterキーを押す　**3** 垂直のセンターラインの上側をクリック

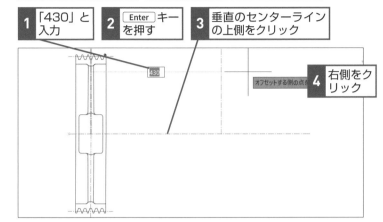

4 右側をクリック

5 垂直のセンターラインの下側をクリック　**6** 右側をクリック　**7** Enterキーを押す

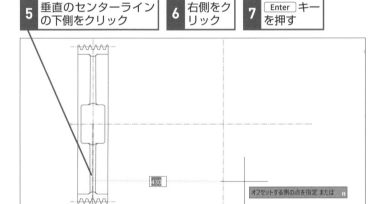

| 垂直のセンターラインが | レッスン⓭を参考に、ファイルを |
| 平行複写された | 上書き保存しておく |

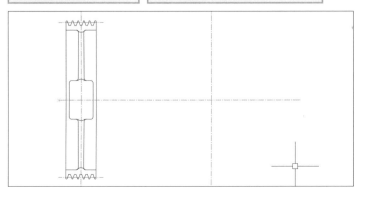

HINT!

線分を結合するには

以下の手順で[結合]コマンドを実行すれば、2本のセンターラインを1本に結合できます。同一線上にある複数の線分を結合できるほか、円弧、ポリライン、スプラインも結合可能です。

1 [ホーム]タブをクリック

2 [結合]をクリック

3 結合する線分をクリック　**4** Enterキーを押す

5 結合する線分をクリック　**6** Enterキーを押す

Point

投影図の基本ルールを守る

図面を正面と平面、側面で表すことは基本ルールです。図面を描く人によってルールが違っては、図面の内容が正しく伝わりません。正面図に対し、平面図が横にずれていたり、正面図に対し、側面図がずれていたりするのは機械製図のルール違反です。このレッスンでは、既存のセンターラインを延長し、平行に複写しましたが、そうすれば軸がずれることがありません。

55

正面図を作図するには

線分、トリム、フィレット

いよいよこのレッスンからは、Vプーリーの正面図を作図します。ここでは複数の円を描きますが、同心円を作図するのに便利なテクニックも紹介します。

キーワード

カーソル	p.341
画層	p.341
コマンド	p.341

レッスンで使う練習用ファイル
トリム_2.dwg

ここでやること

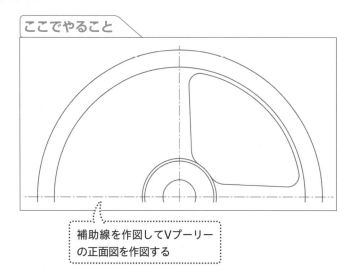

補助線を作図してVプーリーの正面図を作図する

機械部品の図面を作図しよう

実践編 第6章

HINT!

直前に指示した点を再利用するには

手順1で作図する円は、すべて中心が同じ同心円です。手順1で円を1つ作図した後に［円］コマンドを再実行し、「@」を入力して Enter キーを押せば直前に指定した円の中心点が自動で取得されます。円の中心点をその都度クリックする手間を省けるので便利です。

1 複数の円を作図する

ここでは6つの円を作図する

レッスン⑰を参考に、［円］コマンドの［中心、半径］オプションを実行しておく

1 レッスン❺❹で引いた水平、垂直のそれぞれのセンターラインの交点を中心として、半径30mm、62.5mm、67mm、218.5mm、225.5mm、255.5mmの円をそれぞれ作図

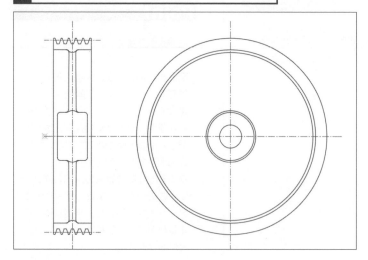

半径30mmの円を作図しておく

1	Enter キーを押す	2	［円］コマンドが再実行された

2	「@」と入力	3	Enter キーを押す

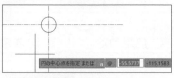

円の中心点を指定 または @ 55.5777 -115.1583

直前に指定した円の中心点を取得できた	4	「62.5」と入力

62.5 4

5	Enter キーを押す

② 補助線を引く

ここでは水平、垂直のセンターラインを平行複写して補助線とする

[オフセット] コマンドを実行し、[画層] オプションを [現在の画層] に設定しておく

1 水平のセンターラインを 17mm と 23mm 上側に平行複写

2 垂直のセンターラインを 17mm と 23mm 右側に平行複写

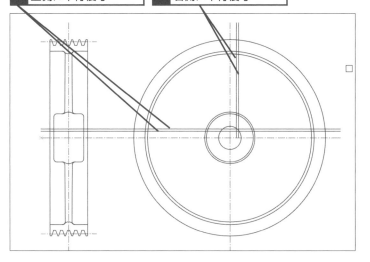

③ 線分を作図する

4 本の補助線が引かれた

レッスン❾を参考に、表示を拡大しておく

補助線をもとに線分を作図する

1 円と補助線の交点を結ぶ線分を作図

2 円と補助線の交点を結ぶ線分を作図

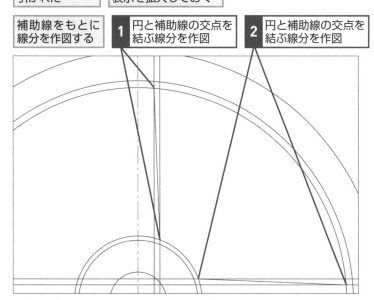

手順 2 でセンターラインを平行複写して作図した線分は削除しておく

HINT!

中心に向かう軸が太くなるようにする

手順3では、平行複写したセンターラインと円の交点を結んで線分を描きます。扇形としますが、線分に角度を付けることで、中心に向かって軸を太く、外側に向かって軸が細くなるようにします。前ページの [ここでやること] の例は、扇状の角を丸めたこのレッスンの完成例ですが、完成形をイメージすると交点の指定を間違いにくくなります。

円と補助線の交点で線分を作図している

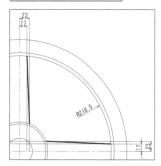

HINT!

補助線の線分を選択して削除しておこう

Vプーリーのアームを描くために作成した補助線は、不要な図形なので削除しましょう。この後の穴形状の編集作業で図形の選択がしやすくなります。

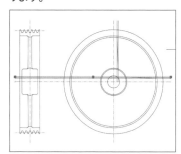

選択して [Delete] キーを押す

次のページに続く

④ [切り取りエッジ] を実行する

レッスン㉕を参考に、[トリム]
コマンドを実行しておく

1 右クリックして
メニューを表示

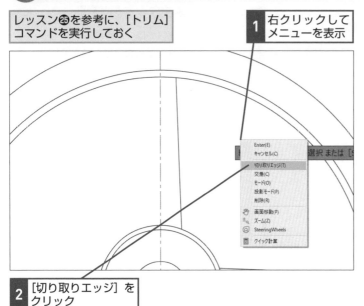

Enter(E)
キャンセル(C)
選択 または [↵
切り取りエッジ(T)
交差(C)
モード(O)
投影モード(P)
削除(R)
画面移動(P)
ズーム(Z)
SteeringWheels
クイック計算

2 [切り取りエッジ] を
クリック

⑤ 不要な部分を切り取って扇形に編集する

レッスン㉕を参考に、[トリム]
コマンドを実行しておく

1 手順３で作図した２本
の線分をクリック

2 Enter キーを
押す

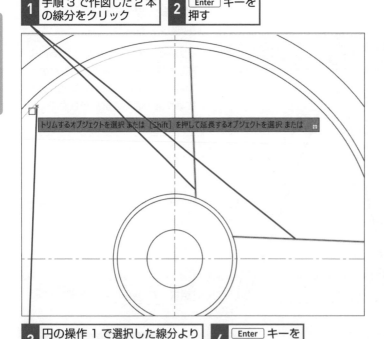

トリムするオブジェクトを選択 または [Shift] を押して延長するオブジェクトを選択 または

3 円の操作１で選択した線分より
外側の部分をクリック

4 Enter キーを
押す

HINT!

すべての形状を
補助線で描かない

繰り返しや同じ形状の図形では、補
助線を多く使用して図面を作成する
ことは控えましょう。CAD製図なら
ではの作図補助機能を活用し、手書
き製図とは異なる方法で精度の高い
図面を作成しましょう。

HINT!

切り取りエッジで
作業効率を上げる

穴形状の編集作業では、4/1（四分
の一）の図形を先に作図します。手
順3で作図したアーム2本の外側の円
部分を一度のクリックで切り取るた
めに、手順4と手順5では［切り取り
エッジ］オプションで線分を指定し
ています。このように、特定の切り
取り線を指定すると作業効率がアッ
プします。

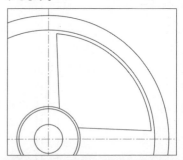

指定した線分をエッジとして隣
接している線分を切り取ること
ができる

⑥ 扇状の角を丸める

レッスン㉙を参考に、[フィレット] コマンドを実行しておく	[複数] を設定し、[半径] を 20mmに設定しておく	**1** 外側の 2 個所を丸める

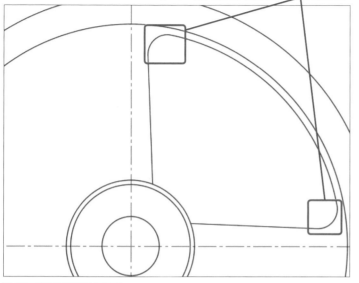

2 Enter キーを押す

[複数] を設定し、[半径]を 30mm にしておく	**3** 内側の 2 個所を丸める	**4** Enter キーを押す

レッスン⑬を参考に、ファイルを上書き保存しておく

HINT!

外側と内側の角を丸める

手順6では、扇形の外側の角を半径20mm、内側の角を半径30mmで丸めています。寸法や丸める位置を間違えないように、よく確認してください。

外側の角を半径 20mm でフィレットする

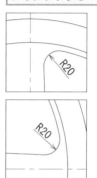

内側の角を半径 30mm でフィレットする

Point

正確に図面を仕上げよう

このレッスンでは、画層を変更して水平と垂直のセンターラインを平行複写しました。この章のレッスンを順番に進めていれば、Vベルトを巻く溝の部分の作図（レッスン㊿）、中央に向かって太くなるVプーリーの軸の作図（レッスン㊾）など、複数の線分や円を利用して正確に角度を付けた線分を引くノウハウを理解できたのではないかと思います。これらの処理をすることで、より正確で仕上がりのいい図面になるのです。

56

扇形の形状を配列複写するには

円形状配列複写

前のレッスンで作成した扇形の図形を円形状に複写して、Vプーリーのアーム間にある空間を表しましょう。軸穴の中心を指定するだけで正確に作図できます。

レッスンで使う練習用ファイル
配列複写_2.dwg

HINT!

初期設定で6つの図形が配置される

[円形状配列複写] コマンドでは、[項目] が「6」に標準で設定されています。そのため、手順2の実行後は以下の状態でプレビューが表示されます。ここでは、複写元の図形を含めて、4つの図形が円形状に並ぶようにしたいので、手順3で [項目] を「4」に変更します。

[項目] の初期設定が「6」なので、扇形が6つ並んだ状態でプレビューが表示される

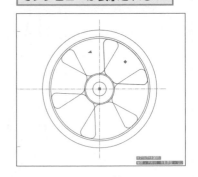

Before → **After**

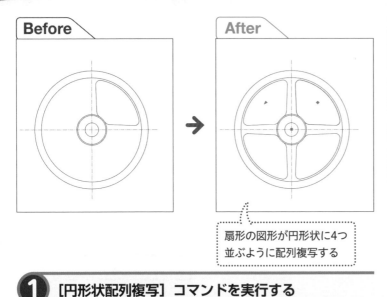

扇形の図形が円形状に4つ並ぶように配列複写する

機械部品の図面を作図しよう

実践編 第6章

① [円形状配列複写] コマンドを実行する

| 1 | [ホーム] タブをクリック |
| 2 | [配列複写] のここをクリック |

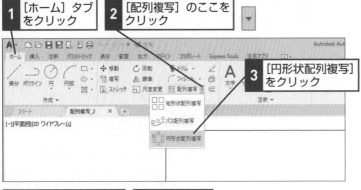

| 3 | [円形状配列複写] をクリック |

| 4 | 図形を以下のように選択 |
| 5 | Enter キーを押す |

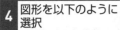

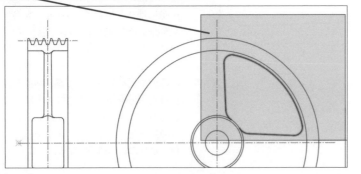

② 配列複写の中心を選択する

1 センターラインの端点をクリック

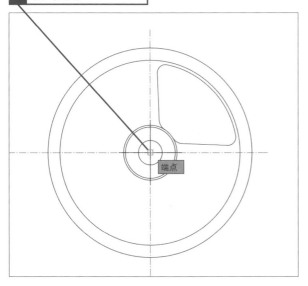

端点

HINT!

右クリックでも項目数を設定できる

手順2で配列複写の中心を指定した後、右クリックして［項目数］を選択すると、項目数を入力できるボックスが表示されます。項目数を入力して Enter キーを押したら、再度 Enter キーを押して配列複写を確定しましょう。

HINT!

後から配列複写の設定を変更するには

手順3で配列複写を確定した後に配列複写を実行した図形を選択すると、［配列複写］タブが再度表示され、項目数や間隔などを再設定できます。これは、標準の設定で［自動調整］が有効になっているためです。自動調整が有効な場合、配列複写した図形は1つの図形として扱われます。

③ 配列複写する図形の数を指定する

図形が6つ複写された状態でプレビューが表示された

ここでは元の図形を含め、4つの図形が円形状に並ぶようにする

1「4」と入力　　**2** Enter キーを押す

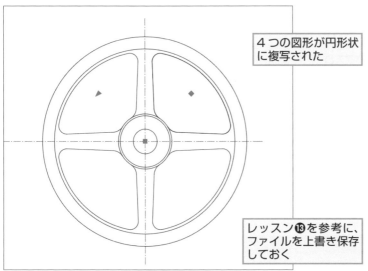

4つの図形が円形状に複写された

レッスン⑬を参考に、ファイルを上書き保存しておく

Point

項目数の設定に注意しよう

レッスン㉛でも解説しましたが、［配列複写］コマンドには、円形状配列複写を含め、3つの種類があります。このレッスンで作図したアーム状の空間などは、1つ図形を作ってから等間隔で複写するのが鉄則といえます。コマンドは難しくありませんが、項目数を忘れずに設定しましょう。またHINT!でも紹介したように、配列複写を設定した図形はひとまとめになるので、後から簡単に編集ができます。

キー溝を作図するには

オフセット、グリップ編集、トリム

軸と回転体が滑らないようにキーをはめ込む「キー溝」を作図しましょう。補助線と線分を交差させ、[トリム] コマンドで不要な図形を切り取ります。

Before	After

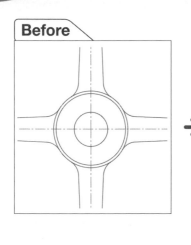 →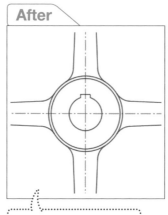

補助線を作図してキー溝を作図する

📄 レッスンで使う練習用ファイル
オフセット_4.dwg

機械部品の図面を作図しよう
実践編 第6章

1 補助線を引く

キー溝を作図するための補助線を引く

1 センターラインを 9mm 左側と右側に平行複写

180°

直交モード: 40.6141 < 18

40.6141

2 直交モードをオンに設定

3 センターラインと軸穴の交点を始点にして左側に線分を作図

HINT!

キー溝って何？

軸とともに回転する部品に取り付けるキーを挿入するための溝をキー溝といいます。軸と軸穴部の両方に設け、これにキーを挿入します。

HINT!

キーって何？

歯車やプーリーに効率良く軸からの回転を伝えるために、一体となるように取り付ける部品です。しっかり締め付ける、くさびのような役割をします。

② キー溝の上辺を作図する

補助線を引けた	**1** 手順1で引いた水平の補助線を64.4mm上側に平行複写 **2** 平行複写した線分をクリック

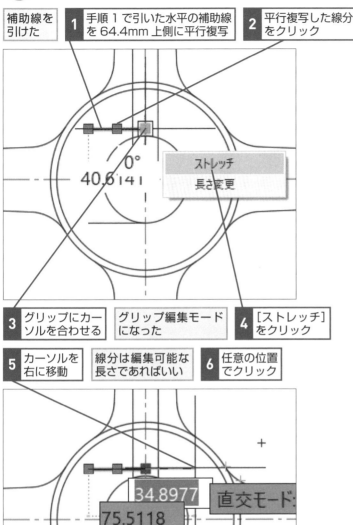

3 グリップにカーソルを合わせる	グリップ編集モードになった	**4** [ストレッチ]をクリック

5 カーソルを右に移動	線分は編集可能な長さであればいい	**6** 任意の位置でクリック

ストレッチ
長さ変更

0°
40.6141

34.8977
75.5118
直交モード：

HINT!

どうして補助線を引くの？

キー溝の寸法は、キー溝からその反対側の穴径面の底までの長さで表します。これは、「JIS B 0001 機械製図」で規定されています。このレッスンで作図するキー溝の寸法は64.4mmなので、穴径面の底に水平の補助線を引いた後、その64.4mm上側に平行複写して、キー溝の線にしています。

キー溝は反対側の穴径面の底までの長さで寸法を表す

18
64.4

HINT!

縦の補助線と交差していれば長さは適当でもいい

手順1の操作3で作図した補助線や手順2でグリップを編集した線分は、手順1の操作1で作図した縦の補助線に交差していれば、[トリム]コマンドで不要な個所を切り取るので長さは適当でも構いません。ただし、グリップを編集して線分を延長するときは、直交モードがオンになっていることを確認してください。

次のページに続く

③ 選択を解除する

キー溝の上辺が延長された

| 1 | Enter キーを押す |

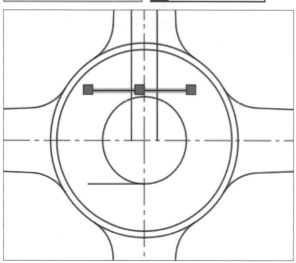

HINT!

グリップ編集について

グリップ編集の利点は、直感的な操作で簡単に図形を編集できることです。しかし、マウス操作の方向や手ぶれで正しい作図結果にならないことがあることに注意しましょう。直交モードをオンにして直接距離を入力し、正確な編集を心がけましょう。

④ 切り取る線分を選択する

キー溝の形に合わせて、不要な部分を切り取る

レッスン㉕を参考に、[トリム] コマンドの [切り取りエッジ] を実行しておく

| 1 | 円と3本の線分をクリック |

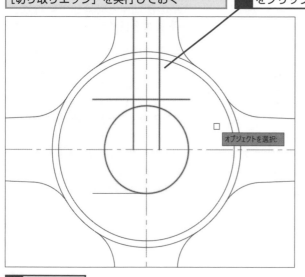

オブジェクトを選択:

| 2 | Enter キーを押す |

HINT!

切り取りエッジが交錯する場合は

手順4のようにトリムコマンドで編集する場合、円と線分が互いに切り取りエッジの対象となります。このような場合には、編集する図形（円と線分3本）のみを切り取りエッジとして選択して、Enter キーを押して切り取りエッジを実行します。その後で不要な部分をクリックして削除し、キー溝の形状になるように編集しましょう。

⑤ 不要な部分を切り取る

不要な部分をクリックしていく	**1**	キー溝の両側で不要な部分をそれぞれクリック

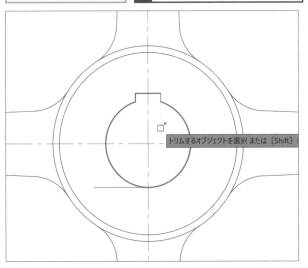

トリムするオブジェクトを選択 または [Shift]

2	軸穴の内側で不要な部分をそれぞれクリック	**3**	Enter キーを押す

⑥ 補助線を削除する

1	不要な補助線をDelete キーで削除	レッスン⑬を参考に、ファイルを上書き保存しておく

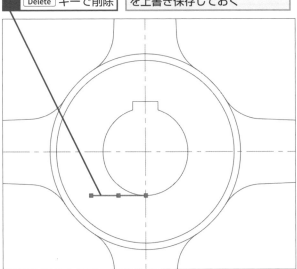

HINT!

[フィレット] コマンドで編集できる

手順2で補助線を右に延長しますが、操作1の実行後に [フィレット] コマンドを利用しても溝を作図できます。

手順2の操作1まで進めておく	[フィレット] コマンドを実行しておく

1	水平な線分をクリック	**2**	Shift キーを押しながら右側の線分をクリック

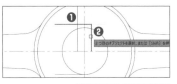

❶
❷
2つ目のオブジェクトを選択、または [Shift] を押

3	水平な線分をクリック	**4**	Shift キーを押しながら左側の線分をクリック

❸
❹
2つ目のオブジェクトを選択、または [Shift] を押しながら

Point

補助線を引いてキー溝を作図する

このレッスンでは軸穴にキー溝を作図しました。キー溝の寸法はキー溝からその反対側の軸穴の下側 [四半円点] までの長さで表すため、その位置に補助線を作図してから、その線をキー溝の寸法である64.4mmだけ上側に平行複写しています。作図補助機能だけでなく、必要に応じて適切な補助線が引けるようになると、作図がよりスムーズに進められます。

58

隠れ線を記入するには

隠れ線、基準円直径

Vプーリーに巻き付けるVベルトの底面と上端の基準位置を表す円を作図します。正面図から見えない内側の要素なので、細い破線の「隠れ線」で表します。

機械部品の図面を作図しよう

実践編 第6章

Before

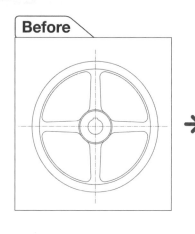

→

After

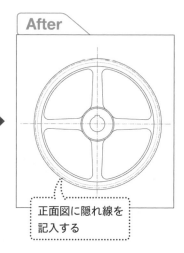

正面図に隠れ線を記入する

キーワード

オプション	p.341
画層	p.341
クイックアクセスツールバー	p.341

📄 レッスンで使う練習用ファイル
隠れ線.dwg

HINT!

隠れ線って何？

部品の形状を表す図で、隠れて見えない内側の部分を細い破線をで表すのが「隠れ線」です。複雑な図形の場合、多くの隠れ線を描くと図面が分かりにくくなってしまいます。このレッスンでは、隠れて見えない台形のくぼみ底部分の形状を、[破線] の画層に作図します。

① 画層を変更する

ここでは画層を [破線] に変更する

1 [ホーム] タブをクリック

2 画層コントロールをクリック

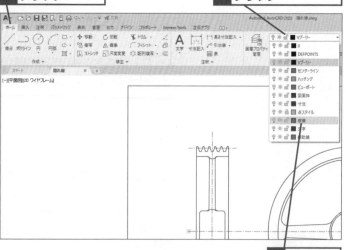

3 [破線] をクリック

⚠ 間違った場合は？

手順1で違う画層を選択した場合は、クイックアクセスツールバーの [元に戻す] ボタンをクリックするか、「U」と入力し Enter キーを押して元の画層に戻します。あらためて正しい画層を選択してから操作を進めましょう。

② 外側の円を平行複写する

外側の円を15mm内側に平行複写して隠れ線を作図する	レッスン㉓を参考に、[オフセット]コマンドを実行しておく	レッスン㊾を参考に、[画層]オプションから[現在の画層]を選択しておく

1 外側の円を 15mm内側に平行複写

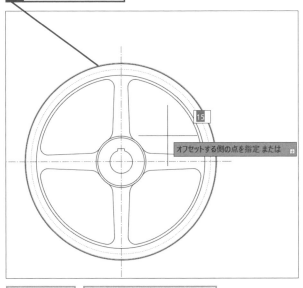

基準円直径を作図する	外側の円を 5.5mm 内側に平行複写する

レッスン㊼を参考に、画層を[センターライン]に変更しておく	**2** 外側の円を 5.5mm内側に平行複写

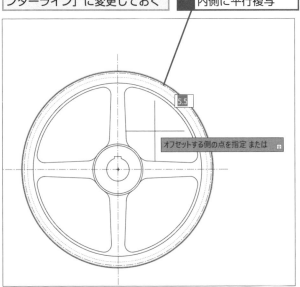

レッスン⑬を参考に、ファイルを上書き保存しておく

HINT!

ここでは基準円直径を作図する

手順2の操作2で作図した、VベルトとVプーリーのかみ合わせの基準となる直径を「基準円直径」と呼びます。歯車などで寸法に表記されている「P.C.D」（Pitch Circle Diameterの略）と同じ意味です。

Point

[画層] オプションの設定を習慣付けよう

このレッスンでは、正面図の円を内側に平行複写して、隠れ線と基準円直径を作図しました。操作のポイントは、画層を切り替えた後に[画層]オプションを[現在の画層]に設定して、平行複写することです。[画層]オプションを使用せず、後から画層を変更しても最終的に同じ結果となりますが、画層を変更し忘れてしまったり、元の線と複写した線を取り違えてしまったりすることも考えられます。そうした間違いをなくすためにも、[画層]オプションを利用しましょう。

59

断面図のキー溝部分を作図するには

構築線

正面図にあるキー溝の深さを正確に参照し、Vプーリーの断面図に水平な線分を作図してみましょう。補助線の役割としても利用できるのが大きな特長です。

機械部品の図面を作図しよう

実践編 第6章

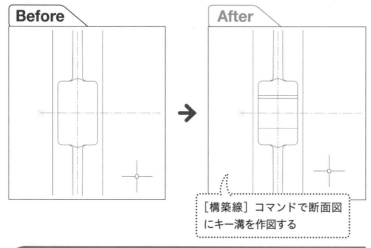

Before → **After**

［構築線］コマンドで断面図にキー溝を作図する

キーワード

オブジェクト	p.340
オプション	p.341
コマンド	p.341

レッスンで使う練習用ファイル
構築線.dwg

HINT!

構築線って何？

大きい図面や複雑な図面で、図面上にある図形を参照して作図に利用すると作業効率が向上します。構築線は、両端が無限のオブジェクトとして、点の指定だけで水平や垂直および角度の指定をして斜線を作成します。構築線は補助線として便利ですが、両端を［トリム］コマンドで切り取ることで線分としても利用できます。このような特徴を理解し、キー溝を作成してみましょう。

1 ［構築線］コマンドを実行する

レッスン⑰を参考に、画層を［Vプーリー］に変更しておく

1 ［ホーム］タブをクリック　**2** ［作成］をクリック

3 ［構築線］をクリック

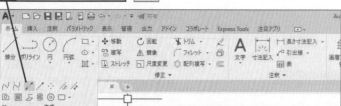

2 構築線を［水平］に設定する

3本の構築線を引いていく　**1** 右クリックしてメニューを表示　**2** ［水平］をクリック

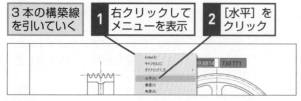

③ 正面図から構築線を作図する

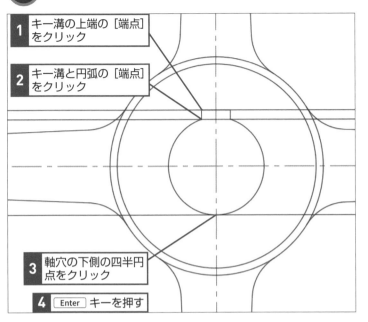

1 キー溝の上端の［端点］をクリック

2 キー溝と円弧の［端点］をクリック

3 軸穴の下側の四半円点をクリック

4 Enter キーを押す

HINT!

クリックするだけで構築線が引ける

手順3では、キー溝の作図に［水平］オプションを使用し、1つの点で水平線を作成しました。図形間の2点を指定し、3次元上に構築線を作成することもできます。

④ 断面で不要な部分を切り取る

レッスン㉕を参考に、［トリム］コマンドの［切り取りエッジ］を実行しておく

1 軸の両側の線分をクリック

2 Enter キーを押す

3 不要な線分をクリック

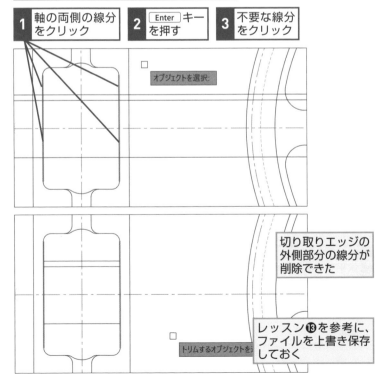

オブジェクトを選択:

切り取りエッジの外側部分の線分が削除できた

レッスン⑬を参考に、ファイルを上書き保存しておく

トリムするオブジェクトを選

Point

無限の長さの線分を作図できる

投影図や構造図などで、図形を参照して作図したいときに役立つのがこのレッスンで紹介した構築線です。構築線の両端は途切れることなく、長さは無限です。ほかに似た線に放射線がありますが、放射線の場合は始点から一方向のみに無限に延びていきます。このレッスンでは、正面図にあるキー溝の深さの図を利用し、3本の構築線を引いて不要な部分を切り取りました。二等分線を引きたいときや複数の図形が直線上にそろっているか確認するときにも利用できます。

60 断面図の寸法を記入するには

長さ寸法、半径寸法

このレッスンまでに作図した図面で、V
プーリーの断面図に寸法を記入してみま
しょう。手順3の完成例を参照して、[寸法]
の画層に寸法を記入します。

ここでやること

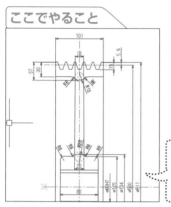

[長さ寸法] コマンドや
[半径寸法] コマンドで
断面図の寸法を記入する

キーワード

オブジェクトスナップ	p.340
画層	p.341
寸法値	p.342

📄 レッスンで使う練習用ファイル
長さ寸法_2.dwg

HINT!

線分を延長線上に作図できる

手順1、2では、補助線と補助円を作
図し、寸法の位置を取りやすくしま
した。ほかにも、オブジェクトスナッ
プの [延長] が設定されていれば、
ポイントした点を参照して線分を引
けます。

1 [カーソルを 2D 参照点にス
ナップ] の [▼] をクリック

2 [延長] をクリック

[延長]のオブジェ
クトスナップがオ
ンになった

[線分] コ
マンドを実
行しておく

3 端点をク
リック

4 カーソルを
上に移動

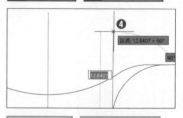

[延長] と
表示された

元の線分と同
じ傾きで線分
を作図できる

---

1 寸法記入のために補助線を作図する

直交モードをオ フにしておく	レッスン❹を参考に、画層を [補助線]に変更しておく	**1** [ホーム] タブ をクリック

2 [線分] をクリック

レッスン❾を参考に、断面図 の上部を拡大しておく	寸法を記入するための 補助線を作図していく

[線分] コマンド を実行しておく	**3** 左右の端点をクリックし、 水平な補助線を作図

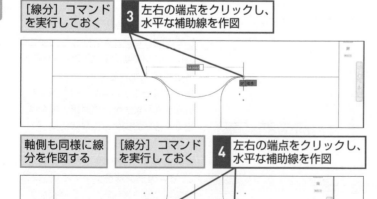

軸側も同様に線 分を作図する	[線分] コマンド を実行しておく	**4** 左右の端点をクリックし、 水平な補助線を作図

② 続けて補助円を作図する

直径18mmと直径20mm の補助円を作図する	[円] コマンドの [中心、直径] オプションを実行しておく

1 センターラインと手順1で作図した線分の交点をクリック

2 直径を「18」と入力

3 Enter キーを押す

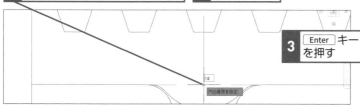

[円] コマンドの [中心、直径] オプションを実行しておく

4 センターラインと手順1で作図した線分の交点をクリック

5 直径を「20」と入力

6 Enter キーを押す

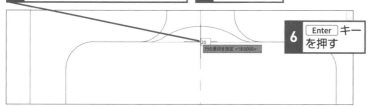

③ 上部の長さ寸法と半径寸法を記入する

補助線が作図できたので、寸法を記入していく	現在の画層を [寸法] に変更しておく

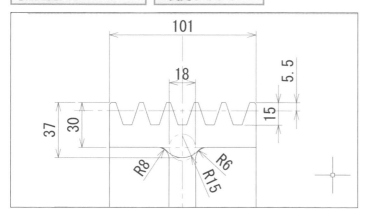

1 長さ寸法と半径寸法を記入

HINT!

補助円を利用して補助線を引く

手順2の補助円があれば、簡単に寸法を記入できます。図面上でアームの延長線上の補助円が必要な場合、図のように線分の端点と補助円の四半円点をクリックして補助線を作図します。不要となる補助円は、早めに削除しておきましょう。

[線分] コマンドを実行しておく

1 端点をクリック

2 四半円点をクリック

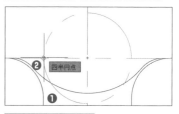

[線分] コマンドを実行しておく

3 端点をクリック

4 四半円点をクリック

アームの延長線を作図できる

次のページに続く

④ 中央部の長さ寸法と半径寸法を記入する

レッスン❾を参考に、断面図の中央部を拡大しておく

1 長さ寸法と半径寸法を記入

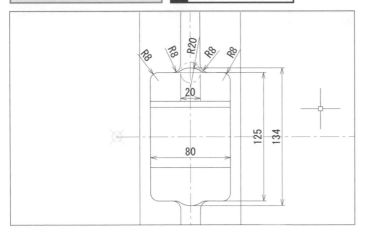

⑤ 外周と基準円の寸法を記入する

外周と基準円の直径を記入する

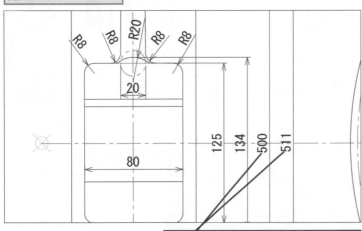

1 左図を参考に基準園直径「500」と外形の最大寸法「511」を記入

HINT!

寸法値の下に文字を記入するには

図面上で、寸法値の下に改行して文字を記入したいときがあります。そんなときは、以下のように書式コード「¥P」を使用し、[プロパティ]パレットで編集します。＜＞の記号は自動計測寸法を表しています。

下に文字を記入したい寸法値を選択しておく

1 [プロパティ]のここをクリック

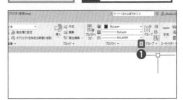

2 [文字]の[寸法値の優先]をクリック

3 「＜＞¥P 参考基準寸法」と入力

4 [閉じる]をクリック

5 Enter キーを押す

寸法値の下に文字を記入できた

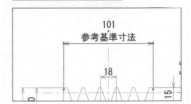

⑥ 直径記号を追加する寸法図形を選択する

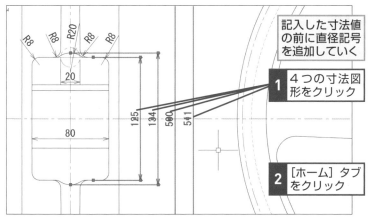

記入した寸法値の前に直径記号を追加していく

1 4つの寸法図形をクリック

2 [ホーム] タブをクリック

3 [プロパティ] のここをクリック

---

⑦ 寸法値に直径記号を追加する

1 [基本単位] の [寸法値の接頭表記] の入力ボックスをクリック

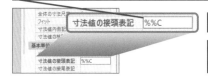

2 「%%C」と入力

3 [閉じる] をクリック

---

⑧ 寸法値に直径記号が追加された

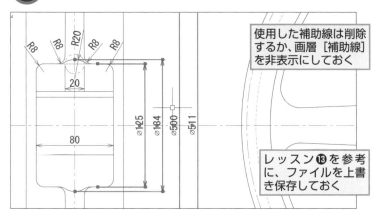

使用した補助線は削除するか、画層 [補助線] を非表示にしておく

レッスン⑬を参考に、ファイルを上書き保存しておく

HINT!

直径記号を入力するには

手順7で入力した2つの%記号（%%）は「コントロールコード」という機能で、寸法値の前に直径記号を入力できます。文字列に上線や下線を付けたり、特殊文字を挿入することも可能です。コントロールコードはすべて半角英数字で入力しましょう。

●コントロールコードの利用例

コントロールコード	入力例	結果
%%C	%%C50	Φ50
%%D	50%%D	50°
%%P	%%P50	±50

60

長さ寸法、半径寸法

Point

補助線と画層を効率良く使う

このレッスンでは、図形にたくさんの寸法を記入しました。これまでのレッスンでも解説しているように、大切なのは適切な補助線の設定です。また、補助専用の画層と寸法値記入用の画層にそれぞれ作図するようにしましょう。また、コントロールコードという機能や [プロパティ] パレットの使い方についてもこのレッスンで解説しました。寸法値の数が増えると、文字を修正するのが大変です。紹介した機能を利用して、効率良く寸法を編集しましょう。

キー溝の寸法を記入するには

オブジェクトプロパティ管理

ここでは、キー溝寸法の記入後にそれぞれ寸法値の編集を行います。断面に記入する内径寸法は、隠れて見えない部分の寸法補助線・端末記号で編集を行います。

ここでやること

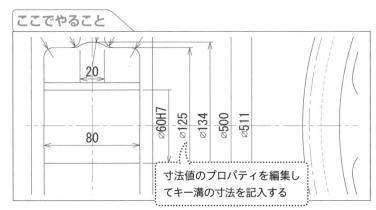

寸法値のプロパティを編集してキー溝の寸法を記入する

レッスンで使う練習用ファイル
オブジェクトプロパティ管理.dwg

HINT!

長さ寸法の寸法値は問題ではない

機械製図では軸穴の内径を断面図で記入する場合、見えない部分は省略して寸法を記入します。手順1で記入する寸法は端点が取れる位置で記入してください。手順2以降の操作で正しい寸法表記に修正します。

① 寸法を記入する

レッスン⑰を参考に、画層を[寸法]に変更しておく	[長さ寸法]コマンドを実行しておく

1 長さ寸法の1点目をクリック	**2** 長さ寸法の2点目をクリック

手順5で2点目側の寸法補助線と矢印を編集する

② 寸法値を編集する

| 1 | 寸法図形をダブルクリック | 編集モードになった | 2 | Delete キーを押す |

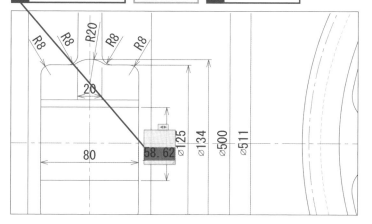

③ 寸法値を修正する

| | ここでは「φ60H7」と入力する | 1 | 「%%C」と入力 |

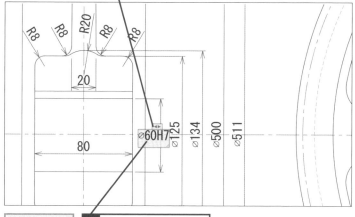

| | 「φ」と表示された | 2 | 続けて「60H7」と入力 |

| | 寸法値が修正された | 3 | [テキストエディタを閉じる] をクリック |

テキストエディタ
を閉じる

| 4 | Enter キーを押す |

次のページに続く

HINT!

編集モードでも直径記号を入力できる

2つのパーセント記号（%%）を使って記入するコントロールコードは、寸法値の編集モード内でも使用できます。文字列にコントロールコード情報を含めれば、以下のような記述も可能です。

●コントロールコード「%%O」

「%%O101」と入力すると、「101」の上に線を引ける

101

●コントロールコード「%%U」

「%%U101」と入力すると、「101」の下に線を引ける

101

④ 軸穴の内径寸法を編集する

ここでは上側の寸法補助線と、
上向きの矢印を非表示にする

1 [ホーム] タブを
クリック

2 [プロパティ] の
ここをクリック

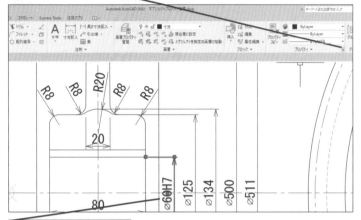

3 寸法図形をクリック

⑤ 矢印と寸法補助線を編集する

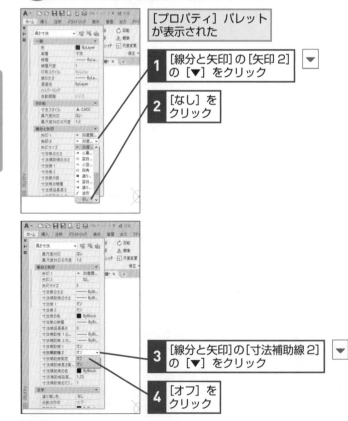

[プロパティ] パレット
が表示された

1 [線分と矢印]の[矢印2]
の [▼] をクリック

2 [なし]を
クリック

3 [線分と矢印]の[寸法補助線2]
の [▼] をクリック

4 [オフ]を
クリック

HINT!

[プロパティ] パレットを
表示させて編集する

手順4では [プロパティ] パレット
を先に表示させ、後から編集する寸
法図形を選択しています。寸法補助
線の内容を変更する機会が多いとき
は、[プロパティ] パレットを画面上
に配置するといいでしょう。パレッ
トの表示で下の図形が見にくいとき
は、[自動的に隠す] をオンにします。

1 [プロパティ] パレットの
タイトルバーを右クリック

2 [自動的に隠す] を
クリック

[プロパティ] パレットの
タイトルバーが表示される
ようになった

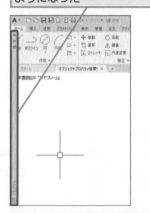

タイトルバーにカーソルを
合わせると再表示される

機械部品の図面を作図しよう

実践編 第6章

⑥ 矢印と寸法補助線が編集された

上側の寸法補助線と上向きの矢印が非表示になった

[閉じる] をクリックして [プロパティ] パレットを閉じておく

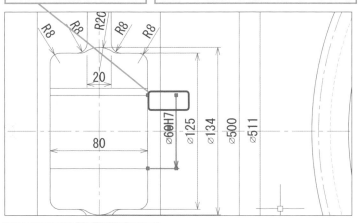

Esc キーを押して寸法図形の選択を解除しておく

⑦ 正面図のキー溝と深さの寸法を記入する

レッスン❾を参考に、正面図の中央部を拡大しておく

1 キー溝の幅「18」と深さ「64.4」の長さ寸法を記入

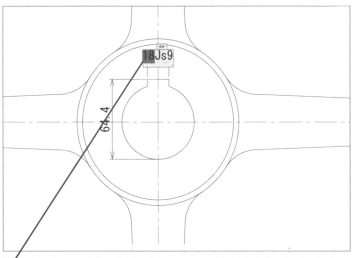

2 寸法値「18」をダブルクリック

3 「18」に続けて「Js9」と入力

4 [テキストエディタを閉じる] をクリック

5 Enter キーを押す

レッスン⓭を参考に、ファイルを上書き保存しておく

HINT!

矢印1と矢印2は何が違うの？

寸法図形は寸法線や寸法補助線、矢印の外観や色、線種などを編集できます。寸法を編集する際に、[プロパティ] パレット内で表示される「矢印1」「矢印2」の意味は、最初に指示した寸法定義点（クリックした位置）に作成される寸法線、寸法補助線、矢印に番号「1」を付けて管理します。このレッスンでの軸穴内径は、下側からの寸法記入なので、上側が「矢印2」になります。寸法記入の手順により順番が異なるため、プレビュー表示を確認しながら [プロパティ] パレットで設定しましょう。

Point

寸法補助線や端末記号を編集できる

このレッスンで見てきたように、記入後の寸法は、寸法値を書き換えたり、寸法補助線や端末記号を編集したりすることができます。このレッスンで解説したキー溝のように、はめあい公差を記入するときは、線分や矢印や文字で作図するのではなく、記入した寸法を編集するようにしましょう。

正面図のアーム部分に寸法を記入するには

半径寸法、長さ寸法

Vプーリーの外周にあるベルト受けとアームに寸法を記入します。4つある扇形のアームはすべて同じ大きさです。4つのうち1つだけに寸法を記入しましょう。

レッスンで使う練習用ファイル
長さ寸法_3.dwg

HINT!

円弧は、反時計回りに描く

円弧は、反時計回りに操作することで簡単に作成できます。しかし、[始点・中心、終点] オプションで、手順1～3の操作を行うと、時計回りの指定となるので円弧が反対側にプレビュー表示されます。Ctrlキーを押しながら最後の終点をクリックすれば、作成する側を切り替えられます。[中心、始点、終点] やそのほかのオプションを利用するときでも、反時計回りで円弧を作成するのがお薦めです。

ここでやること

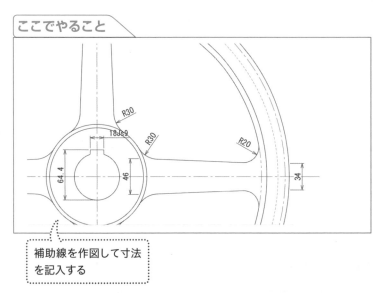

補助線を作図して寸法を記入する

機械部品の図面を作図しよう

実践編 第6章

① 正面図に補助円弧を作図する

レッスン❾を参考に、正面図の中央部を拡大しておく

[画層コントロール] で [補助線] の非表示を解除しておく

レッスン❹❼を参考に、画層を [補助線] に変更しておく

レッスン⓮を参考に、[円弧] コマンドの [始点、中心、終点] オプションを実行しておく

1 端点をクリック

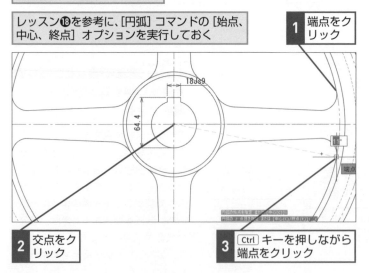

2 交点をクリック

3 Ctrl キーを押しながら端点をクリック

❷ 続けて補助線を作図する

1 [オフセット] コマンドを実行し、センターラインを 17mm 上側と下側に平行複写

2 円弧と補助線の交点に長さ寸法を記入

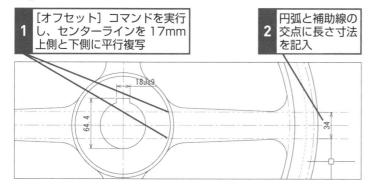

操作 1 で平行複写したセンターラインを削除しておく

3 [オフセット] コマンドを実行し、センターラインを 23mm 上側と下側に平行複写

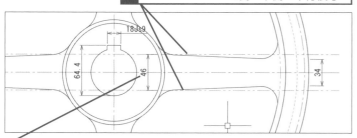

4 円弧と補助線の交点に長さ寸法を記入

操作 3 で平行複写したセンターラインを削除しておく

❸ アール部分に寸法を記入する

レッスン❾を参考に正面図をこのように表示しておく

1 4 個所に半径寸法を記入

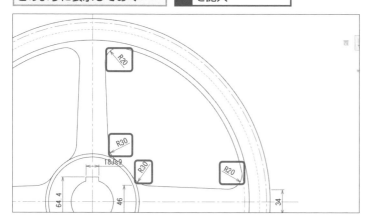

使用した補助線は削除するか、レッスン㊼を参考に画層［補助線］を非表示にしておく

レッスン⓭を参考に、ファイルを上書き保存しておく

HINT!

カーソルの位置に注意しよう

寸法線の位置を決めるときに、カーソルの位置により補助円が表示されます。半径寸法が正しく表示される位置をクリックしましょう。寸法を記入する部分を拡大表示すると、半径寸法の記入を指定しやすくなります。

半径寸法の記入位置はカーソルの位置によって異なる

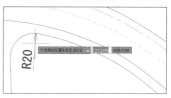

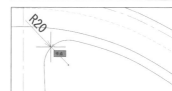

Point

必要な点が足りないときは補助線を活用しよう

アーム部分の寸法は、そのままでは記入できません。手順1の円弧と、手順2のセンターラインを複写した線との交点が、寸法の端点となるからです。必要な端点が足りないときは、補助線を作図してから寸法を記入するよう心がけましょう。また、アーム部分のような繰り返しの図形は、1個所に寸法を記入すればいいことも覚えておきましょう。

63

切断面を効果的に表示するには

グラデーション

隠れた部分を分かりやすく示すために、切断面を断面図に表します。アーム、軸、ボルトなど、切断してもかえって理解を妨げるものは切断する必要はありません。

ここでやること

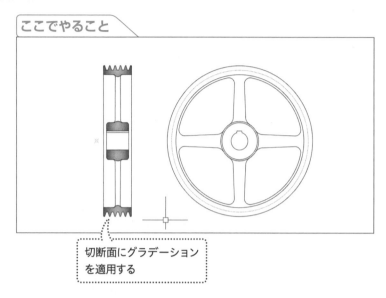

切断面にグラデーションを適用する

キーワード

オブジェクト	p.340
カーソル	p.341
画層	p.341

レッスンで使う練習用ファイル
グラデーション.dwg

HINT!

グラデーションって何？

閉じられた領域や図形の内側を濃淡の組み合わせで塗りつぶす機能がグラデーションです。通常は、1色または2色の指定で滑らかなグラデーションを作成します。機械製図では切断面をはっきりと見せるために、線で表す「ハッチング」とグレー色の濃淡で表す「スマッチング」という2種類の表し方があります。ここでは、グラデーションを使って「スマッチング」をVプーリーの断面図に作図しています。

●ハッチング

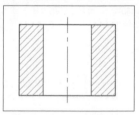

●スマッチング

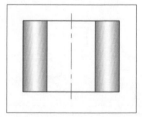

機械部品の図面を作図しよう　実践編　第6章

① 画層の表示を変更する

レッスン⑰を参考に、画層を[ハッチング]に変更しておく

1 [ホーム] タブをクリック

2 [画層コントロール]をクリック

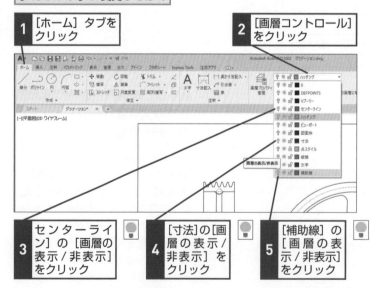

3 センターラインの [画層の表示／非表示] をクリック

4 [寸法] の [画層の表示／非表示] をクリック

5 [補助線] の [画層の表示／非表示] をクリック

② [グラデーション] コマンドを実行する

1 [ホーム] タブ
をクリック

2 [ハッチング] の
[▼] をクリック

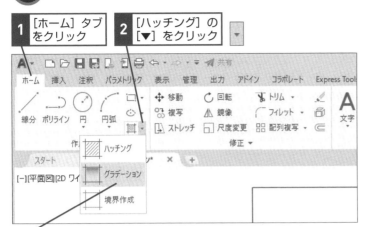

3 [グラデーション]
をクリック

4 [パターン] のここを
クリック

③ グラデーションのパターンを選択する

[パターン] の一覧
が表示された

1 [GR_SPHER] を
クリック

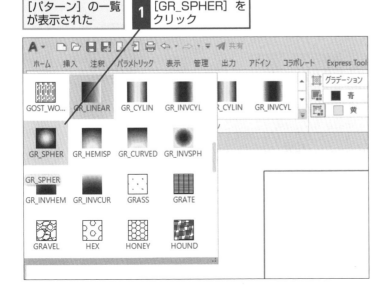

次のページに続く

ボタン名や機能を
確認するには

画層の表示を変更するとき、[画層]
パネルに並んでいるボタンを利用す
ると便利です。ボタンにカーソルを
近づけると、[選択したオブジェクト
の画層を非表示] や [図面内の全画
層を表示] など、個々のボタンの機
能をツールチップで確認できます。

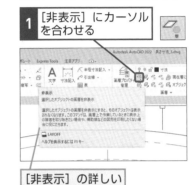

1 [非表示] にカーソル
を合わせる

[非表示] の詳しい
説明が表示された

④ グラデーションの色を選択する

グラデーションのパターン
が選択された

1 [▼] を
クリック

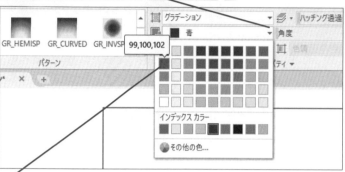

2 [99,100,102] をクリック

3 [▼] をクリック

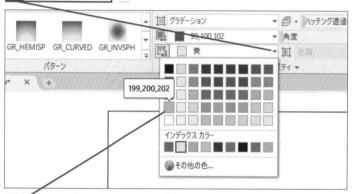

4 [199,200,202] をクリック

⑤ オプションの設定を変更する

グラデーションを適用する前に、オプション
の設定を変更しておく

1 [オプション]
をクリック

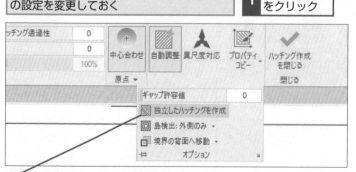

2 [独立したハッチングを
作成] をクリック

グラデーションには
パターンがある

手順3では、[GR_SPHER] を選択
していますが、グラデーションのか
け方にはさまざまなパターンがあり
ます。[GR_CYLIN] なども細長い
形状には使いやすいパターンです。
以下に、よく使われるグラデーショ
ンパターンの一例を掲載します。

●GR_CYLIN

●GR_SPHER

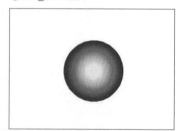

●GR_INVSPH

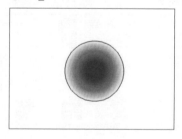

●GR_INVHEM

機械部品の図面を作図しよう

実践編 第6章

⑥ 切断面にグラデーションを適用する

グラデーション
を適用していく

1 塗りつぶす場所の内側を
クリック

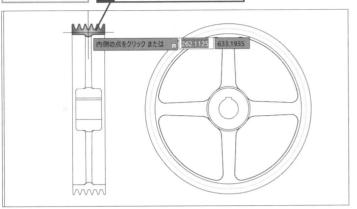

グラデーション
が適用された

2 同様にして塗りつぶす場所の
内側を3個所クリック

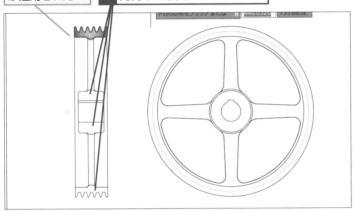

3 Esc キーを
押す

グラデーションが
適用された

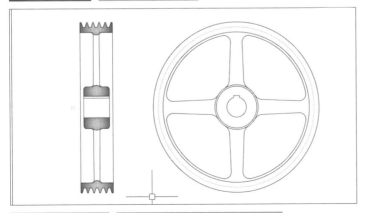

非表示にした画層
を表示しておく

レッスン⑬を参考に、ファイル
を上書き保存しておく

HINT!

グラデーションは
1つのオブジェクト

グラデーションやハッチングのパターンは、1回のコマンド操作で数個所の領域を指定した場合、既定値の設定では作成されるパターンは1つになります。手順5では、内側の点を指定する前に［独立したハッチングを作成］を選択し、それぞれのグラデーションが効果的に表示されるように設定を変更しています。すでに作成された1つのパターンは、［ハッチングを分離］ボタンでそれぞれの領域で個別のパターンに編集できます。

63

グ
ラ
デ
ー
シ
ョ
ン

Point

切断面を効果的に表現しよう

このレッスンで見てきたように、［グラデーション］コマンドを利用すれば、閉じた範囲に簡単にグラデーションパターンを適用できます。切断面を視覚的に分かりやすく表現するのに便利な機能なので、上手に活用しましょう。なお、ここではグラデーションによる「スマッチング」で切断面を示していますが、その代わりに線による「ハッチング」で切断面を表現することもできます。「ハッチング」の使い方は、第7章のレッスン⑮で解説しているので、併せて確認しておきましょう。

完成図をPDF形式で書き出すには

書き出し

このレッスンでは、作図した「Vプーリー」の完成図を紙図面として印刷するのではなく、PDFファイル形式の電子データとして書き出す方法を解説します。

① PDF形式で書き出す図面を表示する

1 [A2 用紙_完成図] タブをクリック

[レイアウト] の画面が表示された

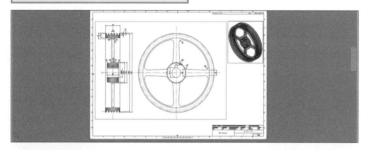

② 書き出しを開始する

1 [アプリケーション] をクリック

2 [書き出し] にカーソルを合わせる

3 [PDF] をクリック

キーワード

AutoCAD	p.340
PDF	p.340
アプリケーションメニュー	p.340
画層	p.341
ビューポート	p.343
フォント	p.343

レッスンで使う練習用ファイル
書き出し.dwg

HINT!

PDFを閲覧するには

PDF（Portable Document Format）は、文書を幅広い環境で表示できるファイル形式です。AutoCADで書き出すPDFは、画層情報を含めるなどの特定の目的に対応したファイル形式として、情報の共有に便利なファイルです。無料のAdobe Acrobat Reader DCを使用して簡単に表示できます。

▼Adobe Acrobat Reader DC のWebページ
https://get.adobe.com/jp/reader/otherversions/

Web ページから無料でダウンロードできる

Windows 10 の場合は、プリインストールされているMicrosoft Edge でも PDFを閲覧できる

機械部品の図面を作図しよう

実践編 第6章

③ ファイル名を付けて保存場所を選択する

[PDF に名前を付けて保存] ダイアログ
ボックスが表示された

1	保存場所を選択

2	[完了時にビューアで開く] をクリックしてチェックマークを付ける

3	ファイル名を入力

4	[保存] をクリック

④ PDF形式で図面が書き出せた

Microsoft Edge が起動し、
図面が表示された

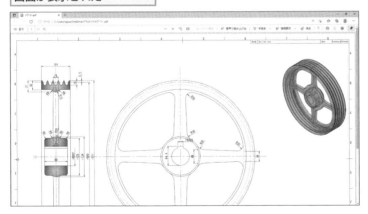

HINT!

書き出しの設定を
変更するには

手順3で[オプション]ボタンをクリックすると、[PDF書き出しオプション]ダイアログボックスが表示されます。このダイアログボックスでは、解像度や画層、フォントの設定を変更できます。このレッスンでは特に設定を変更する必要はありませんが、PDF書き出しの設定を変更したいときは、[オプション] ボタンをクリックしましょう。

HINT!

レイアウトはすでに
設定されている

練習用ファイルには、レイアウト上でPDFファイルに書き出す[ページ設定]が設定されています。[モデル]空間で実際の大きさで作図したVプーリー図形が、ビューポートと呼ばれる枠内に尺度1：2の縮尺で適切に収まるように配置されています。右手上には、部品の形状を分かりやすく見せることができるVプーリーの画像が貼り付けてあります。本書では、レイアウト機能の解説はしていませんが、レイアウトで設定さえすれば、Vプーリーの図面を簡単にPDFファイルに書き出せます。

Point

作成した図面は
PDFファイルにするのが便利

このレッスンでは、Vプーリーの図面を、PDFファイルとして書き出す方法を解説しました。PDFファイルは環境を選ばずに表示できるので、図面データのやりとりをするときは、PDFファイルの図面データも用意しておくといいでしょう。AutoCADで設定した画層情報が保持されるのが大きなメリットです。

この章のまとめ

●丁寧な作図を心がけて精度の高い図面を作ろう

この章では機械製図の課題として「Vプーリー」の図面を例に、前の章で練習した作図や編集コマンドを使う方法を解説しました。図面を見る製作者が対象物の形状を理解できるようにするため、全体を表す正面図を右側に作図し、Vプーリーの内部も分かるような断面図を左側に配置しています。CAD製図で作図する図は単なる絵ではなく、画面に実物（原寸）の図形を正確に作図することが大切です。特に機械部品では、CADデータそのものを製作現場で活用して製品を作ります。

作図した図面は精度の高いデータであることが求められるので、丁寧な作図・編集操作を心がけましょう。また、実務対応を考慮して、補助線などを利用した寸法記入などの位置については説明を省いています。なお、練習用ファイルは、PDFファイルへの書き出しを想定し、あらかじめ適切なレイアウトの設定を行っています。

本書では基本操作を中心に作図演習の解説をしていますが、この章で学んだ操作手順で繰り返し作図の練習をしてみましょう。

丁寧で正確な作図を心がける

機械製図の図面は精度の高さが命なので、丁寧な作図を心がける

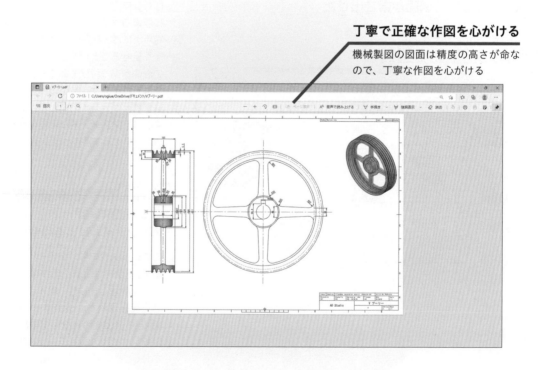

マンション平面図を作図しよう

この章では、作図するマンション平面図に使用する図面ファイルの環境設定を確認し、一般的な建築図面の作図手順を解説します。

●この章の内容

作図する建築図面を確認しよう

建築図面の作図

このレッスンでは、この章で作図するマンション平面図と作図の流れを紹介します。まずは大枠の流れを把握してから、実際の作図に着手していきましょう。

■ この章で作図する図面

この章では、以下のマンション平面図の例で建築図面を作図する方法を解説します。建築図面というと、不動産会社の店頭にディスプレイされている間取り図をイメージする人も多いかもしれません。しかし、間取り図と平面図の大きな違いとして、平面図では柱や壁のサイズを実寸で正確に作図する必要があります。マンションの平面図というと、作図が難しい印象を受ける人もいるかもしれませんが、これまでに学んだコマンドとオプションを利用して正確な図面を作図できるので心配はありません。次ページの作図の流れを見てください。通り芯と柱、壁、窓というように、順を追って作図することで平面図が完成します。ユニットバスや洗面台などは、この章の練習用ファイルに登録してあるので、簡単な操作で図面に挿入できます。また、第6章で解説した機械図面の練習用ファイルと同じく、文字スタイルや寸法スタイルを練習用ファイルに設定してあるため、設定を意識せず、すぐに作図方法をマスターできます。

📄 レッスンで使う練習用ファイル
マンション平面図.dwg

HINT!

スタイルや画層はすでに設定されている

この章で利用する練習用ファイルは、建築図面を作図するための環境を設定済みです。画層と文字スタイル、寸法スタイル、建具などのブロック図形などです。設定を変えずにレッスンの操作を進めてください。

> 画層や文字スタイル、寸法スタイルを設定済みの
> 練習用ファイルでマンションの平面図を作図する

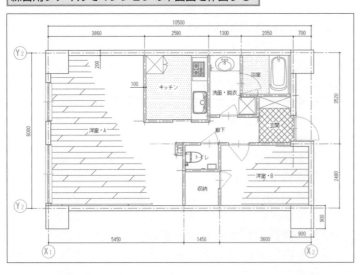

マンション平面図を作図しよう

実践編 第7章

■ この章での作図の流れ

❶ 通り芯を作図して、柱を作図します。
　　→レッスン❻❻、❻❼、❻❽

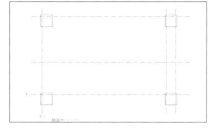

❷ 壁を作図し、編集コマンドで開口部を編集します。
　　→レッスン❻❾、❼⓪、❼❶

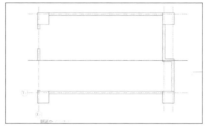

❸ 間仕切り芯を作図して、間仕切り壁を作図します。
　　→レッスン❼❷

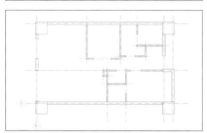

❹ 建具や家具を配置して、室名を記入します。
　　→レッスン❼❸、❼❹、❼❺

❺ ハッチングと通り芯符号を記入します。
　　→レッスン❼❻、❼❼

❻ 寸法を記入します。
　　→レッスン❼❽

HINT!

[作図補助設定] ダイアログボックスを確認しておく

定常オブジェクトスナップについては、レッスン❶をはじめ、これまでのレッスンで紹介していますが、あらためて設定が有効になっているか確認をしておきましょう。この章の操作では [端点] ～ [交点] が有効になっていれば問題ありません。

65

建築図面の作図

Point

書き順が重要になる

平面図の作図に必要なことはたくさんあります。通り芯は、建物の基準となる線です。壁の位置や寸法記入するために重要なので正確に作図していきましょう。次に柱と壁を作図し、窓やドア、間仕切り壁などを作図していきましょう。最後に設備機器を挿入・作図し、ハッチングを施せば、ほぼ平面図の完成に近づきます。それぞれを正確に作図すれば寸法値の記入は難しくありません。建築図面では、ほかにも方位やその他に方位や部屋名を記入し、図面枠に建築名、縮尺などを記入するのが一般的な作図の流れとなります。次のレッスンから具体的な操作を学んでいきましょう。

66 通り芯を作図するには

線分、オフセット

通り芯の長さを入力し、水平方向（X通）と垂直方向（Y通）を作図します。直交モードをオンにして操作を行うときは、カーソルの位置や方向に注意しましょう。

ここでやること

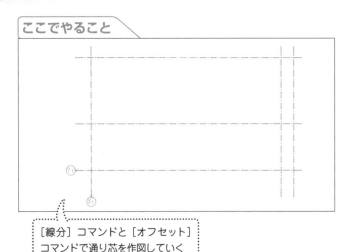

［線分］コマンドと［オフセット］コマンドで通り芯を作図していく

キーワード

カーソル	p.341
コマンド	p.341
直交モード	p.343

レッスンで使う練習用ファイル
マンション平面図.dwg

HINT!

通り芯が位置の基準となる

通り芯は、柱や壁を通る線で建築物の位置を測る基準となります。このレッスンでは垂直方向と水平方向に通り芯を作図し、それぞれを平行複写します。

これらの線分は、次のレッスンで作図する柱の位置になります。

交差した通り芯に柱を作図する

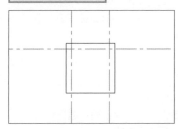

1 通り芯の線分を引く

レッスン㊼を参考に、画層を［通り芯］に変更しておく

レッスン⑩を参考に、直交モードをオンにしておく

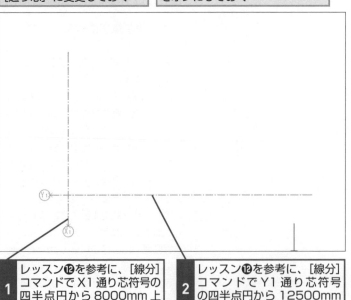

1 レッスン⑫を参考に、［線分］コマンドでX1通り芯符号の四半点円から8000mm上側に線分を作図

2 レッスン⑫を参考に、［線分］コマンドでY1通り芯符号の四半点円から12500mm右側に線分を作図

マンション平面図を作図しよう　実践編　第7章

② Y1通り芯の線分を垂直方向に平行複写する

1 Y1通り芯を6000mm 上側に平行複写

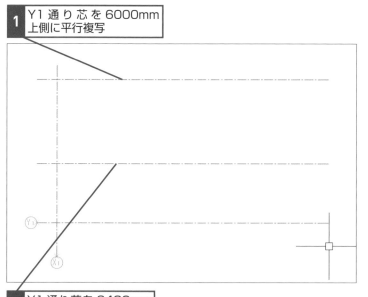

2 Y1通り芯を2480mm 上側に平行複写

③ X1通り芯の線分を水平方向に平行複写する

1 X1通り芯を10500mm 右側に平行複写

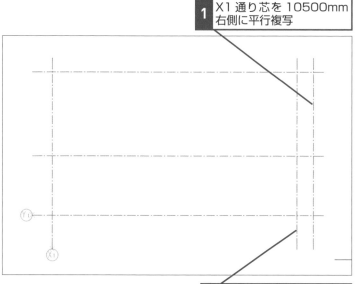

2 操作1で作図した線分を 700mm左側に平行複写

レッスン⑬を参考に、ファイル を上書き保存しておく

HINT!

通り芯記号を記入するには

平面図では、通り芯の位置を分かり やすくするために水平方向を「X」、 垂直方向を「Y」で表し、数値と組 み合わせて表します。手順1では作 図済みの通り芯記号を基点として線 分を引きますが、通り芯記号は簡単 な操作で図面に挿入できます。詳し い手順は、レッスン⑦を参照してく ださい。

通り芯記号を作図済みの 状態で作図し始める

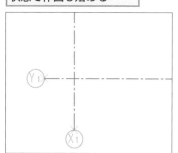

Point

通り芯を正確に作図する

通り芯は建築物の基準になる線で す。以降のレッスンではこのレッス ンで作図した通り芯を元に、柱や壁 を作図していきます。そのため、も しも通り芯の寸法を間違えていたら、 柱や壁も作図し直すこととなります。 [線分]コマンドと[オフセット]コ マンドによるシンプルな作図操作で すが、寸法を間違わないように、慎 重に作図するといいでしょう。

67

補助線を使わずに柱を作図するには

基点設定

このレッスンでは、通り芯の交点を基準にして［長方形］コマンドで柱を作図します。オブジェクトスナップを適切に使用して作図しましょう。

ここでやること

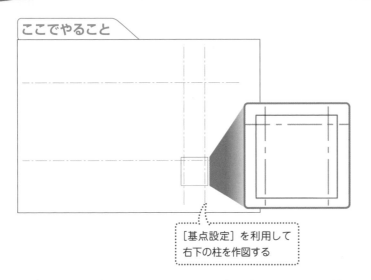

［基点設定］を利用して右下の柱を作図する

キーワード

オブジェクトスナップ	p.340
基点	p.341
コマンド	p.341

📄 レッスンで使う練習用ファイル
基点設定.dwg

HINT!

なぜ基点設定を実行するの？

手順1で選択している［基点設定］は、優先オブジェクトスナップ機能の1種です。ここでは通り芯の交点を正確に取得するため、設定済みの［定常オブジェクトスナップ］を一時的に解除して基点を指定できるようにします。定常オブジェクトスナップと優先オブジェクトスナップについては、レッスン⓫を参照してください。なお、レッスン❻では［2点間中点］の使い方も解説します。交点を正確に指定して補助線を使わずに作図する方法をマスターしましょう。

① 柱の作図を開始する

レッスン❼を参考に、画層を［柱］に変更しておく

レッスン❾を参考に、図面の右下を拡大しておく

レッスン⓮を参考に、［長方形］コマンドを実行しておく

1 Shift キーを押しながら右クリックしてメニューを表示

2 ［基点設定］をクリック

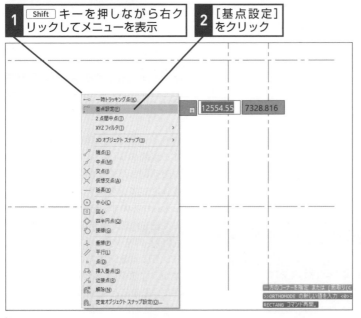

② 基点を選択する

ここでは通り芯の交点を指定する	**1** 交点をクリック

交点

③ 長方形の1点目を指定する

基点から 100mm 右上の位置を長方形の 1 点目に指定する	**1** 「@100,100」と入力	**2** Enter キーを押す

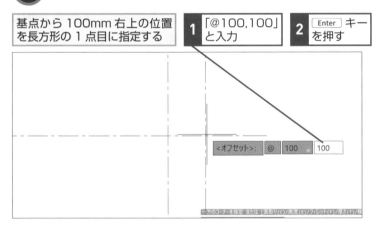

<オフセット>: @ 100 100

④ 長方形の2点目を指定する

ここでは一辺が 900mm の正方形を作図する	**1** 「-900,-900」と入力	**2** Enter キーを押す

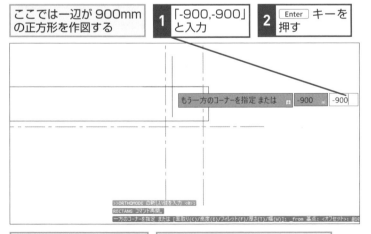

もう一方のコーナーを指定 または -900 -900

一辺が 900mm の正方形が作図される	レッスン⑬を参考に、ファイルを上書き保存しておく

HINT!

基点設定で位置を決めてから柱を作図する

基点設定を実行し、通り芯の交点からの距離を指定すれば補助線を引かずに柱の角を任意の位置に合わせられます。手順3では、交点から右と上にそれぞれ100mmずつ離れた位置に柱の角が来るように位置を指定します。続けて [長方形] コマンドで柱のサイズを指定すれば効率良く作図できるのです。下図のように補助線を引いて柱を作図する方法もありますが、作図に役立つ補助機能を積極的に使ってみましょう。

センターラインを平行複写して、補助線を作図しても柱を作図できる

900

900

Point

ある点からの距離を指定して点を取得できる

このレッスンでは、優先オブジェクトスナップの [基点設定] を利用して、長方形の始点を指定しました。オブジェクトスナップは図形の端点や中点を指定するだけでなく、点の取れにくいような個所も指定できます。上のHINT!で紹介したように、補助線を作図して点を作る方法もありますが、必要な手数を減らすことを意識するようにしましょう。

67

基点設定

68

すべての柱を配置するには

2点間中点

作図した柱を、［複写］コマンドで上部に複写します。その後に、［鏡像化］コマンドで右側の柱を反転複写します。直交モードをオンにして操作しましょう。

ここでやること

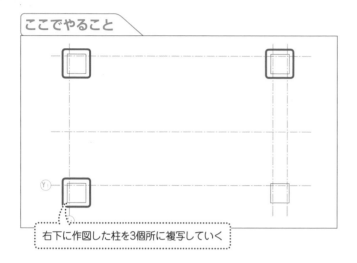

右下に作図した柱を3個所に複写していく

レッスンで使う練習用ファイル
2点間中点.dwg

HINT!

作図した図形を効率良く利用しよう

このレッスンで作図する3つの柱は、レッスン❻で作図した柱と同じサイズです。通り芯からの距離も同じなので、複写で柱を正しく配置しましょう。このレッスンのように、条件が同じ図形は複写で使い回すのが鉄則です。一度描いた図形を効率良く利用するようにしましょう。

［複写］コマンドによる柱の配置

① 複写する図形を選択する

レッスン❿を参考に、直交モードをオンにしておく

レッスン❾を参考に、図面の右下を拡大しておく

レッスン㉒を参考に、［複写］コマンドを実行しておく

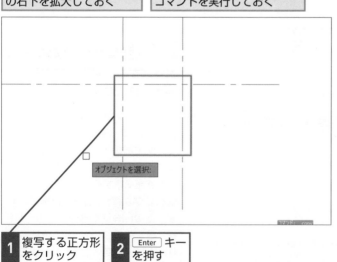

オブジェクトを選択:

1 複写する正方形をクリック

2 Enter キーを押す

マンション平面図を作図しよう

実践編 第7章

② 複写元の柱の基点を指定する

ここでは通り芯の交点を
基点にする

1 交点をクリック

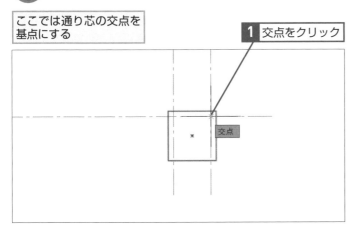

交点

③ 複写先の柱の位置を指定する

ここでは右上に
柱を配置する

レッスン❾を参考に、図
面の右上を拡大しておく

1 交点をクリック

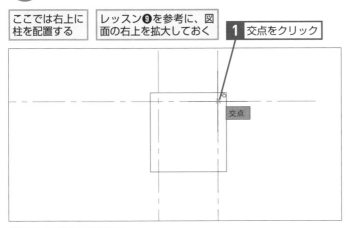

交点

2 Enter キーを押す

柱が複写された

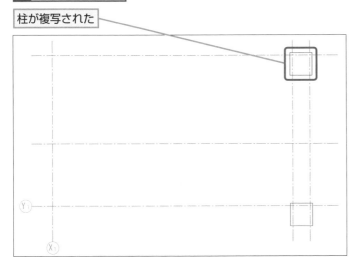

次のページに続く

HINT!

複写の流れが重要

手順1～3では、右下にある柱を[複写]コマンドで右上に複写します。手順4以降で、右側にある2つの柱を[鏡像]コマンドで左側に複写します。複写の流れをよく確認しておきましょう。

右下の柱を右上に
複写する

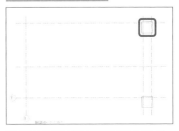

右側にある2つの柱を[鏡像]
コマンドで左側に複写する

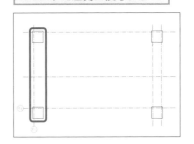

[鏡像] コマンドによる柱の配置

④ 鏡像化する図形を選択する

ここでは右に配置された2つの
柱を左側に鏡像化する

レッスン㉘を参考に、[鏡像]
コマンドを実行しておく

1 図形をそれぞれ
クリック

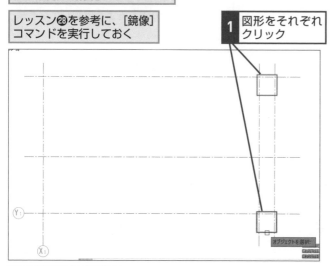

オブジェクトを選択:

2 [Enter] キーを押す

⑤ 対称軸の設定をする

図形が選択された

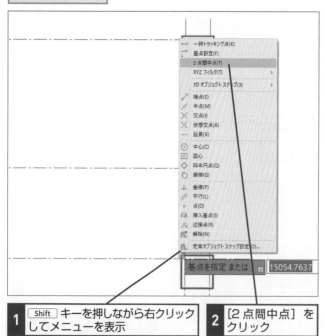

一時トラッキング点(K)
基点設定(F)
2 点間中点(T)
XYZ フィルタ(T)
3D オブジェクト スナップ(3)
端点(E)
中点(M)
交点(I)
仮想交点(A)
延長(X)
中心(C)
円心(O)
四半円点(Q)
接線(G)
垂線(P)
平行(L)
点(D)
挿入基点(S)
近接点(R)
解除(N)
定常オブジェクト スナップ設定(O)...

基点を指定 または | 15054.7637

1 [Shift] キーを押しながら右クリック
してメニューを表示

2 [2 点間中点] を
クリック

HINT!

柱を効率良く選択しよう

手順4では、2つの柱をクリックして
選択しています。選択対象の図形が
多いときは、窓選択で効率良く選択
して作業を進めましょう。

2つの柱を窓選択で
選択してもいい

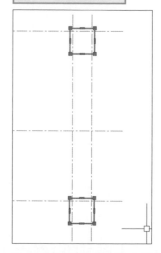

HINT!

2点間中点って何？

手順5で実行する2点間中点とは、図
面上の2点をクリックし、その中間点
を取得できる優先オブジェクトス
ナップの1つです。手順6～8では、
対称軸を指定して鏡像化を行いま
す。[2点間中点] を有効にして、2
本の通り芯の端点を指定すれば中間
点となる仮想の軸を基準にして柱を
鏡像化できます。

⑥ 対称軸の基準になる2点を指定する

左右の通り芯の中間を通る線分を対称軸とする

1 端点をクリック

2 端点をクリック

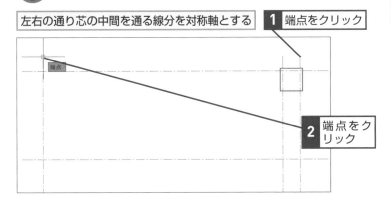

端点

⑦ 対称軸を指定する

対称軸の基準となる1点目が指定された

対称軸の基準となる2点目を指定する

1 下側にカーソルを移動

2 そのままクリック

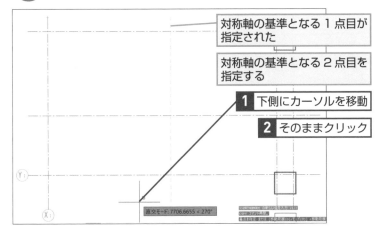

直交モード: 7706.6655 < 270°

⑧ 元のオブジェクトを残すかどうかを指定する

対称軸が指定された

1 [いいえ]をクリック

柱が鏡像化される

レッスン⑬を参考に、ファイルを上書き保存しておく

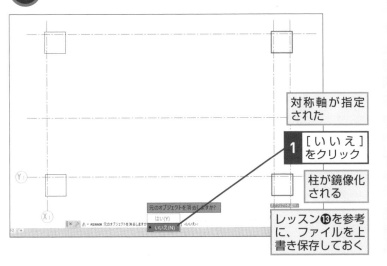

元のオブジェクトを消去しますか?
はい(Y)
いいえ(N)

元のオブジェクトを消去しますか?

69 外壁を作図するには

マルチライン

壁などを作図するときに便利な［マルチライン］コマンドの操作手順を解説します。マルチラインの項目はリボンにないので、メニューバーを表示します。

ここでやること

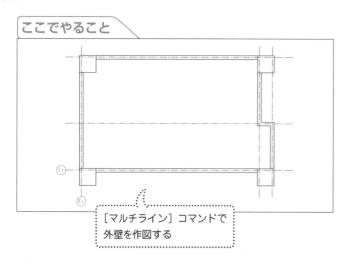

［マルチライン］コマンドで外壁を作図する

キーワード

AutoCAD	p.340
クイックアクセスツールバー	p.341
コマンド	p.341
リボン	p.343

レッスンで使う練習用ファイル
マルチライン.dwg

コマンド MLINE

HINT!

マルチラインって何？

マルチラインは、簡単に複数の平行線を作成できるコマンドです。マルチラインの既定［STANDARD］スタイルは2本の平行な線分を作図できます。2本の線の間隔や、中心位置の位置合わせなどを指定して、二重線を簡単に引けるので、壁の作図に便利です。

HINT!

メニュー表示がなくても実行できる

手順1では、旧バージョンで使用していたメニューバーを表示させてコマンド実行しています。メニューバーが表示されていない状態で「MLINE」と入力して、Enterキーを押すことでマルチラインを実行できます。

マンション平面図を作図しよう 実践編 第7章

1 ［マルチライン］コマンドを実行する

メニューバーが常に表示されるようにする

1 クイックアクセスツールバーのここをクリック

2 ［メニューバーを表示］をクリック

メニューバーが表示された

3 ［作成］をクリック

4 ［マルチライン］をクリック

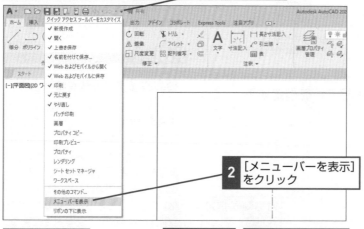

② 中心位置を設定する

レッスン❹を参考に、画層を
[壁] に変更しておく

ここでは中心位置を
通り芯に合わせる

1 右クリックしてメニューを表示

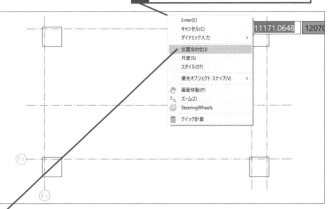

| Enter(E) |
| キャンセル(C) |
| ダイナミック入力 > |
| 位置合わせ(J) |
| 尺度(S) |
| スタイル(ST) |
| 優先オブジェクト スナップ(V) > |
| 画面移動(P) |
| ズーム(Z) |
| SteeringWheels |
| クイック計算 |

11171.0648　　1207

2 [位置合わせ] をクリック

3 [ゼロ] をクリック

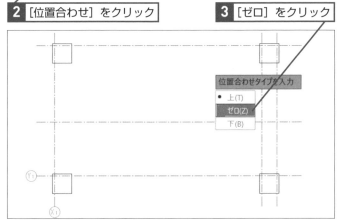

| 位置合わせタイプを入力 |
| ● 上(T) |
| ゼロ(Z) |
| 下(B) |

③ 壁の厚さの設定画面を表示する

1 右クリックして
メニューを表示

2 [尺度] を
クリック

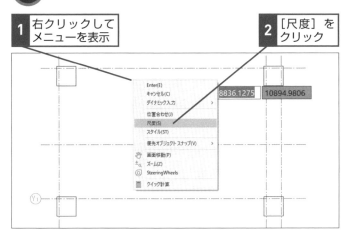

| Enter(E) |
| キャンセル(C) |
| ダイナミック入力 > |
| 位置合わせ(J) |
| 尺度(S) |
| スタイル(ST) |
| 優先オブジェクト スナップ(V) > |
| 画面移動(P) |
| ズーム(Z) |
| SteeringWheels |
| クイック計算 |

8836.1275　　10894.9806

HINT!

マルチラインのスタイルを登録するには

以下の手順で [マルチラインスタイル] ダイアログボックスを表示し、新規にスタイル名を設定して作図する線分の数や間隔、色、線種などを登録できます。

1 [形式] をクリック

2 [マルチラインスタイル管理] をクリック

[新規作成]をクリックすると、新しいマルチラインのスタイルを設定できる

HINT!

位置合わせって何？

手順2で実行する位置合わせとは、マルチラインを作図するときに基準となる位置の指定方法です。手順2で選択する [ゼロ] は、クリックする位置が中心となります。[上]や[下]はマルチラインの上または下の線が基点になります。

● [上] の設定例

マルチラインの上の線が通り芯にそろう

● [下] の設定例

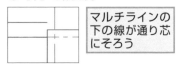

マルチラインの下の線が通り芯にそろう

次のページに続く

④ 壁の厚さを設定する

ここでは壁の厚さを 200mm に設定する	1 「200」と入力	2 Enter キーを押す

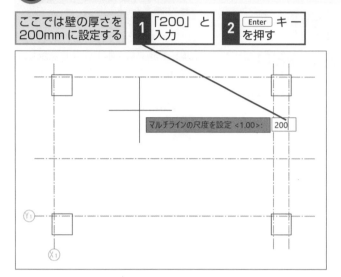

マルチラインの尺度を設定 <1.00>: 200

⑤ 柱間に外壁を作図する

ここでは上部の外壁を作図する	柱に重複しないように注意する

1 交点をクリック
2 交点をクリック

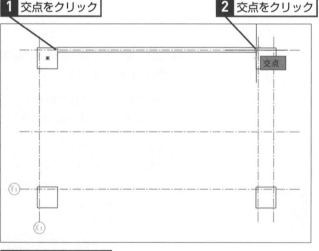

交点

3 Enter キーを押す

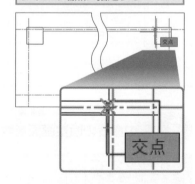

6 連続した外壁を作図する

上部の外壁が 作図された	同様に壁を作図 していく	[マルチライン] コマ ンドを実行しておく

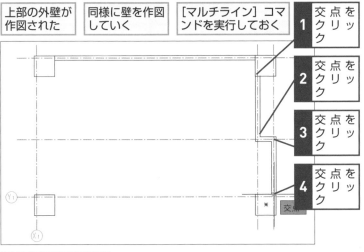

1 交点をクリック

2 交点をクリック

3 交点をクリック

4 交点をクリック

5	Enter キーを押す

7 残りの外壁を作図する

[マルチライン] コマンドを 実行しておく

1 交点をクリック

2 交点をクリック	**3** Enter キーを押す

[マルチライン] コマンドを 実行しておく	**4** 交点をクリック

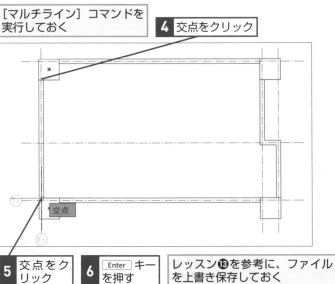

5 交点をク リック	**6** Enter キー を押す	レッスン⑬を参考に、ファイル を上書き保存しておく

HINT!

確定するまで続けて外壁を作図できる

手順6のように、マルチラインは連続で作図できます。作図の終了時は、Enter キーを押すことを忘れないようにしてください。連続して作図したマルチラインは、1つの図形となります。1本の二重線を連続して作図するほか、[閉じる] オプションを使用すると、下図のように始点と終点の包絡処理が行えます。

1 右クリックし てメニューを 表示	**2** [閉じる] をクリッ ク

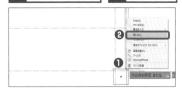

始点と終点が包括処理された

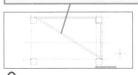

⚠ 間違った場合は？

手順6の操作3や操作4で別の交点をクリックしてしまったときは、Ctrl +Z キーを押して、交点をクリックする前の状態に戻します。

Point

メニューバーは表示したままにしておく

ここではクイックアクセスツールバーからメニューバーを表示して、[マルチライン] コマンドで外壁を作図しました。[マルチライン] コマンドは壁の作図に適し、利用価値の高いコマンドですが、リボンではなくメニューバーにあるので気を付けましょう。メニューバーには、リボンにない便利な機能が存在するので、表示したままにしておくと便利です。

70

補助線で開口部を作図するには

オフセット、トリム

このレッスンでは、窓を配置する壁の一部を取り除きます。通り芯の線分を平行複写し、[トリム] コマンドで不要な線分を切り取る操作を学びましょう。

ここでやること

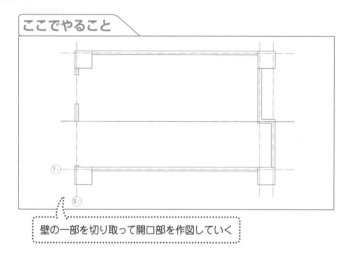

壁の一部を切り取って開口部を作図していく

キーワード

オプション	p.341
コマンド	p.341

レッスンで使う練習用ファイル
オフセット_5.dwg

HINT!

平行複写した補助線を確認しよう

手順1で平行複写する位置が分かりにくい場合は、下記の寸法図を確認して長さ寸法を記入しましょう。補助線が多いときは、寸法値を記入してしまうのも1つの手です。補助線の区別が付きやすくなりますが、不要な寸法値を削除し忘れないようにしてください。

平行複写の寸法をよく確認しておく

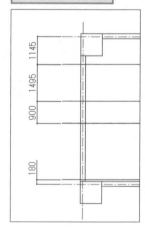

マンション平面図を作図しよう

実践編 第7章

1 オフセットで開口部の補助線を引く

レッスン㉓を参考に、[オフセット] コマンドを実行しておく

レッスン㊾を参考に、[画層] オプションを [現在の画層] に変更しておく

1 上部の通り芯を 1145mm 下側に平行複写

2 操作 1 で平行複写した線分を 1495mm 下側に平行複写

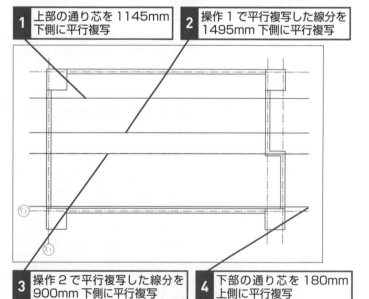

3 操作 2 で平行複写した線分を 900mm 下側に平行複写

4 下部の通り芯を 180mm 上側に平行複写

平行複写された線分の 1 本目と 2 本目の間と 3 本目と 4 本目の間をそれぞれ開口部とする

② 不要な部分を切り取る

赤で示した部分を削除する

レッスン㉕を参考に、[トリム] コマンドを実行しておく

1 不要な個所を削除する

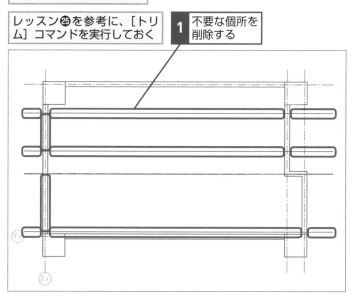

HINT!

どうしてオフセットした線分から切り取るの？

手順1で平行複写した線分は、壁として残す部分と窓を配置する個所となります。残したい部分の外側や長い方から選択して切り取ると作業を効率良く進められます。

長い線分から切り取った方が効率が良い

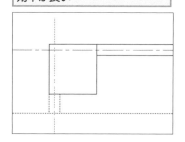

③ ファイルを上書き保存する

不要な線分が削除できた

1 レッスン⓭を参考にファイルを上書き保存

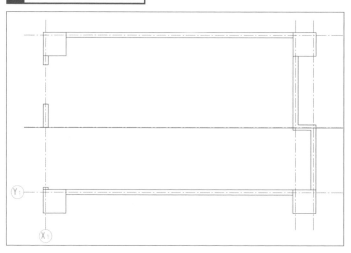

Point

[トリム] コマンドではクリックの順番に注意

このレッスンでは通り芯をオフセットしてから [トリム] コマンドで不要な部分を切り取り、開口部を作図しました。注意すべきは、[トリム] コマンドでクリックする順番です。先に縦の線を切り取ってから横の線を切り取ろうとすると、切り取りの境界線がなくなってしまって、うまくトリミングできません。切り取りの境界線が残る順番で、切り取る線を選択しましょう。

71

マルチラインを分解して開口部を作図するには

分解

レッスン⑩では［トリム］コマンドで、二重線を切り取りました。このレッスンでは、マルチラインを分解し、線を延ばしてから、玄関の扉部分を切り取ります。

ここでやること

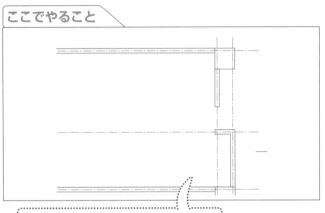

マルチラインを［分解］コマンドで個々の線分にしてから開口部を作図する

📄 レッスンで使う練習用ファイル
分解.dwg

コマンド	EXPLODE
エイリアス	X
リボン	［ホーム］-［修正］-［分解］

HINT!

後から分解すれば自由に編集できる

レッスン®®で解説したように、マルチラインを使えば簡単に平行線を作図できます。マルチラインの線分を編集するときは、［分解］コマンドで、個々の線分にする必要があることを覚えておきましょう。いったん分解をしたマルチラインは、2本の線分となり、マルチラインに戻せません。

分解したマルチラインは、単体の線分として扱われる

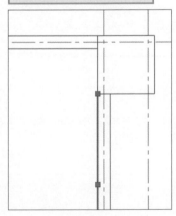

① ［分解］コマンドを実行する

レッスン⑰を参考に、画層を［壁］に変更しておく

レッスン⑨を参考に、図面を拡大しておく

1 ［ホーム］タブをクリック

2 ［分解］をクリック

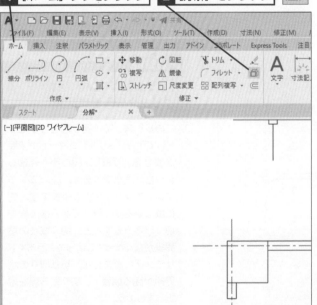

マンション平面図を作図しよう　実践編　第7章

② 分解する図形を選択する

ここでは右側の外壁を選択する	**1** マルチラインをクリック	**2** Enter キーを押す

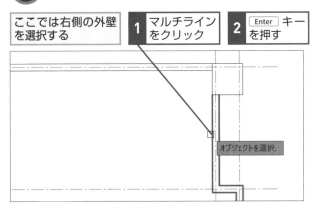

オブジェクトを選択:

③ 開口部を作図する

レッスン㊽を参考に、[画層] オプションを [現在の画層] に変更しておく	**1** 上部の通り芯を 2430mm 下側に平行複写

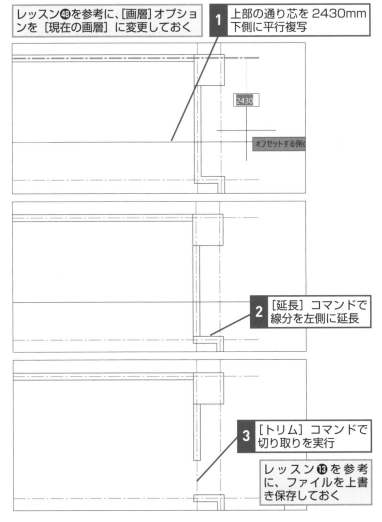

2430

オフセットする側の

2 [延長] コマンドで線分を左側に延長

3 [トリム] コマンドで切り取りを実行

レッスン⓭を参考に、ファイルを上書き保存しておく

HINT!

編集ツールで編集できる

マルチラインをダブルクリックすると、[マルチライン編集ツール] ダイアログボックスが表示されます。2つのマルチラインの場合、[マルチライン編集ツール] ダイアログボックスで項目のアイコンを選び、マルチラインを2つクリックするだけで連結や結合などができます。

[マルチライン編集ツール] ダイアログボックスで連結や切断などの処理ができる

71

分解

Point

マルチラインは分解する必要がある

[マルチライン] コマンドで作図した線分は、2本の独立した線分に見えますが、AutoCAD上では1つの図形として扱われます。そのため、1本だけ編集するには、まず [分解] コマンドで分解する必要があります。また、[長方形] コマンドで作図した長方形や、[ポリライン] コマンドで作図した図形と違い、編集した後はマルチラインに戻せないので注意しましょう。

72

間仕切り芯と間仕切り壁を作図するには

グリップ編集、オフセット

このレッスンでは、内部の間仕切りを作図するために、間仕切り芯や壁の作図方法を解説します。ここでは、間仕切り壁の厚さを100mmにします。

ここでやること

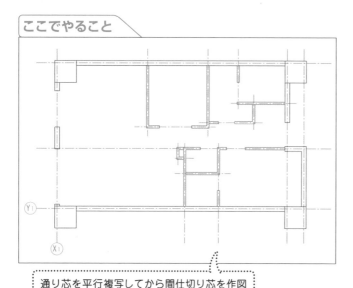

通り芯を平行複写してから間仕切り芯を作図し、それを元に間仕切り壁を作図する

レッスンで使う練習用ファイル
オフセット_6.dwg

HINT!

間仕切り芯は適度な長さで作図する

通り芯を基準に［オフセット］コマンドで間仕切り芯を作図する場合、そのままの長さで間仕切り壁を作図すると長すぎることから、作図作業の操作性が悪くなります。不要な部分は［トリム］コマンドや［長さ変更］などで縮めておくといいでしょう。

オブジェクトスナップをオフにしておく

1	長さを変更する線分をクリック

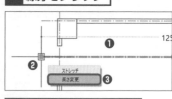

2	グリップにカーソルを合わせる

3	［長さ変更］をクリック

4	変更する位置をクリック

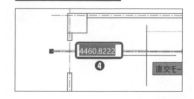

---

❶ 浴室側の間仕切り芯を作図する

レッスン㊼を参考に、画層を［間仕切り芯］に変更しておく	レッスン❾を参考に、図面の上側を拡大しておく

［オフセット］コマンドを実行し、［画層］オプションを［現在の画層］に設定しておく	**1** 通り芯をオフセットして間仕切り芯をこのように作図

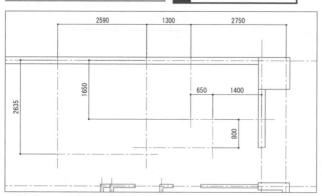

2 グリップ編集で間仕切り芯の長さをこのように変更

マンション平面図を作図しよう　実践編　第7章

② 洋室・B側の間仕切り芯を作図する

レッスン❾を参考に、図面の下側を拡大しておく	**1** 通り芯をオフセットして間仕切り芯をこのように作図

2 [長さ変更] で間仕切り芯の長さをこのように変更

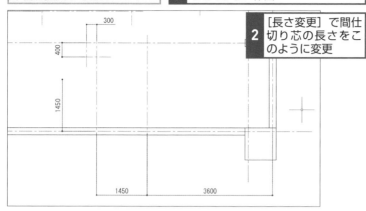

③ 浴室側の間仕切り壁を作図する

レッスン❹を参考に、画層を [間仕切り壁] に変更しておく	レッスン❾を参考に、図面の上側を拡大しておく	[マルチライン] コマンドを実行し、[尺度] を「100」に設定しておく

1 このように間仕切り壁を作図

2 マルチラインの端を [線分] コマンドで閉じる

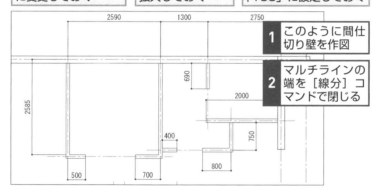

④ 洋室・B側の間仕切り壁を作図する

レッスン❾を参考に、図面の下側を拡大しておく	**1** このように間仕切り壁を作図

2 マルチラインの端を [線分] コマンドで閉じる

レッスン⓭を参考に、ファイルを上書き保存しておく

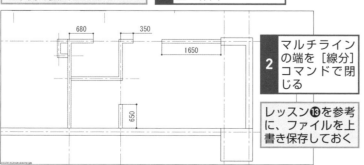

HINT!

マルチラインの端部を閉じるには

マルチラインの端部は、既定値では閉じられた状態ではありません。一部分だけをつなぐ場合などは、手早く [線分] コマンドでマルチラインの [端点] をクリックして記入しましょう。なお、マルチラインスタイルを新規作成する場合は、[キャップ] の項目で設定を行えば、最初から端部を閉じたスタイルも作成できます。

[線分] の [開始] と [終了] をクリックしてチェックマークを付けておく

最初から端部を閉じたマルチラインを作図できる

Point

[オフセット] と [マルチライン] の操作をしっかりマスターしよう

このレッスンでは [オフセット] コマンドで間仕切り芯を作図し、[マルチライン] コマンドで壁を作図する方法を解説しました。1つ1つの手順は省略しましたが、個々のコマンドの操作はレッスン㉓やレッスン㊳で解説しているので、完成図の寸法をよく確認すれば作図できることでしょう。2つとも利用価値が高く非常に重要なコマンドなので、このレッスンで繰り返し練習して操作をしっかりマスターするようにしましょう。

73

キッチンや洗面台を配置するには

挿入

AutoCADでは、[ブロック定義]で、複数の図形に名前を付けて登録できます。ここでは、練習用ファイルに保存されている建具などを図面内に挿入します。

マンション平面図を作図しよう

実践編 第7章

ここでやること

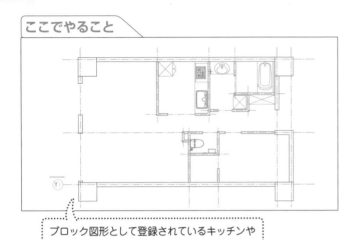

ブロック図形として登録されているキッチンや洗面台などを配置していく

キーワード

オブジェクトスナップ	p.340
基点	p.341
ブロック図形	p.343

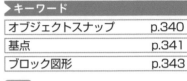 レッスンで使う練習用ファイル
挿入.dwg

コマンド	INSERT
エイリアス	I
リボン	[挿入] - [挿入]

HINT!

あらかじめ設備機器を登録すると便利

AutoCADでは[ブロック定義]という機能で、複数の図形を1つにまとめ、名前を付けて登録できます。このマンション平面図の図面ファイルには、必要なブロック図形が挿入しやすい状態で登録されています。利用することが多いブロック図形を図面ファイルに登録し、社内サーバーなどで共有すると、建具の不統一や作図の手間を削減できます。

ユニットバスなどの挿入

① 挿入するユニットバスを選択する

レッスン⑰を参考に、画層を[設備]に変更しておく

1 [挿入] タブをクリック

2 [挿入] をクリック

◆ブロックライブラリー

3 ここを下にドラッグしてスクロール

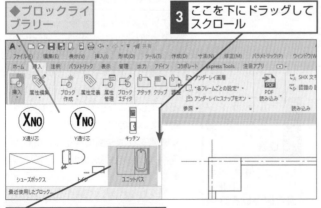

4 [ユニットバス] をクリック

② ユニットバスの位置を指定する

レッスン❾を参考に、ブロック図
形を挿入する場所を拡大しておく

1	端点にカーソルを合わせる
2	そのままクリック

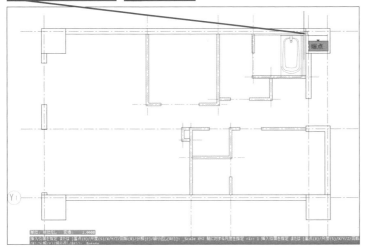

③ ほかの設備機器を挿入する

ユニットバスが挿入された

レッスン❾を参考に、図面を拡大しておく	同様の手順でほかの設備機器を挿入する

1	端点を基点にして[冷蔵庫]を挿入	2	端点を基点にして[キッチン]を挿入

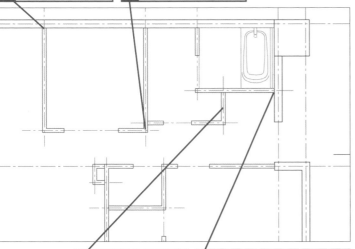

3	中点を基点にして[洗濯機]を挿入	4	端点を基点にして[シューズボックス]を挿入

HINT!

ブロック図形を登録するには

複数の図形を1つにまとめ、ブロック図形として登録しておくと、いつでもそれを呼び出して利用できます。ブロック図形は図面内に挿入すると1つの図形として扱われるので選択が簡単で、図面ファイルのデータ量を削減できます。また、ブロック図形を共有して利用することも可能です。ブロック図形は、以下の手順で登録できます。

1 [挿入] タブをクリック

2 [ブロック作成] をクリック

[ブロック定義] ダイアログボックスが表示された

3 ブロックの名前を入力

4 [オブジェクトを選択]をクリック

5	登録する図形を選択	6	Enter キーを押す

7 [OK] をクリック

次のページに続く

④ 洗面台を選択する

ここでは指定する2点間の中点に洗面台を配置する

このレッスンの手順1を参考に、ブロックライブラリーを表示しておく

1 ここを下にドラッグしてスクロール

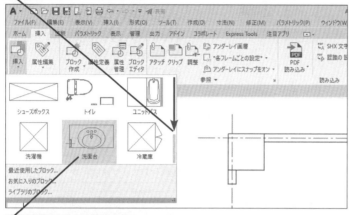

2 [洗面台] をクリック

⑤ 配置の方法を設定する

洗面台が選択された

1 Shift キーを押しながら右クリックしてメニューを表示

2 [2点間中点] をクリック

HINT!

尺度や向きを変更できる

手順1や手順4でブロックライブラリーの [最近使用したブロック] などをクリックすると、ブロックパレットを表示できます。ブロックパレットでは、挿入するブロック図形の尺度や向きを変更できます。276ページのHINT!も確認してください。

ブロック図形の尺度や向きを変更できる

マンション平面図を作図しよう

実践編 第7章

6 洗面台の位置を指定する

建具の中心から左右に等間隔の
2点を指定する

| **1** 端点をクリック | **2** 端点をクリック |

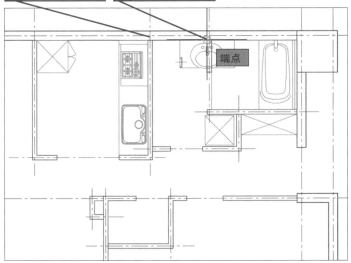

7 トイレも同様に配置する

指定した2点の中点に
洗面台が配置された

レッスン**⑨**を参考に、
図面を拡大しておく

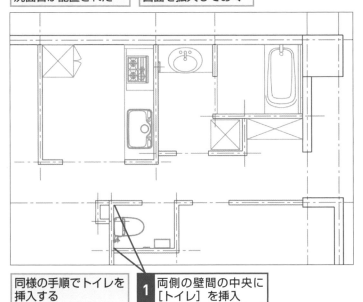

同様の手順でトイレを
挿入する

1 両側の壁間の中央に
[トイレ]を挿入

レッスン**⑬**を参考に、ファイルを
上書き保存しておく

HINT!

ブロック図形を
挿入しにくいときは

手順4～7では、優先オブジェクトスナップ［2点間中点］を使用し、ブロック図形を挿入する操作を解説しています。［2点間中点］を使わずに［オフセット］コマンドで補助線を利用してもブロック図形は挿入できます。その場合、ブロック配置の終了後に不要な補助線を削除しておきましょう。本書では、効率良く作図ができるよう、図面に応じたコマンドやオプションの使い方を解説していますが、正確に作図ができれば別のコマンドで操作しても構いません。

補助線を作図してブロック
図形を配置してもいい

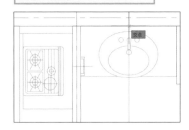

Point

ブロック図形を活用しよう

このレッスンでは、練習用ファイルに登録済みのブロック図形を使って、図面に家具を配置しました。形の決まっている家具や建具は、図面を作るたびに作図するのではなく、ブロック図形として登録しておき、図面に挿入するのが便利です。基点を指定するときは、2点間中点などのオブジェクトスナップを活用するといいでしょう。

74

ドアや窓を配置するには

Design Center

開口部に建具のブロック図形を挿入して作図しましょう。ここでは、[Design Center] コマンドを実行して建具を適切な位置に配置します。

ここでやること

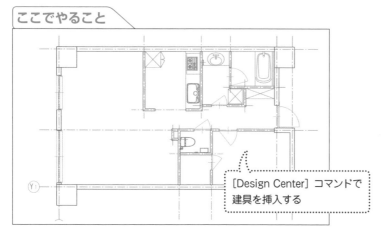

[Design Center] コマンドで建具を挿入する

キーワード

オブジェクト	p.340
画層	p.341
コマンド	p.341
ブロック図形	p.343

📄 レッスンで使う練習用ファイル
Design Center.dwg

コマンド	ADCENTER
エイリアス	ADC
リボン	[表示] - [Design Center]

HINT!

**別のフォルダーにある
オブジェクトを利用できる**

Design Centerではブロックや画層、スタイルなど、図面の要素が画面の左側に一覧で表示されます。さらにAutoCADで開いている図面ファイルだけでなく、パソコンやネットワーク上のフォルダーにある図面や画層定義、スタイルなどの挿入も可能です。

マンション平面図を作図しよう　実践編　第7章

① 建具の一覧を表示する

レッスン㊼を参考に、画層を [建具] に変更しておく

レッスン❾を参考に、図面を全体表示にしておく

1 [表示] タブをクリック

2 [Design Center] をクリック

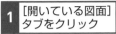
② 挿入するブロック図形を選択する

ここでは [D-990] という
玄関ドアを選択する

1 [開いている図面]
タブをクリック

2 [ブロック] を
クリック

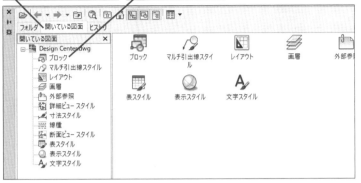

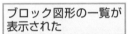
ブロック図形の一覧が
表示された

3 [D-990] を
右クリック

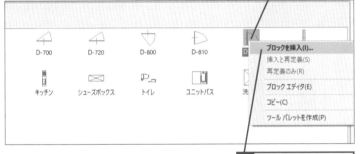

4 [ブロックを挿入]
をクリック

[ブロック挿入] ダイアログ
ボックスが表示された

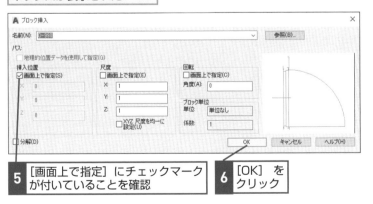

5 [画面上で指定] にチェックマーク
が付いていることを確認

6 [OK] を
クリック

Design Centerとブロック
ライブラリーの違いとは

レッスン⑫ではブロック図形の挿入
をブロックライブラリーから行いま
したが、このレッスンではDesign
Centerからブロック図形を挿入する
操作を紹介しています。Design
Centerはブロックだけでなく、画層
やスタイルなど、さまざまな要素の
管理を行える機能です。ブロック図
形の挿入に関しては、両者に大きな
違いはありません。使いやすい方を
利用しましょう。

◆ブロックライブラリー

次のページに続く

③ 建具の一覧を閉じる

建具が選択された	**1** ここをクリック

HINT!

キー入力でも
ブロック挿入できる

AutoCAD 2022では、ブロック挿入[INSERT]コマンドを実行すると、ダイアログボックスからパレット形式でブロック挿入の操作に変わりました。「I」と入力して Enter キーを押しても、素早くパレットから実行できます。ブロック挿入パレットの詳細はレッスン⑱を参考にしてください。

④ 配置の方法を設定する

ここでは2点を指定して建具を配置する	玄関ドア付近を拡大表示しておく

1 Shift キーを押しながら右クリックしてメニューを表示	**2** [2点間中点]をクリック

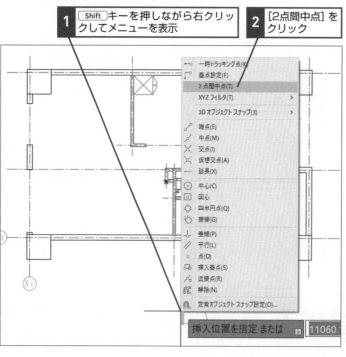

⑤ 玄関ドアを配置する

外壁と通り芯の交点を指定する

1 交点をクリック

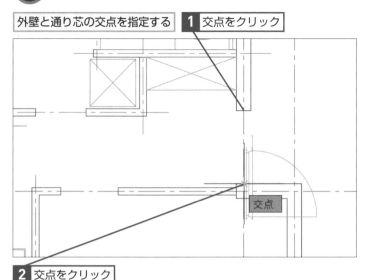

交点

2 交点をクリック

⑥ ほかのドアや窓を配置する

指定した2点の中央に建具が配置された

レッスン❾を参考に、図面を全体表示しておく

同様の手順でほかのドアや窓を挿入する

1 ここに[W-1495]を挿入

2 ここに[D-700]を挿入

3 ここに[D-810]を挿入

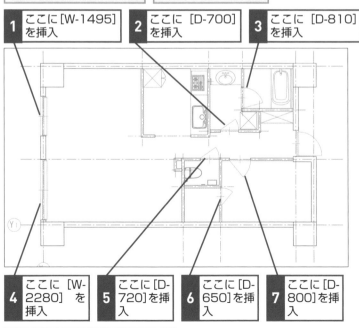

4 ここに[W-2280]を挿入

5 ここに[D-720]を挿入

6 ここに[D-650]を挿入

7 ここに[D-800]を挿入

レッスン⓭を参考に、ファイルを上書き保存しておく

HINT!

ブロック図形に尺度や傾きを設定するには

ブロック図形の挿入時に、尺度や傾きを設定できます。以下の方法で操作できることを覚えておきましょう。

手順1～2を参考に［ブロック挿入］ダイアログボックスを表示しておく

1 ［角度］に「90」と入力

2 ［OK］をクリック

ブロック図形を90度傾けた状態で挿入できる

Point

Design Centerからもブロック図形を挿入できる

このレッスンでは［Design Center］コマンドを利用してブロック図形を挿入する方法を紹介しました。ブロック図形の挿入は1つ前のレッスンで紹介したように、ブロックライブラリーからも実行できますが、Design Centerでは、ブロック図形以外のさまざまなオブジェクトを一元管理できるのが特徴です。ブロック図形だけを扱いたいときにはブロックライブラリーを、ほかのオブジェクトも扱いたいときにはDesign Centerを利用するといいでしょう。

75

室名を記入するには

位置合わせオプション

室名を記入する前に、使用する文字スタイルを確認しましょう。部屋の中央に記入する場合、2点間中点で適切に指示をすると補助線を使用せずに記入できます。

 レッスンで使う練習用ファイル
位置合わせオプション.dwg

ここでやること

［文字記入］コマンドで図面に
室名を記入していく

HINT!

文字の高さを確認してから文字を記入していく

ここでは建築図面の各部屋に［文字記入］コマンドで室名を記入します。練習用ファイルには、あらかじめ文字スタイルが設定されていますが、最初に［文字スタイル管理］ダイアログボックスを表示して文字スタイルの設定を確認しておきましょう。この図面は1:50の縮尺で作図しているので、用紙上の文字の高さが「3」の場合、実際の文字の高さはその50倍の150mmとなっています。

① 文字記入の準備をする

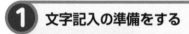

レッスン❾を参考に、図面を拡大しておく

［分解］コマンドでこのマルチラインを分解しておく

［延長］コマンドで分解したマルチラインを延長しておく

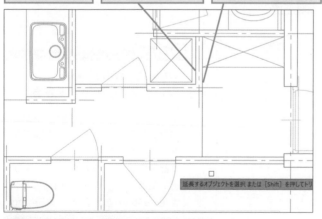

延長するオブジェクトを選択 または ［Shift］を押してトリ

1 ［注釈］タブをクリック

2 ［文字］のここをクリック

② 文字スタイルを確認する

[文字スタイル管理]ダイアログボックスが表示された	**1** 「MS-G」をクリック	**2** 「MSゴシック」が設定されていることを確認	**3** [現在に設定]をクリック

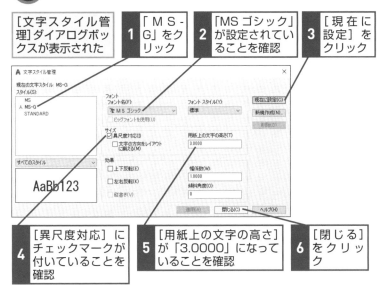

4 [異尺度対応]にチェックマークが付いていることを確認	**5** [用紙上の文字の高さ]が「3.0000」になっていることを確認	**6** [閉じる]をクリック

③ 文字の位置を指定する

レッスン㊼を参考に、画層を[文字]に変更しておく

レッスン㉝を参考に、[文字記入]コマンドを実行しておく	**1** 右クリックしてメニューを表示	**2** [位置合わせオプション]をクリック

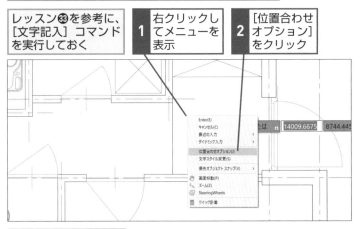

3 [中央]をクリック

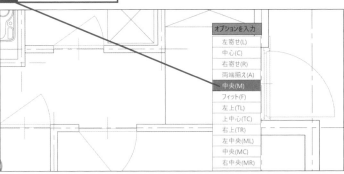

HINT!
異尺度対応の文字って何?

図面尺度に合わせて、注釈(文字や室名など)の文字の高さを自動で調整できるのが異尺度対応の機能です。ステータスバーにある[現在のビューの注釈尺度]ボタンで、図面で表現する適切な尺度を設定しておきます。例えばこの図面では文字の高さが150mmとなりますが、これは異尺度対応がオンになっているためです。異尺度対応がオフになっていると縮尺であることを考慮せずに文字の高さが3mmで記入されてしまうので注意しましょう。

> 1:50の縮尺なので、図面上では印刷時の大きさの50倍で表示される

HINT!
文字を中央に配置するために位置合わせを変更する

手順3で変更している位置合わせオプションは、文字を配置するときの基準となる点のことです。中央にすることで、文字境界ボックスの位置合わせの基準が設定されます。これにより、部屋の中央を指定すれば、文字の中心と部屋の中央がそろうようになります。

> 指定した2点間中点の範囲で中央に文字を配置できる

次のページに続く

④ 室名を記入する場所を指定する

[2点間中点] の点を正しく指定しよう

手順4では優先オブジェクトスナップ [2点間中点] で文字の配置位置を指定していますが、2点を正しく指定するよう注意しましょう。例えば一方は外形線の交点を指定しているのに、もう一方には通り芯の交点を指定すると、文字の配置位置が微妙にずれてしまいます。この場合は、玄関内部の中央に配置するので、内側のコーナー2点を指定しましょう。

ここでは2点を指定して室名を挿入する

1　Shift キーを押しながら右クリック

2　[2点間中点]をクリック

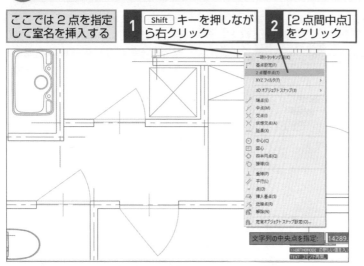

2点の指定を間違えると文字の配置位置がずれる

玄関

ここでは玄関の中央に配置する

3　端点をクリック

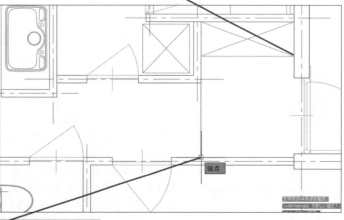

端点

4　端点をクリック

5　「O」と入力

6　Enter キーを押す

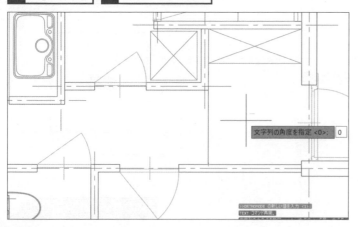

文字列の角度を指定 <0>：　0

⑤ 室名を入力する

中央にカーソルが表示された	1 「玄関」と入力	2 Enter キーを2回押す

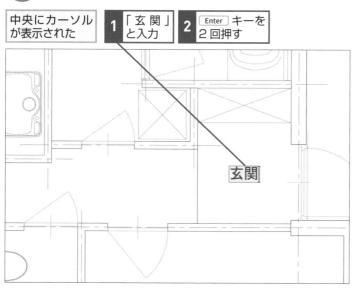

玄関

HINT!

補助線を引いてもいい

あらかじめ対角に図で示すように補助線を引いておきます。文字を配置するときの位置合わせオプションを［中央］に設定し、補助線の［中点］をクリックして配置する方法も可能です。それぞれの室名を入力した後は、補助線は削除しておきましょう。

補助線を引いてその中点に文字を配置してもいい

75

位置合わせオプション

⑥ ほかの室名を入力する

指定した2点の中点に室名が配置された	同様の手順でほかの室名を入力しておく

1 ここに「キッチン」と入力	2 ここに「廊下」と入力	3 ここに「洗面・脱衣」と入力	4 ここに「浴室」と入力

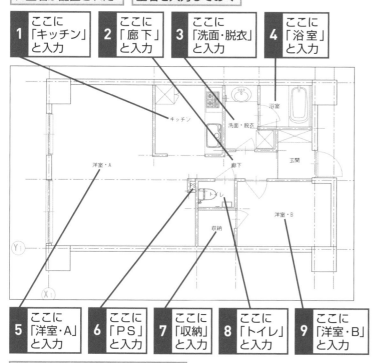

5 ここに「洋室・A」と入力	6 ここに「PS」と入力	7 ここに「収納」と入力	8 ここに「トイレ」と入力	9 ここに「洋室・B」と入力

レッスン⑬を参考に、ファイルを上書き保存しておく

Point

室名は見やすい位置に配置する

ここでは部屋の中央に文字を配置して、室名を記入しています。中央にせず、任意の位置に文字を配置することもできますが、簡単に真ん中に文字を配置できるのは、CADソフトの利点の1つです。文字は見やすい位置に記入して、整然とした印象になるように心がけましょう。

76

ハッチングを作成するには

ハッチング、ポリライン

図面の表示を効果的に表現するために、ハッチングを作成します。ハッチングは現在の画層に作成され、文字や寸法の周囲はハッチングされません。

キーワード

オブジェクト	p.340
画層	p.341
ポリライン	p.343

📄 **レッスンで使う練習用ファイル**
ハッチング.dwg

HINT!

なぜポリラインで作図するの？

[ポリライン] コマンドは、複数の連続して作成した線分を1つのオブジェクトとして作成します。手順6で補助線の役割で作図したポリラインを削除する場合、ワンクリックで削除ができる利便性からポリラインを利用しています。この補助線を、複数の線分などで作図するとそれぞれの選択に時間がかかります。

ここでやること

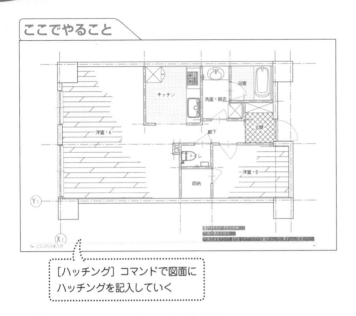

[ハッチング] コマンドで図面にハッチングを記入していく

① 洋室・Aのハッチングの境界線を作図する

レッスン㊼を参考に、画層を[ハッチング]に変更しておく

レッスン⑫を参考に、[ポリライン]コマンドを実行しておく

1	ハッチングの境界線を作図	2	Enter キーを押す

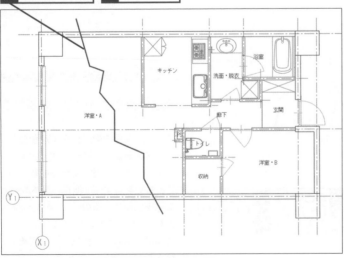

② 洋室・Bのハッチングの境界線を作図する

[ポリライン] コマンドを実行しておく	**1** ハッチングの境界線を作図	**2** Enter キーを押す

③ ハッチングを設定する

境界線が作図された

1 [ホーム] タブをクリック	**2** [ハッチング] をクリック

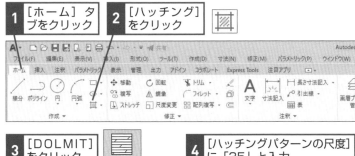

3 [DOLMIT] をクリック	**4** [ハッチングパターンの尺度] に「35」と入力

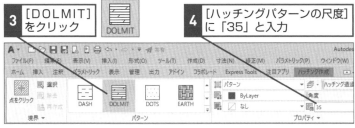

5 Enter キーを押す

HINT!

ハッチングって何？

図面の中で目立たせたいところ、ほかとは区別して見せたいところ、切断面となる部分はハッチングという方法で図示します。[ハッチング] コマンドの場合、線および曲線で囲まれた領域に斜線や格子状の線など、あらかじめ設定されているパターンで作成できます。閉じられた領域の内側を指定すると、自動的にハッチング領域が認識されます。手順6では手順1と2で作成した境界線を削除しますが、ハッチングの領域は保持されたままとなります。

HINT!

ハッチングの尺度を設定する

手順3～4で数値を入力しているのは、ハッチングパターンの尺度を指定するためです。この平面図は縮尺1:50で印刷をする予定です。図面に対して適切な表示にするために、大まかに縮尺の分母（50）を目安に指定するといいでしょう。数値が大きくなるとハッチングパターンは、大きく表示されます。この平面図では、尺度の指定を「35」にして、細かく表示させて調整しています。実際のフローリングサイズではなく、イメージパターンで表記します。

次のページに続く

④ 洋室・Aにハッチングを作成する

1 ハッチングする領域の内側にカーソルを合わせる

2 そのままクリック

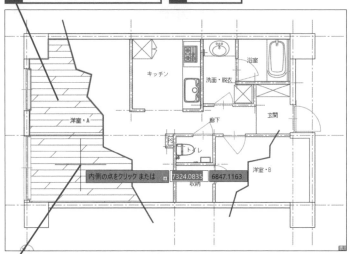

内側の点をクリックまたは 7324.0835 6847.1163

3 下の領域にカーソルを合わせる

4 そのままクリック

⑤ 洋室・Bにハッチングを作成する

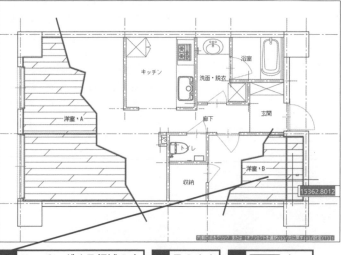

15362.8012

1 ハッチングする領域の内側にカーソルを合わせる

2 そのままクリック

3 Enter キーを押す

HINT!

クリックすると編集できる

ハッチングをクリックすると、リボンに［ハッチング編集］タブが表示されます。［ハッチング編集］タブの項目を利用すれば、ハッチングパターンの変更や尺度を簡単に変更できます。

ハッチングパターンや尺度を変更できる

⑥ ハッチングの境界線を削除する

1	手順 1 ～ 2 で作成した ポリラインをクリック
2	Delete キー を押す

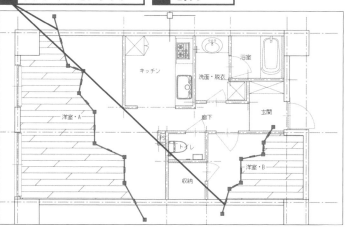

76

ハッチング、ポリライン

HINT!

ハッチングに失敗したときは

クリックした領域が閉じられていない場合、警告のメッセージが表示されます。閉じられていない境界線の端点に赤い丸が表示され、隙間があることが分かります。隙間を作らないように、正確な作図をしましょう。

> 領域が閉じられていない
とエラーメッセージが表
示される

⑦ ハッチングを作成する

ポリラインで作図した 境界線が削除された	1	[キッチン] に尺度 50 で [DOTS] のパターンを適用

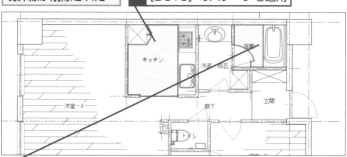

2	[浴室] に尺度 50 で [DOTS] の パターンを適用

3	[玄関] に尺度 50 で [ANSI37] の パターンを適用

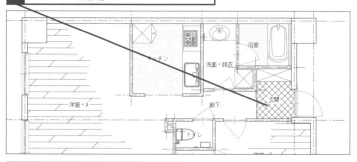

レッスン⑬を参考に、ファイルを
上書き保存しておく

Point

閉じた領域を用意する

このレッスンでは [ハッチング] コマンドによるハッチングの操作を解説しました。閉じた領域をクリックすれば、ハッチングは簡単に作成できます。閉じた領域がない場合は、このレッスンのように、後から線分を追加して閉じた領域を作るテクニックが効果的です。仕上がりをイメージしながら効果的なハッチングを行いましょう。

77

通り芯符号を挿入するには

ブロック挿入、属性編集

寸法を記入する前に、ブロック登録されている通り芯符号を図面に挿入します。このブロックには、属性定義された通り芯の番号を入力します。

ここでやること

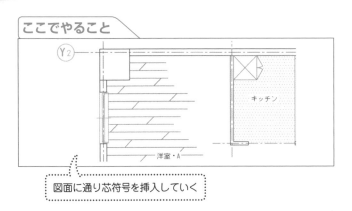

図面に通り芯符号を挿入していく

📄 レッスンで使う練習用ファイル
ブロック挿入.dwg

HINT!

ブロック挿入の設定とは

ブロック図形は、複数の図形をまとめて、名前を付けて登録したものです。ブロック図形を挿入するときには、表示されるダイアログボックス内で挿入位置、尺度、回転角度の指定をして、現在の画層へ何度も挿入することができます。尺度は、図面の縮尺の分母の数値を指定します。挿入されたブロック図形は複数の図形で構成されていても、1つの図形として扱われます。必要に応じて後から分解ができるので、[分解]のチェックマークははずしておきましょう。

HINT!

図面ファイル全体を挿入できる

図面内に登録されたブロック図形だけではなく、[ブロック挿入]ダイアログボックスの[参照]ボタンをクリックして、[図面ファイルを選択]ダイアログボックスから目的の図面ファイルを選択し、現在の図面に挿入することができます。いくつかの図面ファイルを活用し、素早く新しい図面を作成することも可能です。

マンション平面図を作図しよう　実践編　第7章

① [ブロック挿入] コマンドを実行する

レッスン㊼を参考に、画層を[記号・符号]に変更しておく

1 [挿入]タブをクリック

2 [挿入]をクリック

3 [最近使用したブロック]をクリック

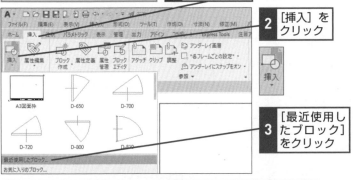

ブロックパレットが表示された

4 [現在の図面]をクリック

5 [X通り芯]をクリック

6 [XYZ尺度を均一に設定]を確認

7 「50」と入力

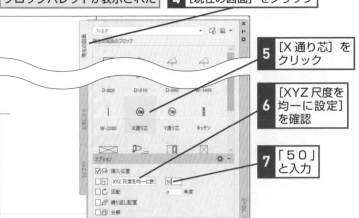

② X通り芯符号を配置する

図面の右下に「X2」の通り芯符号を配置する	図面の右下を拡大しておく

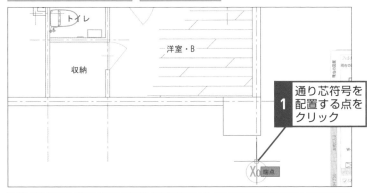

1 通り芯符号を配置する点をクリック

[属性編集] ダイアログボックスが表示された

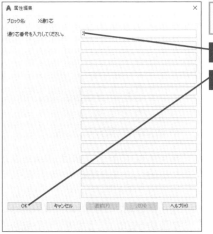

2 「2」と入力

3 [OK] をクリック

③ Y通り芯符号を配置する

通り芯符号を配置できた	同様にして図面の左上に「Y2」の通り芯符号を配置しておく	レッスン⑬を参考に、ファイルを上書き保存しておく

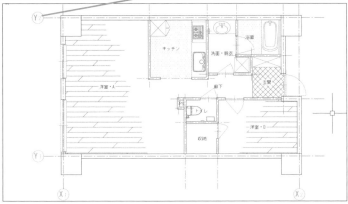

HINT!

属性って何？

属性とは、ブロック図形の文字情報と考えましょう。例えば、家具のブロック図形にその製品の種類や材質、価格、規格品などの情報を属性定義で付加できます。図面上に配置されているブロックの属性情報を取り出して、集計表や発注・見積もりなどに利用できます。マンション平面図では、X、Y軸の記入は固定の文字記号とし、変化する通り芯番号に属性を割り当てて活用しています。

Point

文字を含んだブロック図形も簡単に挿入できる

このレッスンでは練習用ファイルに登録済みの [X通り芯] と [Y通り芯] というブロック図形を図面に挿入しました。これらのブロック図形は文字を含んでいますが、配置する場所を選択した後 [属性編集] ダイアログボックスで入力すれば、簡単に文字を編集できます。

78

マンション平面図に寸法を記入するには

長さ寸法、直列寸法記入

建築図面用に設定された寸法スタイルを使用して、平面図に寸法を記入します。完成図を参考にして重複する寸法値がないように、バランス良く記入しましょう。

ここでやること

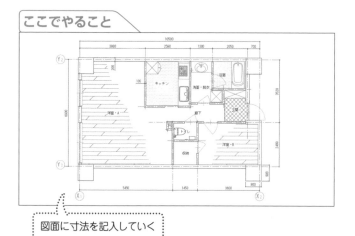

図面に寸法を記入していく

レッスンで使う練習用ファイル
直列寸法記入_2.dwg

マンション平面図を作図しよう　実践編　第7章

① 図面の上側（X通り）の寸法を記入する

レッスン❹を参考に、画層を［寸法］に変更しておく

レッスン❾を参考に、図面の上側を拡大しておく

［長さ寸法］コマンドと［直列寸法記入］コマンドで寸法を記入していく

1 このように寸法を記入

外壁と間仕切り壁の寸法を記入していく

2 このように寸法を記入

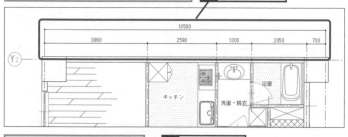

HINT!

点を指定する順番で寸法値の位置が変わる

AutoCADの長さ寸法は、2点をクリックするとその距離を自動計測し、既定値では寸法線の中央に寸法数値を配置します。手順1の外壁または間仕切り壁にように間隔が狭い場合には、2点目側に寸法の数値を配置します。間仕切り壁の100mmは、初めに右側の間仕切り壁線の［中点］をクリックし、2点目側は左の間仕切り壁線の［中点］をクリックすると図で示すように寸法の数値が左側に配置されます。この寸法値の位置は、記入後にグリップで編集することもできます。

② 図面の左右の寸法（Y通り）を記入する

レッスン❾を参考に、図面全体を表示しておく

[長さ寸法] コマンドと [直列寸法記入] コマンドで寸法を記入していく

1 このように寸法を記入

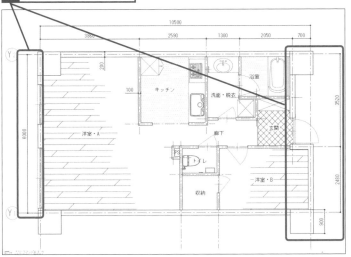

③ 図面の下側（X通り）の寸法を記入する

[長さ寸法] コマンドと [直列寸法記入] コマンドで寸法を記入していく

1 このように寸法を記入

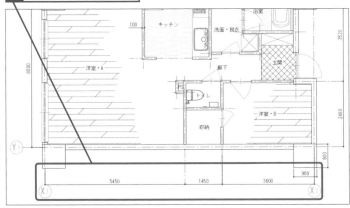

レッスン⑱を参考に、ファイルを上書き保存しておく

HINT!

後から寸法値の位置を変更するには

すでに記入した寸法図形を個別に移動する場合には、表示されるグリップで編集しましょう。青く表示された寸法値のグリップをクリックすると、赤色に変わります。ストレッチ点を指定できるので、上側にカーソルを移動してクリックして位置を変更します。

1 寸法図形をクリック　**2** 寸法値のグリップをクリック

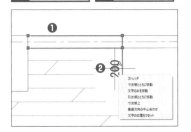

3 移動先の点をクリック　寸法値が移動する

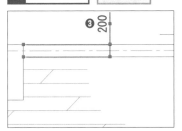

Point

寸法値の位置を思い通りに配置しよう

このレッスンでは作成した図面に寸法を記入しました。壁のように、寸法値が寸法線の中央に入りきらない場合、寸法値は右側か左側に配置されます。寸法値の位置は2点目の側に配置されるので、右側に配置する場合は左側を先に、左側に配置する場合は右側を先にクリックします。意図通りの位置に寸法値を配置できるよう、クリックの順番に気を付けましょう。

マンション平面図に
ビューを登録するには

ビュー

作図した平面図に「ビュー」を登録しましょう。ここでは、浴室付近の詳細図などの作業に便利な表示状態（ビュー）を登録し、レイアウトで活用します。

ここでやること

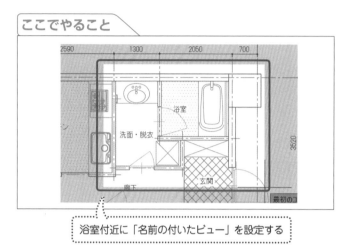

浴室付近に「名前の付いたビュー」を設定する

📄 レッスンで使う練習用ファイル
ビュー .dwg

HINT!

「ビュー」って何？

「ビュー」とは、実行中のAutoCADの画面に表示される図面の状態、と考えましょう。特定の表示状態に名前を付けて登録しておくと、後から素早く呼び出せます。例えば、拡大や縮小した状態を頻繁に繰り返す作図・編集作業では、ビューを活用すると便利です。

浴室詳細のビューの作成

① オブジェクトスナップをオフにする

ここでは、ビューの範囲を選択しやすくするために、オブジェクトスナップをオフにして操作を進める

1 ［カーソルを 2D 参照点にスナップ］をクリック

② 浴室の詳細ビューを新規作成する

ここでは「浴室詳細」という名前で新しいビューを作成する

1 ［表示］タブをクリック

2 ［新しいビュー］をクリック

🔍 新しいビュー

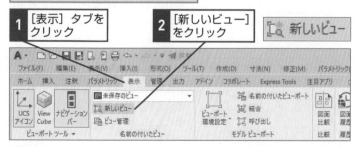

HINT!

ビューを登録すると何が便利なの？

名前を付けて登録したビューには、特定の表示倍率、位置、方向が保存されます。また、ビューはその図面に登録され、いつでも呼び出して使用できます。よく使用する図面の状態をすぐに再現できるので、モデル空間で、作図・編集作業をするときに便利です。また、レイアウト上で異尺度対応の詳細図を作成するときにも役立つ機能です。なお、レイアウトビューポートの操作手順は、レッスン⑳を参考にしましょう。

マンション平面図を作図しよう　実践編　第7章

③ 浴室詳細のビューのプロパティを設定する

1	「浴室詳細」 と入力	2	ここをクリックして [<なし>] を選択

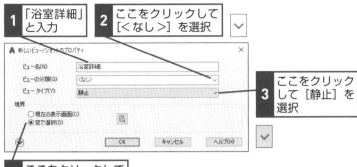

3 ここをクリック
して [静止] を
選択

4	ここをクリックして [窓で選択] を選択

④ 浴室詳細のビューを登録する

新しいビューの名前 が設定された	浴室付近を拡大 しておく

登録する範囲を 指定する	1	選択範囲の1点目 をクリック	2	選択範囲の2点目 をクリック

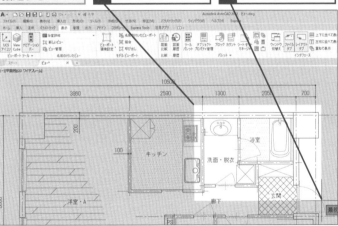

3 Enter キーを押す

4	[OK] をクリック	ビューが登録された

HINT!

現在の表示画面を
ビューの範囲に指定できる

手順4や手順7、手順11では、窓選択でビューの境界を指定していますが、現在の表示範囲をビューとして指定することもできます。例えば手順3で [現在の表示画面] を選択すると、モニター上に表示されている図面の状態をモデル空間の編集中に簡単に呼び出せます。

現在の表示範囲をビューとして 指定できる

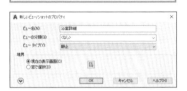

79

ビュー

次のページに続く

5 ビューが登録されたことを確認する

1 [表示] タブをクリック

2 [未保存のビュー] をクリック

一覧に [浴室詳細] が表示され、ビューとして登録されたことが確認できた

AutoCAD 2017以前で登録されたビューを確認するには

手順5で操作しているように、登録されたビューは、[表示] タブの [ビューを復元] の一覧から確認できますが、AutoCAD 2017以前では [ビューを復元] の一覧はありません。ビューを確認するには [ビュー管理] コマンドを利用します。

1 「VIEW」と入力

2 Enter キーを押す

[ビュー管理] ダイアログボックスが表示された

トイレ詳細のビューの作成

6 トイレ詳細のビューを新規作成する

ここでは「トイレ詳細」という名前で新しいビューを作成する

1 [新しいビュー] をクリック

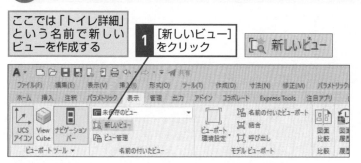

---

7 トイレ詳細のビューのプロパティを設定する

1 「トイレ詳細」と入力

2 ここをクリックして [<なし>] を選択

3 ここをクリックして [静止] を選択

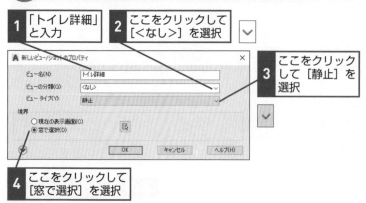

4 ここをクリックして [窓で選択] を選択

⑧ トイレ詳細のビューを登録する

トイレ付近を 表示しておく	登録する範囲を 指定する

1 ビューの選択範囲の
1点目をクリック

2 ビューの選択範囲の
2点目をクリック

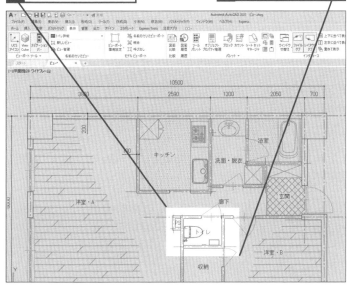

3 Enter キーを押す

4 [OK] をクリック

ビューが登録される

HINT!

登録したビューを削除するには

一度登録したビューを削除するには、[ビュー管理] ダイアログボックスを利用します。[モデルビュー] の左の [+] をクリックすると、登録済みのビューが一覧表示されます。一覧から削除するビューの名前をクリックして選択し、[削除] をクリックすれば、ビューを削除できます。

1 「VIEW」
と入力

2 Enter キーを
押す

[ビュー管理] ダイアログボックスが表示された

3 [モデルビュー] の
[+] をクリック

4 削除するビューを
クリック

5 [削除] をクリック

6 [OK] をクリック

ビューが削除される

次のページに続く

全体表示のビューの作成

⑨ 画層を非表示にする

ここでは［ハッチング］と［寸法］の画層を非表示にする

> **1** ［ホーム］タブを
> クリック

> **2** ［画層コントロール］を
> クリック

> **3** ［ハッチング］の
> ここをクリック

> **4** ［寸法］のここ
> をクリック

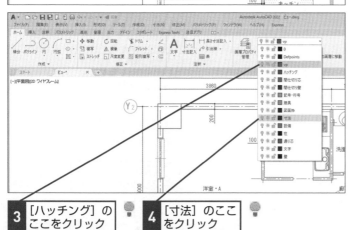

［ハッチング］と［寸法］の画層が非表示になる

⑩ 全体表示のビューを新規作成する

マウスのホイールボタンをダブルクリックして
図面全体を表示しておく

> **1** ［表示］タブをクリック

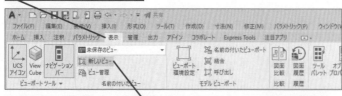

ここでは「全体表示」
という名前で新しい
ビューを作成する

> **2** ［新しいビュー］
> をクリック

HINT!

画層の状態も保存される

ビューの登録時には、境界だけでなく、画層の状態も保存できます。画層の非表示やフリーズ、ロックなどの設定を行った状態をビューとして保存しておけば、次回以降、同じ画層の状態を再現する際には、保存したビューを呼び出すだけでOKです。

HINT!

登録したビューの境界を編集するには

一度登録したビューの境界を、後から編集したい場合は、［ビュー管理］ダイアログボックスで操作します。［モデルビュー］の［＋］をクリックして、登録済みのモデルビューの一覧を表示してからビュー名をクリックし、［境界を編集］をクリックすると、境界を指定し直せるようになります。

> **1** ［モデルビュー］の
> ［＋］をクリック

> **2** 境界を編集するビュー名を
> クリック

> **3** ［境界を編集］を
> クリック

境界が編集できる
ようになる

⑪ 全体表示のビューのプロパティを設定する

1	「全体表示」と入力	2	ここをクリックして[<なし>]を選択

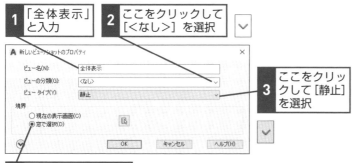

3 ここをクリックして[静止]を選択

4	ここをクリックして[窓で選択]を選択

⑫ 全体表示のビューを登録する

登録する範囲を指定する	1	ビューの選択範囲の1点目をクリック	2	ビューの選択範囲の2点目をクリック

3	Enter キーを押す

4	[OK]をクリック

ビューが登録される

HINT!

ビューの名前を変更するには

ビューの削除や境界の編集は[ビュー管理]ダイアログボックスから行えますが、ビュー名の変更は[ビュー管理]ダイアログボックスではできません。ビュー名を変更したいときには[RENAME]コマンドという名前変更専用のコマンドを利用できます。[名前変更]ダイアログボックスで[ビュー]をクリックし、名前を変更するビュー名を選択して新しい名前を入力します。

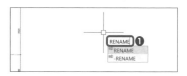

1	「RENAME」と入力	2	Enter キーを押す
3	[ビュー]をクリック	4	ビュー名をクリック

5	空欄に新しい名前を入力	6	[OK]をクリック

Point

モデル空間でビューを登録しよう

このレッスンで見てきたように、ビューはモデル空間から簡単に登録できます。一度登録したビューは、モデル空間で作業する際にも役立ちますし、レイアウト空間ではブロック図形のようにリボンギャラリーから配置でき、異尺度対応の図面を簡単に作れます。

80

レイアウトに複数の
ビューを挿入するには

ビューを挿入

名前の付いたビューは、レイアウトで簡単に挿入できます。ここでは、レッスン78で登録したビューを挿入しましょう。挿入の際に併せて尺度も設定します。

ここでやること

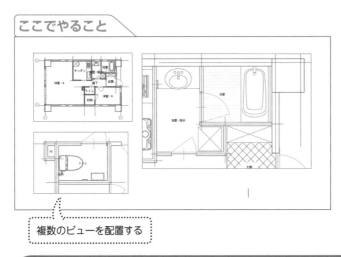

複数のビューを配置する

キーワード

モデル空間	p.343
レイアウト空間	p.343

レッスンで使う練習用ファイル
ビューを挿入.dwg

HINT!

ページ設定を確認するには

練習用ファイルには、ページ設定が適用されています。内容を確認するには下の手順で[ページ設定管理]ダイアログボックスを表示し、[修正]からページ設定を開きます。内容の確認が終わったら、[キャンセル]を2回押せば、変更を加えずにレイアウトに戻れます。

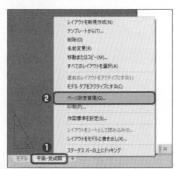

1	レイアウト名が付いたタブを右クリック	
2	[ページ設定管理]をクリック	

1 レイアウトの画面を表示する

[平面・完成図]の
画面を表示する

1 [平面・完成図]タブをクリック

レイアウトが表示された

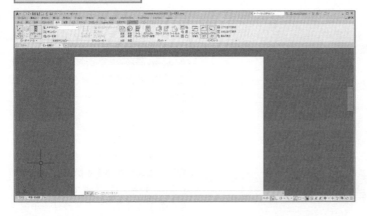

マンション平面図を作図しよう

実践編 第7章

② 挿入するビューを選択する

ここでは[全体表示]のビューを挿入する

1 [レイアウト]タブをクリック

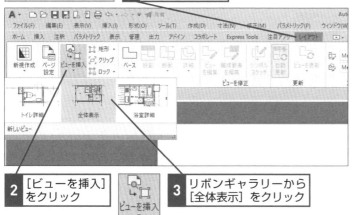

2 [ビューを挿入]をクリック

3 リボンギャラリーから[全体表示]をクリック

③ 尺度と配置位置を設定する

ここでは尺度を1:100に設定する

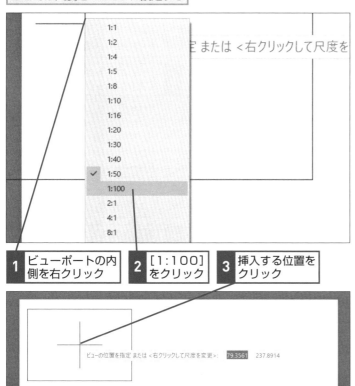

1 ビューポートの内側を右クリック

2 [1:100]をクリック

3 挿入する位置をクリック

ビューの位置を指定 または <右クリックして尺度を変更>: 79.3561 237.8914

<HINT!>
HINT!

配置したビューポートの表示状態を確認するには

配置したビューポートの画層は、ビュー登録したときの表示設定が保存されています。確認したいときには、一度ビューポートの内側をダブルクリックしてから、[画層コントロール]で画層の一覧を表示します。

1 ビューポートの内側をダブルクリック

[画層コントロール]をクリックすると、ビューポートの画層を確認できる

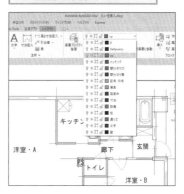

次のページに続く

④ ビューが配置された

[全体表示]のビュー
が挿入された

手順2を参考に、ビュー
の一覧を表示しておく

ここでは続けて[浴室詳
細]のビューを挿入する

1 [浴室詳細]を
クリック

2 挿入する位置
をクリック

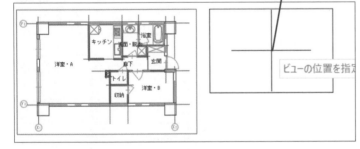

⑤ ビューの尺度の一覧を表示する

ここではグリップ編集で
ビューの尺度を変更する

1 ビューポート枠を
クリック

2 三角形の尺度変更グリップ
をクリック

HINT!

リボンギャラリーが
利用できない場合は

リボンギャラリーが利用できるのは、
AutoCAD 2018以降のバージョンだ
けです。AutoCAD 2017以前のバー
ジョンでレイアウトにビューポート
を作成するときは、[矩形]でビュー
ポートの枠となる矩形を作成した
後、ビューポートの内側をダブルク
リックしてから、画面右下のステー
タスバーで尺度を変更しましょう。

1 [レイアウト]
タブをクリック

2 [矩形]の[▼]
をクリック

3 [矩形]を
クリック

4 1点目を
クリック

5 2点目を
クリック

6 ビューポートの内側を
ダブルクリック

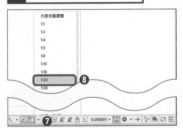

7 [選択されたビューポート
の尺度]をクリック

8 [1:20]をクリック

尺度1:20のビューポート
が作成される

9 ステータスバーのこの
アイコンをクリック

ビューポートがロックされる

6 ビューの尺度を変更する

尺度の一覧が
表示された

ここでは尺度を 1:20 に
設定する

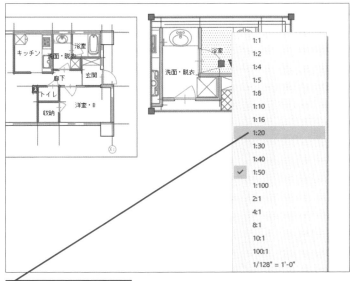

1 [1:20] をクリック

HINT!

ビューで利用できる グリップ編集とは

ほかのオブジェクトと同様に、ビューを選択するとグリップが表示され、操作を加えればグリップ編集ができます。中心の正方形のグリップをクリックすると、ビューの移動ができるほか、その隣の三角形をクリックすれば、手順6のように、一覧から尺度を選択できます。また、四隅の正方形をクリックすると、ビューの境界位置を修正できます。

7 続けてビューを配置する

ビューの尺度が
変更された

ビューポートの位置
を整えておく

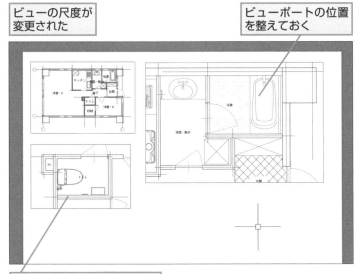

同様の手順で［トイレ詳細］
を尺度 1:20 で挿入しておく

Point

配置したビューの尺度は 簡単に変更できる

ここでは、レイアウトにビューを配置する手順を見てきました。ビューの尺度は、配置位置を指定する前に右クリックで選択することもできますし、配置位置の指定後に三角形のグリップをクリックして変更することもできます。ブロック図形の配置と同じような感じで、ビューを自由に配置できることを覚えておきましょう。

81

ビューポート内の図に寸法を記入するには

異尺度対応

作成したビューの内側をダブルクリックして、寸法記入してみましょう。異尺度対応で図面を作成するときには、寸法スタイルも異尺度対応に設定します。

ここでやること

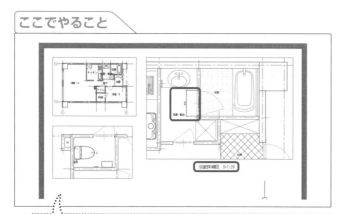

ビューポートの内側に寸法を、外側にタイトルをそれぞれ記入する

▶ キーワード

異尺度対応機能	p.340
モデル空間	p.343
レイアウト空間	p.343

📄 レッスンで使う練習用ファイル
異尺度対応.dwg

HINT!

異尺度の設定を確認するには

記入した寸法を選択し、右クリックで表示されるメニューから、[オブジェクトプロパティ管理]をクリックしましょう。[その他]-[異尺度対応]の項目が[はい]となっています。また、寸法スタイル[寸法・建築]（異尺度対応）の異尺度対応の尺度が1:20に設定されています。

1 寸法図形を選択して右クリック

2 [オブジェクトプロパティ管理]をクリック

[異尺度対応]に[はい]と表示されていることを確認する

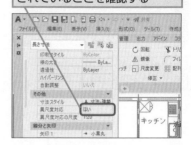

1 ビューポート内を編集できるようにする

ここでは[浴室詳細]のビューを編集する

レッスン㊼を参考に、画層を[寸法]に変更しておく

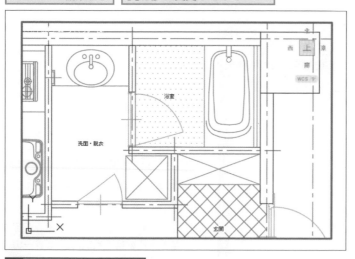

1 ビューポートの内側をダブルクリック

② 浴室出入り口の寸法を記入する

ビューポートが編集可能な状態になった	レッスン❸を参考に、[寸法記入]コマンドを実行しておく

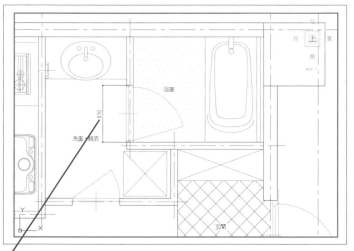

1	浴室出入口の寸法を記入

③ ビューポートの外側にタイトルを記入する

ここでは「浴室詳細図　S=1:20」と入力する	**1** ビューポートの外側をダブルクリック

モデルからレイアウトへ切り替わった	レッスン❹を参考に、画層を[文字]に変更しておく	レッスン❸を参考に、[文字記入]コマンドを実行しておく

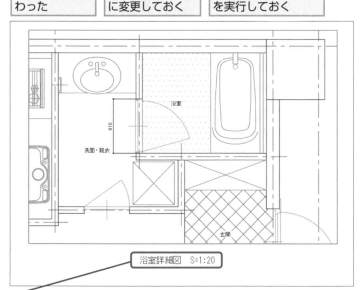

浴室詳細図　S=1:20

2	レイアウト側に詳細図のタイトルと尺度を記入

HINT!

ビューポート内の尺度を確認するには

寸法記入をする浴室詳細図は、縮尺が1:20に設定されています。確認するには、ビューポートをダブルクリックで選択して右下の[選択されたビューポートの尺度]を見てみましょう。

1	ビューポートの内側をダブルクリック

[選択されたビューポートの尺度]に尺度が表示された	1:20 ▼

Point

尺度が混在する図面も簡単に作れる

リボンギャラリーからレイアウトビューポートの機能を使用すると、レイアウトに異尺度対応の図面を作成できます。それぞれのビューポートの近くには、タイトルと尺度を入れておくと分かりやすい図面になるでしょう。なお、そのほかのビューポートも選択して、異尺度対応の寸法スタイルで寸法記入しましょう。各尺度に自動的に対応する寸法文字で寸法が記入されます。

82

複数の図面を比較するには

図面比較

AutoCAD 2019から搭載された［図面比較］コマンドを実行すると、2つの図面間で異なる部分を比較し、変更されている個所を分かりやすく確認できます。

Before

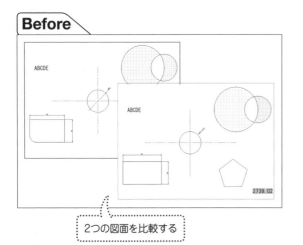

After

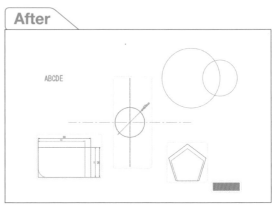

2つの図面を比較する

マンション平面図を作図しよう

実践編 第7章

① 比較するための精度を確認する

ここでは［図面比較_1］を比較元の図面にする

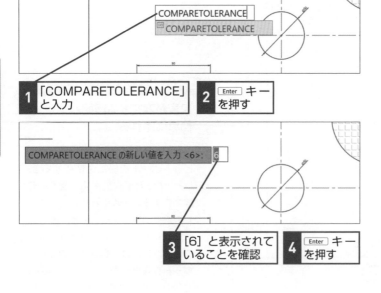

1 「COMPARETOLERANCE」と入力

2 Enter キーを押す

COMPARETOLERANCE の新しい値を入力 <6>: 6

3 ［6］と表示されていることを確認

4 Enter キーを押す

キーワード

オブジェクト	p.340
図面比較	p.342

📄 **レッスンで使う練習用ファイル**
図面比較_1.dwg、
図面比較_2.dwg

HINT!

「COMPARETOLERANCE」にはどんな数値を入力すればいいの？

比較するための精度は、システム変数「COMPARETOLERANCE」で指定します。指定の範囲は「1」〜「14」で、既定値は「6」です。「6」のままでも問題有りませんが、精度を上げたいときは数字を大きくし、精度を下げたいときは数字を小さくしましょう。なお、システム変数の設定は「図面比較_1」側に設定します。

② 比較対象となるプロパティを指定する

ここでは比較対象とするオブジェクトの
数値として「79」と入力する

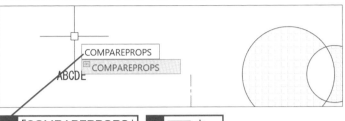

| 1 | 「COMPAREPROPS」と入力 | 2 | Enter キーを押す |

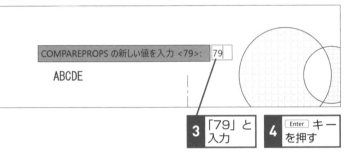

| 3 | 「79」と入力 | 4 | Enter キーを押す |

③ 比較する図面を選択する画面を表示する

| プロパティが指定された | 1 | [コラボレート] タブをクリック |

| 2 | [図面比較]をクリック | 図面比較 |

次のページに続く

HINT!

「COMPAREPROPS」にはどんな数値を入力すればいいの？

システム変数「COMPAREPROPS」に入力する値は、以下の表のうち、比較対象とするオブジェクトの数値を足し合わせます。初期値の指定は、プロパティ（色や線種など）の比較の対象は「0（＝なし）」となっているため、設定を変更する必要があります。数値は、比較する項目の値を加算しましょう。ここでは、「1（色)」と「2（＝画層)」、「4（＝線種)」、「8（＝線種尺度）」、「64（＝透過性）をそれぞれ合計し、「79」と入力しています。

● COMPAREPROPSの入力値と項目

入力値	項目
0	なし
1	色
2	画層
4	線種
8	線種尺度
16	線幅
32	厚さ
64	透過性

④ 図面の比較を実行する

比較先の図面として
[図面比較 _2] を開く

1 比較するファイル
をクリック

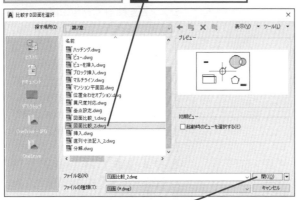

2 [開く] をクリック

2つの図面を比較する
図面が表示された

比較元の図面 1 が緑色、比較先
の図面 2 が赤色で表示される

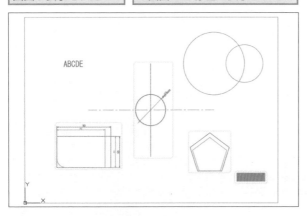

ABCDE

⑤ ハッチングを表示する

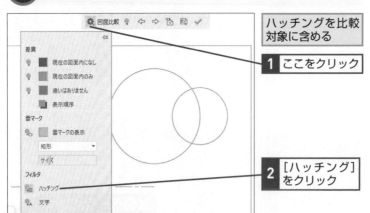

ハッチングを比較
対象に含める

1 ここをクリック

2 [ハッチング]
をクリック

HINT!

同じオブジェクトは
グレーで表示される

図面比較を実行したとき、異なる形
状のオブジェクトは赤色の線と緑色
の線で重なって表示されます。しか
し、同じ形状のオブジェクトはグレー
で表示されます。

同じ形状のオブジェクト
はグレーで表示される

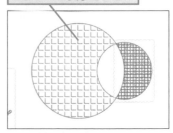

異なる形状のオブジェクト
は緑や赤の線で表示される

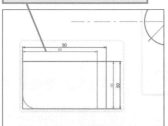

[フィールド] コマンド
で記入した表記は塗り
つぶされて表示される

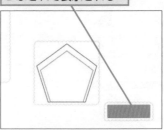

数字を表示したいとき
は、次ページの HINT! を
参考に、設定を変更する

マンション平面図を作図しよう

実践編 第7章

⑥ 比較元の図面を非表示にする

比較元として開いていた［図面
比較 _1］の図面を非表示にする

1 ［図面 1］の電球のアイコン
をクリック

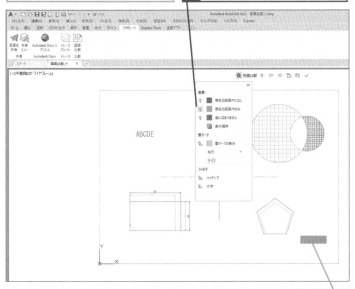

面積が記入されていた部分は緑色で
塗りつぶされて表示される

⑦ 比較元の図面が非表示になった

［図面 1］が非表示になり［図面 2］のみ
表示されるようになった

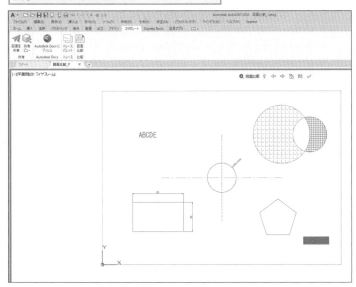

もう一度［図面 1］の電球のアイコンをクリックすれば、
［図面 1］を表示できる

HINT!

フィールドが塗りつぶされないようにするには

［図面比較］コマンドでは、［フィールド］コマンドで記入した面積の表記などが、緑色や赤色で塗りつぶされて表示されます。オプションで以下の設定を変更すれば、フィールドが塗りつぶされず、数字を表示できるようになります。

1 ［アプリケーション］
をクリック

2 ［オプション］をクリック

3 ［基本設定］タブをクリック

4 ［フィールドの背景を表示］をクリックしてチェックマークをはずす

5 ［OK］をクリック

数字が表示されるようになった

Point

複数の図面の差分を調べられる

AutoCAD 2019で追加された新機能［図面比較］コマンドでは、2つの図面の差分を簡単に検出できます。一方の図面の表示と非表示を切り替えるのも簡単です。あらかじめシステム変数を変更しておかないと、比較がうまく行かない点に注意が必要ですが、使いこなせれば、検図を行う際に役立つことでしょう。

この章のまとめ

●基本機能を使いこなそう

この章では、大規模な建築物のマンション計画図から、1住戸の平面図の例で作図方法を解説しました。AutoCADは機能を組み合わることで、より効率的で正確に操作できるようになっています。もちろん、補助線を使用して作図を行うことも業務上では多くありますが、汎用性の高いAutoCADを習得するには、基本機能を実践に生かすことができるよう図面作成に積極的に使ってみることが大切です。個人の住宅などの木造建築物も要領は同じです。作成コマンドや修正コマンドの使い方を習得すれば、平面図、立面図、矩計図、詳細図などの図面も描けるようになります。

**作図機能をマスターすれば
建築図面の作図も簡単**

基本機能を活用すれば効率的な作図方法を身に付けられる。
さまざまな機能を率先して使ってみよう

AutoCADをもっと活用しよう

この章では、一般的にCAD図面で扱うシンボル図形の登録（ブロック定義）を解説します。さらにAutoCAD 2022新機能の［カウント］コマンドで自動的にブロック図形の個数を拾い、表コマンドに連携してレイアウト上に配置する操作を紹介します。また、AutoCAD 2022から標準で搭載された［Express Tools］の中から、比較的に操作が簡単で、便利な機能を具体的に解説します。

●この章の内容

83

ブロック定義とは

ブロック定義

AutoCADでは、繰り返し使う部品図形や家具などを「ブロック図形」として登録すると、図面上に1つのオブジェクトとして何回も挿入できます。

---

1 ブロック定義コマンドを実行する

練習用ファイルを開いておく

| 1 | [挿入] タブをクリック | | 2 | [ブロック作成] のここをクリック |

| 3 | [ブロック作成] をクリック | | [ブロック定義] ダイアログボックスが表示される |

2 ブロックにする図形を選択する

AutoCAD の画面を表示しておく

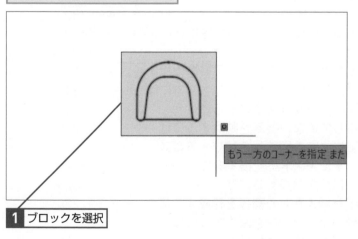

もう一方のコーナーを指定 また

| 1 | ブロックを選択 |

キーワード

オブジェクト	p.340
ブロック図形	p.343
リボン	p.343

レッスンで使う練習用ファイル
ブロック定義.dwg

HINT!

ブロックエディタで作図してもブロック定義ができる

実務では図面上にある図形をブロックとして定義し、活用することが多いですが、[ブロックエディタ] コマンドを実行して、[ブロック定義を編集] のボックス内で新しいブロック名を記入し、ブロックエディタ内で作図しても定義ができます。

❸ ブロック定義の内容を確認しよう

❶ 名前　　　**❸ オブジェクト**　　**❹ 動作**

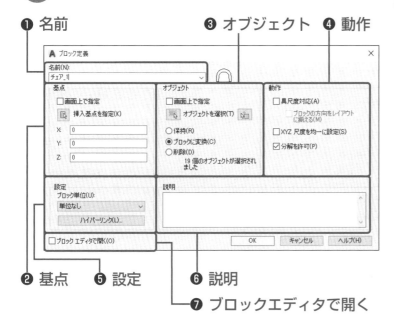

❷ 基点　**❺ 設定**　　**❻ 説明**

❼ ブロックエディタで開く

❶名前
名前は半角で最大255文字で、文字、数字、空白なども使用できます。

❷基点
画面上で点を指定する方法以外に、X,Y,Zの座標でも基点を指定できます。

❸オブジェクト
新しいブロックに含めるオブジェクトを指定します。ブロック登録時のオブジェクトの[保持]、[ブロックに変換]、[削除] の指定をします。

❹動作
ブロックとして配置された後の、異尺度対応や分解の指定をします。

❺設定
ブロック参照の単位指定や、ハイパーリンクの指定をします。

❻説明
ブロックの編集や説明、作成時の目的などを入力します。

❼ブロックエディタで開く
ブロックの作成・編集やダイナミック動作を定義するために使用します。

Point

登録の基本的な操作を理解しよう

AutotCADでは複数の要素で構成された図形を登録することを「ブロック定義」と呼びます。CAD図面に挿入したいシンボル図形と考えましょう。登録の基本的な操作を理解して図面上の配置や編集方法に役立てましょう。

84

ブロックを定義するには

ブロック定義と挿入

図面内で家具を有効活用できるように、ブロック定義しましょう。AutoCADの画面とダイアログボックスを行き来しながら操作をします。

① ブロック定義画面を表示する

練習用ファイルを開いておく

| **1** [挿入] タブをクリック | **2** [ブロック作成] のここをクリック |

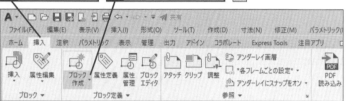

キーワード

基点	p.341
ブロック図形	p.343
リボン	p.343

📄 レッスンで使う練習用ファイル
ブロック定義.dwg

② 挿入基点を指定する

[ブロック定義] ダイアログボックスが表示された

| **1** 「チェア_1」と入力 | **2** [挿入基点を指定] をクリック | |

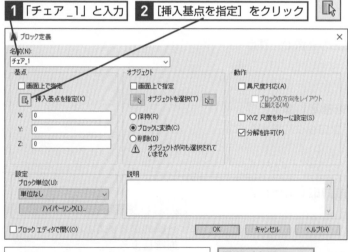

図面が表示された

3 イス座面の [中点] をクリック

中点

HINT!

挿入基点とは

[挿入基点] は、図面上にブロック図形を配置するための基準となります。挿入基点がカーソルの中心に付いてくるため、最適な位置に設定するとブロック図形を配置しやすくなります。

HINT!

オブジェクトスナップをオンにしておこう

手順2では、家具を配置するときに便利な点（中点）を指定しています。[挿入基点を指定] ボタンをクリックすると、画面上でクリック操作するだけで簡単かつ正確に指定できます。オブジェクトスナップは必ずオンにして操作しましょう。

AutoCADをもっと活用しよう

実践編 第8章

③ ブロックにする図形を選択する

[ブロック定義] ダイアログ
ボックスが再度表示された

1 [オブジェクトを選択]
をクリック

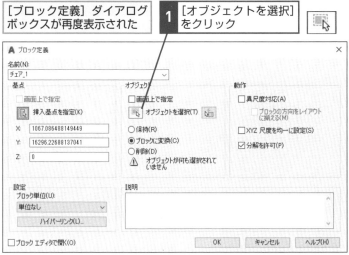

図面が表示された

2 イス全体を
窓選択する

3 Enter キーを押す

④ オブジェクトの設定をする

[ブロック定義] ダイアログボックスが再度表示された

1 [保持] をクリック **2** [分解を許可] をクリック

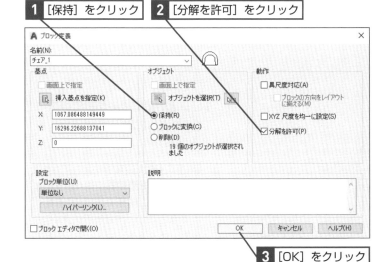

3 [OK] をクリック

次のページに続く

HINT!

**ブロック定義後の
オブジェクトの項目について**

手順4の操作1では、ブロックを定義
した後に [保持] を選択しますが、
ここで選択可能な [ブロックに変換]
[削除] との違いは以下のようになり
ます。

・[保持]
　作成後、選択したオブジェクトは
　図面上で保持されます。
・[ブロックに変換]
　作成後、選択したオブジェクトは
　そのままブロックに変換されます。
・[削除]
　作成後、選択したオブジェクトは
　図面上から削除されます。

HINT!

分解を許可する理由

図面上で、個別にブロックを編集し
たい時などに、分解して作業する場
合もあります。ブロックを登録する
ときは、いつでも分解できるように
[分解を許可] をオンにしましょう。

⑤ ブロックパレットを表示する

レッスン㊿を参考に画層を
[家具]に切り替えておく

1 [表示]タブをクリック

2 [ブロック]をクリック

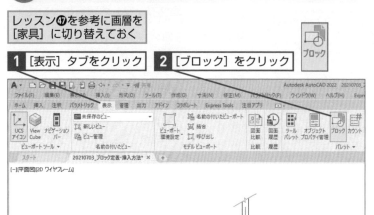

HINT!

**ブロックを挿入する画層に
注意**

基本的に、0画層、色や線種は
「BYLAYER」で定義されたブロック
図形を挿入すると現在の画層の設定
に従います。その以外の設定を継承
することも可能ですが、シンプルに
使えるようにしましょう。

⑥ ブロックを選択する

ブロックパレットが
表示された

1 [現在の図面]タブを
クリック

2 [チェア_1]をクリック

HINT!

**[繰り返し配置]で作業効率を
上げる**

[繰り返し配置]を「オン」するとブ
ロック挿入を自動的に繰り返すこと
ができます。同様のブロックを配置
する場合には、作業効率が良くなり
ます。終了するには Esc キーを押し
ましょう。

AutoCADをもっと活用しよう

実践編 第8章

⑦ ブロックを挿入する

図面の上にマウスカーソルを移動させる	ブロックが表示された

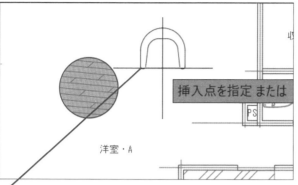

挿入点を指定 または

1 テーブルの近くに移動する

洋室・A

⑧ ブロックの位置を合わせる

1 テーブルの［四半円点］をクリック	ブロックが挿入された

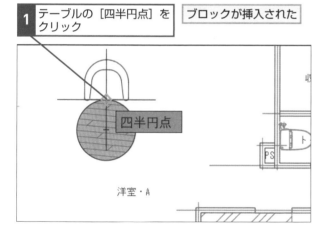

四半円点

洋室・A

HINT!

挿入された図面内のブロックは一括編集ができる

イスのブロック定義をブロックエディター内で編集すると、同じ図面内の同名のブロックは更新され、すべて新しい定義が反映されます。

Point

ブロックを使うと全体のデータ量が削減できる

ブロックに登録された図形は、図面内に挿入されると、複数の図形で構成されていても1つの図形として扱われます。このため、個別の図形を複写したときと比較すると、データ量の削減や管理が容易になります。

85

よく使うブロックを登録するには

お気に入り

[ブロック挿入] コマンドを実行するとブロックパレットが表示されます。パレット内で [お気に入り] に登録して他の図面でも使用できるように設定しましょう。

① ブロックパレットを表示する

練習用ファイルを開いておく

ブロック

1 [表示] タブをクリック

2 [ブロック] をクリック

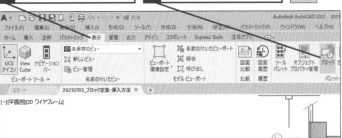

キーワード

基点	p.341
ブロック図形	p.343
リボン	p.343

📄 レッスンで使う練習用ファイル
お気に入り.dwg

② 最近使用したブロックを表示する

ブロックパレットが表示された

1 [最近使用] タブをクリック

HINT!

ブロックライブラリーって何？

ブロックライブラリーは、ブロックを保存したフォルダーなどを登録したものです。AutoCADでは図面ファイルをブロックとして作成できます。さらに、関連図面をフォルダーに保存して、指定のフォルダー内のブロックをライブラリーとして設定することもできます。登録したブロックや図面ファイルは、現在の図面に挿入することができます。

任意の図面ファイルを登録できる

AutoCADをもっと活用しよう

実践編 第8章

③ よく使うブロックをお気に入りにコピーする

ここでは［洗面台］ブロックを
［お気に入り］にコピーする

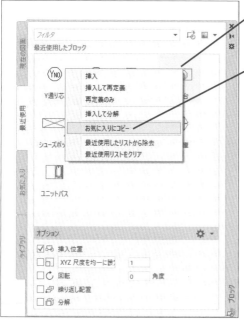

1 ［洗面台］を
右クリック

2 ［お気に入りにコピー］をクリック

［洗面台］ブロックが
［お気に入り］にコピーされる

④ お気に入りを確認する

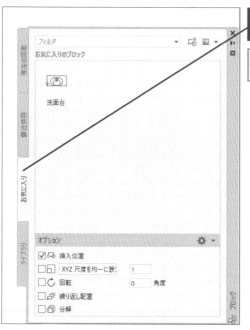

1 ［お気に入り］
タブをクリック

［洗面台］ブロックが
確認できた

HINT!

「お気に入り」から
削除するには

ブロックを個別に除去するには、選
択したブロック上で右クリックして
［お気に入りリストから除去］をク
リックします。全てを除去するには、
［お気に入りリストをクリア］をクリッ
クします。

Point

パレット表示は開いたままで
作業できる

このレッスンで紹介した［ブロック
パレット］などのパレットは、閉じず
にそのまま作業をすることができ、
またパレット上に入力した結果はす
ぐに図面に反映されます。また、手
順4の［オプション］は従来のバージョ
ンのAutoCADのものとほぼ同じ機能
を持っています。ブロック挿入時の
目的に合わせて、タブを切り替えて
使いこなしましょう。

86

ブロックの数を数えるには

カウント

［カウント］を実行すると、図面内のオブジェクトの数を正確にパレットに表示できます。図面上で、選択したブロックの表示やツールバーの役割を確認しましょう。

1 自動的にブロック数を表示する

練習用ファイルを開いておく

1 ［表示］タブをクリック

2 ［カウント］をクリック

カウント

キーワード

オブジェクト	p.340
ブロック図形	p.343

📄 レッスンで使う練習用ファイル
カウント.dwg

2 ブロック名を選択してハイライト表示する

［カウント］パレットが表示された

1 ［D-700］をクリック

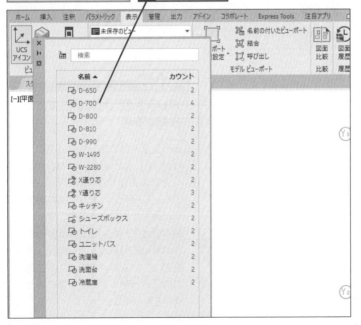

HINT!

表示されているオブジェクトでなければカウントできない

［カウント］コマンドはモデル空間に表示されているオブジェクトのみが対象となり、カウントパレットに数が表示されます。作業前に非表示になっている画層を確認しておきましょう。操作はレイアウト上でも可能です。

HINT!

カウントできないオブジェクトについて

カウントは、全てのオブジェクトタイプに対応はしていません。次の項目は、カウント機能から除外されます。

・文字
・構築線、放射線
・ハッチング
・イメージ
・OLEオブジェクト
・属性定義
・外部参照

AutoCADをもっと活用しよう

実践編 第8章

③ 図面上でブロックの位置を確認する

図面の中の［D-700］がハイライト表示された | **1** 位置を確認

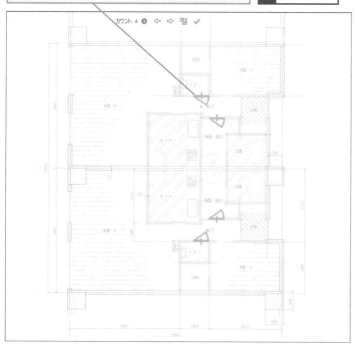

④ 表示を元にしてコマンドを終了する

1 ここをクリック

ハイライト表示が
解除される

HINT!

鏡像化したブロックを
カウントするには

図面内で元のブロックと鏡像化した
ブロックを区別して個数を確認した
いときは、ブロック名の右クリックメ
ニューから［鏡像状態］をクリックし
ましょう。［建具_既定］(元のオブジェ
クト) と［建具_鏡像］が区別される
ので、それぞれクリックすると図面
上のハイライト表示で確認できます。

1 ［D-700］を右クリック

2 ［鏡像状態］をクリック

Point

他の機能に比べて簡単に
一覧表示ができる

これまでに紹介してきた「クイック
選択」や「属性書き出し」に比べて、
カウントパレットは非常に簡単に一
覧表示や表への書き出しなどができ
ます。次のレッスンではブロックの
一覧表を作るので、合わせてマスター
しましょう。

86

カウント

👆 **テクニック** カウントツールバーを活用しよう

カウントコマンドを実行すると作図領域がブルーの太
枠で表示され、カウントされたブロック名をクリック
すると、該当するブロックが作図領域でハイライト表

示されます。上部のツールバーには、カウントされた
オブジェクトの数やオブジェクトのズームができるの
で確認作業も簡単にできます。

カウントの個数を表示　　　カウントの詳細を表示

カウントされたオブジェクトを
ズームして表示

カウントフィールドを
挿入

レイアウト上に建具の一覧表を作成するには

表を生成

[カウント]の機能でブロックの一覧表を生成できます。ここでは、モデル空間に作図した平面図内の建具のブロックを選択してタイプ別に個数を拾い、表にまとめます。

① タブを変更する

練習用ファイルを開いておく

1 [A2 用紙 PDF_ 平面・完成図] タブをクリック

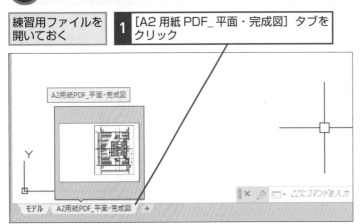

▶ キーワード

オブジェクト	p.340
グリップ	p.341
レイアウト空間	p.343

📄 レッスンで使う練習用ファイル
表を生成.dwg

② 表の要素を選択する

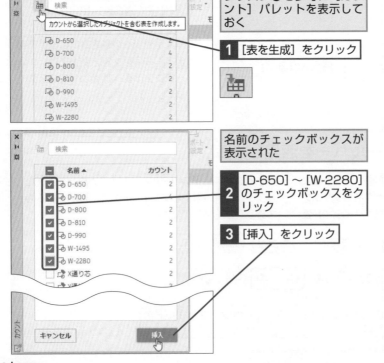

レッスン⑱を参考に[カウント]パレットを表示しておく

1 [表を生成]をクリック

名前のチェックボックスが表示された

2 [D-650] 〜 [W-2280] のチェックボックスをクリック

3 [挿入]をクリック

HINT!

カウントしたいオブジェクトを個別にプレビュー表示するには

「COUNT」とキー入力して、[ターゲットオブジェクト]に対して図面上のオブジェクトを選択します。選択されたオブジェクトだけがプレビュー表示されるので、図面上の配置も簡単に確認できます。

1 「COUNT」と入力

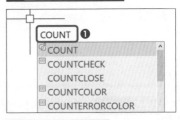

2 図形をクリック

選択されたオブジェクトだけがプレビュー表示される

③ 現在の図面に表を配置する

カーソルの横に表のプレビューが表示された	① 任意の場所をクリック

表が配置される

④ 表の見出しを変更する

① ここをダブルクリックして「建具名」と入力	② [Tab] キーを押す

	A	B
1	建具名	個数
2	D-650	2
3	D-700	4
4	D-800	2
5	D-810	2
6	D-990	2
7	W-1495	2
8	W-2280	2

③ 「個数」と入力

建具名	個数
D-650	2
D-700	4
D-800	2
D-810	2
D-990	2
W-1495	2
W-2280	2

④ 表の外側をクリック

文字編集が終了した

HINT!

表スタイルに注意しよう

[カウント] パレットの [表を生成] ボタンで作成される表のスタイルは [Standrad] で自動的に作成されます。スタイルを変更するには [オブジェクトプロパティ管理] で編集できます。なおこのレッスンでは「建具表」というスタイルを現在のスタイルとして設定しています。

HINT!

建具の数は表と連動する

一覧表の個数の列のセルは図面と連動しており、フィールド機能によってそれぞれの建具（ブロック）の個数が表示されています。図面上の建具を削除すると、自動的に建具表の数値が変わります。

HINT!

カウントはモデル空間の建具が対象

カウントの対象となるオブジェクトは、モデル空間に実寸で作図された平面図の建具です。このレッスンでは建具表を姿図付きでレイアウト上に配置します。

次のページに続く

⑤ 列の幅を編集する

1 表の罫線をクリック ／ 表が選択された

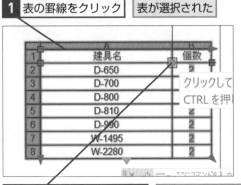

クリックして
CTRL を押|

2 このグリップをクリック ／ 表が編集可能な状態になった

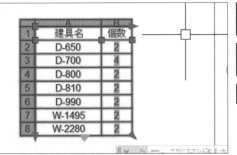

3 カーソルを左側に移動

4 任意の位置でクリック

5 Esc キーを押す

---

⑥ 右側に列を追加する

1 [個数] セルを右クリック **2** [列] をクリック

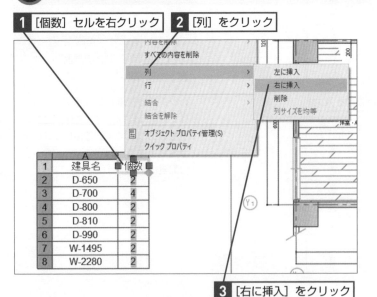

3 [右に挿入] をクリック

新しい列が表の右側に挿入される ／ 手順4を参考に項目を「姿図」に変更しておく

HINT!

表の列幅を一度に編集するには

列や行のサイズを一律に変更したいときは、下記の図の様に右クリックメニューから「列サイズを均等」「行サイズを均等」を選択しましょう。選択しているセルの幅や高さに合わせて、列や行の大きさが揃います。

1 基準にするセルを右クリック

行や列の大きさを均等に変更できる

HINT!

プロパティパレットで編集ができる

手順6の操作2で [オブジェクトプロパティ管理] をクリックすると、表のプロパティパレットを表示することができます。表をクリックするとパレットに各項目が表示され、各種の編集が効率よく行えます。この方法も目的に合わせて活用しましょう。

---

⑦ セルにブロックを挿入する

1 「姿図」のすぐ下の
セルを右クリック

2 [挿入] を
クリック

3 [ブロック] を
クリック

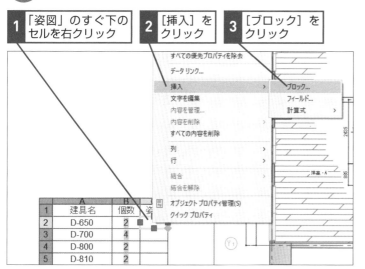

87

表を生成

HINT!

表に数式を入れることも
できる

カウント機能で生成された表は、[注
釈]の[表]コマンドで作成された
表と同様に数式などを入れることが
できます。手順7の操作3で[フィー
ルド][計算式]などを指定すること
で、集計などの用途に応じた編集が
できます。

⑧ ブロックの表示方法を指定する

[表のセルにブロックを挿入]画面が
表示された

1 [D-650] を選択

2 [中央] を選択

3 [OK] をクリック

⑨ 表を完成させる

[D-650] の姿図が
挿入された

同様の手順で表に姿図を
挿入する

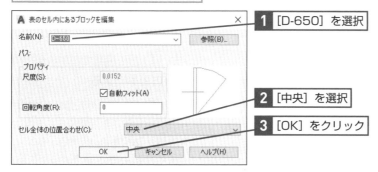

Point

正確な表が簡単に作れる

このレッスンでは[カウント]機能
で生成された表に対して、図面内に
設定されたブロックのデータを姿図
として利用する方法を紹介しました。
線分と文字、図などを使って作成す
ると大変ですが、AutoCADの機能
で正確な表を簡単に作成可能です。
ぜひ業務に使用しましょう。

88

コマンドに計算結果を反映させるには

クイック計算

コマンドの実行中に、割り込みで［クイック計算］を実行できます。電卓のようなパレット表示内で、クリックまたはPCのキー入力で計算機能を使用できます。

1 クイック計算を実行する

練習用ファイルを開いておく	レッスン⑰を参考に［中心、半径］コマンドを実行しておく

1 台形の［端点］をクリック　**2** そのまま右クリック

Enter(E)
キャンセル(C)
最近の入力　　　　　　　　　　>
直径(D)
優先オブジェクト スナップ(V)　>
画面移動(P)
ズーム(Z)
SteeringWheels
クイック計算

2点間の距離

3 ［クイック計算］をクリック

2 2点間の距離を測定する

［クイック計算］画面が表示された

1 ［2点間の距離］をクリック

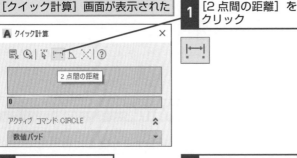

A クイック計算　　　　　　　　×

2点間の距離

0

アクティブ コマンド: CIRCLE　　　∧

数値パッド

2 ［端点］をクリック　　**3** ［端点］をクリック

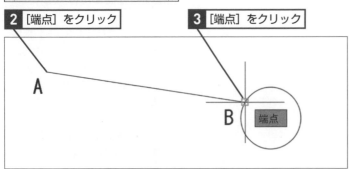

A

B　端点

キーワード

コマンド	p.341
寸法スタイル	p.342

レッスンで使う練習用ファイル
クイック計算.dwg

HINT!

［クイック計算］とは

［クイック計算］は、コマンドを実行しない状態でも画面上を右クリックしてメニューを表示することができ、電卓のように使えます。ここでは、コマンド実行中に割り込みし、図面上の長さ（2点間の距離）を3等分する計算をしています。

HINT!

キー入力もできる

入力領域内の数値の入力は、PCのキーボード入力も可能です。また、計算結果の数値はCtrl+C、Ctrl+Vを使用してコピー＆ペーストをすることができます。

③ 円の半径を計算する

線分の長さが
計測された

ここでは線分の3分の1の
長さを半径にする

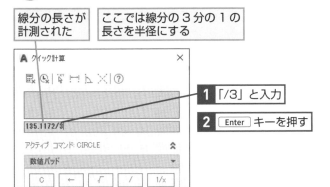

1 「/3」と入力

2 Enter キーを押す

HINT!

**表示される小数点以下の
桁数は？**

クイック計算の精度は小数点以下8
桁に制限されています。作図した円
を寸法記入すると現在の寸法スタイ
ルで表示するため、「Φ45.04」の表
示になります。これは、この図面で
設定されている寸法スタイルの寸法
値の表示精度で指定されているため
です。描写した円の半径を寸法記入
して確かめてみましょう。

④ 計算結果を適用する

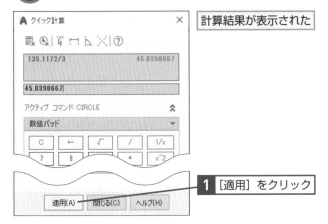

計算結果が表示された

1 [適用] をクリック

⑤ 円を作成する

1 Enter キーを押す

手順4で求めた半径の円が
作成された

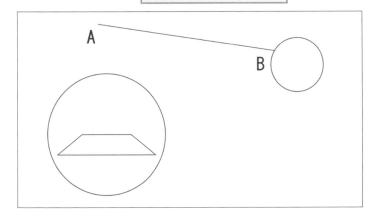

Point

**コマンド実行中に
使用できる**

クイック計算機能を使うと、コマン
ド実行中に計算機能を使用してス
ムーズな作図や編集作業をすること
ができます。また、クイック計算機
能以外にも画面移動やズームなど現
在使用可能な機能が表示されるの
で、ぜひ試してみましょう。

89 図面の一部を非表示にするには

ワイプアウト

図面上を範囲選択し、空白領域で覆うことができます。空白領域は現在の背景色でマスクされ、移動や削除も簡単にできます。フレームも隠せます。

① ワイプアウトコマンドを実行する

練習用ファイルを開いておく

1 [ホーム] タブの [作成] をクリック

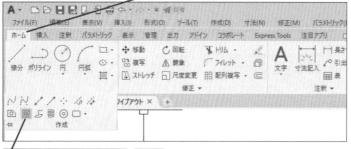

2 [ワイプアウト] をクリック

レッスンで使う練習用ファイル
ワイプアウト.dwg

② 隠す部分を選択する

1 ここをクリック

2 ここをクリック

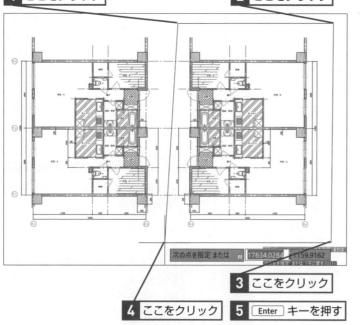

次の点を指定 または　17634.0284　1159.9162

3 ここをクリック

4 ここをクリック

5 Enter キーを押す

囲まれた範囲が隠される

HINT!

下書きのポリラインをワイプアウトに変更できる

ワイプアウトでは直交モードを使用できないため、アバウトな形状の範囲となります。正確な範囲の指定には、先にポリラインで範囲を下書きすると良いでしょう。なお、ワイプアウト実行後に [ポリライン] オプションを選択し、下書きしたポリラインをワイプアウトの外枠として設定することもできます。また、操作中に利用したポリラインを削除することもできます。

③ フレームの表示を変更する

非表示にした個所を囲んだフレームが残っている

1 任意の場所を右クリック

Enter(E)	
キャンセル(C)	
最近の入力	>
ダイナミック入力	>
フレーム(F)	
ポリライン(P)	
優先オブジェクト スナップ(V)	>
画面移動(P)	
ズーム(Z)	
SteeringWheels	
クイック計算	

28485.3822

2 [フレーム] をクリック

89

ワイプアウト

HINT!

フレームは
グリップ編集できる

作成されたワイプアウトのフレーム
は、クリックして選択することで表
示されたグリップを操作して形状を
変更できます。

④ フレームを非表示にする

表示を変更する画面が
表示された

1 「非表示」をクリック

モードを入力
● 表示(ON)
非表示(OFF)
表示するが印刷しない(D)

フレームが非表示になった

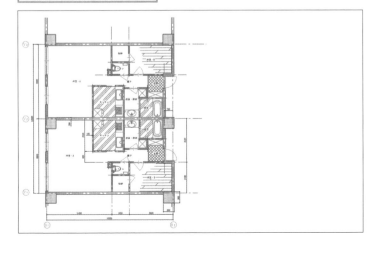

HINT!

フレームを印刷時だけ
オフにできる

手順4で［表示するが印刷しない］
を選ぶと、ワイプアウトのフレーム
を画面上では表示しておき、印刷時
に非表示にすることができます。

Point

図面の一部を一時的に
隠すことができる

ワイプアウトを使うと、画層コント
ロールなどの編集操作を行わずに、
一時的に未確定な部分などを隠すこ
とができます。この機能は、元の図
面の状態を保持できるメリットもあ
ります。非表示になるのではなく、
隠す部分を背景色でマスクしている
ことがポイントです。ぜひ使いこな
してみてください。

90

使用していない要素を削除するには

名前削除

図面に不要な要素が多く残っていると、作業中にフリーズすることがあります。ここでは不要な画層や寸法スタイルを削除して、図面の操作性を上げる工夫をします。

1 [名前削除] 画面を表示する

練習用ファイルを開いておく

1 ここをクリック

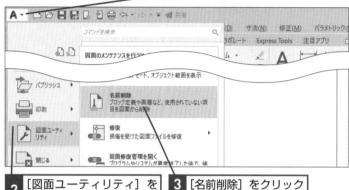

2 [図面ユーティリティ] をクリック

3 [名前削除] をクリック

キーワード

オブジェクト	p.340
画層	p.341
寸法スタイル	p.342

レッスンで使う練習用ファイル
名前削除.dwg

2 名前削除できない項目を確認する

[名前削除] 画面が表示された

1 [名前削除できない項目を検索] をクリック

2 [画層] をクリック

削除できない理由が表示される

3 [タイトル] をクリック

[閉じる] をクリックして閉じておく

HINT!

名前削除はどんな時に使うの？

複数人で1つの図面を作成するときや、作業したものをまとめて完成図として提出するときに使います。古い図面データなどでは編集過程で使用され、図面上では見えないデータが多く蓄積されている場合があります。画層などの削除は、[画層]パレットでも手作業で削除できますが、[名前削除]を使うとその他のスタイルやオブジェクトなども確認しながら図面全体の整理ができます。

AutoCADをもっと活用しよう

実践編 第8章

③ 使用していない画層を確認する

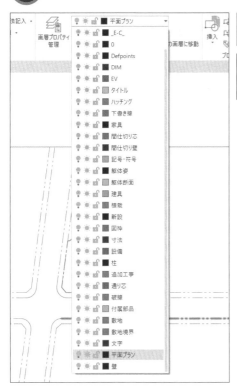

レッスン⑰を参考に画層の一覧を表示する

1 手順2で表示されなかった画層が多数あることを確認

HINT!

削除する画層が少ない時は

削除したい画層が少ない時は、[画層プロパティ管理]で、画層を選択して[画層を削除]ボタンで削除しましょう。削除できない画層の場合には、[選択した画層は削除されませんでした]と表示され、削除できなかった理由が表示されるので、該当する項目を確認しましょう。

90

名前削除

④ 使用していない画層を名前削除する

手順1を参考に[名前削除]画面を表示しておく

1 [名前削除が可能な項目]をクリック

2 [画層]のここをクリック

3 [チェックマークの付いた項目を名前削除]をクリック

[閉じる]をクリックして閉じておく

HINT!

確認しながら削除できる

[名前削除]ダイアログボックスには[キャンセル]ボタンがありませんので、削除する項目を指定するときは注意が必要です。手順4の[オプション]で[名前削除時にそれぞれの項目を確認]をオンにすると、確認しながら削除ができます。

次のページに続く

⑤ 画層を確認する

レッスン㊼を参考に画層の一覧を表示する

1 使っていない画層が削除されたことを確認

HINT!

削除できない画層もある

［名前削除］では、画層の使用・未使用、表示・非表示に関わらず、「0画層「現在の画層」「ロックされた画層」「フリーズされた画層」は名前削除できません。

⑥ 使用していない寸法スタイルを確認する

使用していない寸法スタイルを確認する

1 ［注釈］タブをクリック

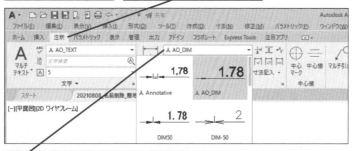

2 ［現在の寸法スタイル］をクリック

図面にない寸法スタイルが確認できる

⑦ 寸法スタイルの詳細を確認する

手順4を参考に［名前削除が可能な項目］画面を表示しておく

1 ［寸法スタイル］のここをクリック

寸法スタイルの一覧が表示された

HINT!

［ネストされた項目］とは

「ネスト」は入れ子状態のことを意味しており、ここではあるブロック図形の内部に同じブロックが含まれている状態を指します。［すべての項目］や［ブロック］の項目を選択した場合、［ネストされた項目も名前削除］をオンにすると内部に含まれるオブジェクトもすっきりと削除できます。

⑧ 使用していない寸法スタイルを名前削除する

| 削除が可能な寸法スタイルを選択する | **1** ［寸法スタイル］のここをクリック | ☑ |

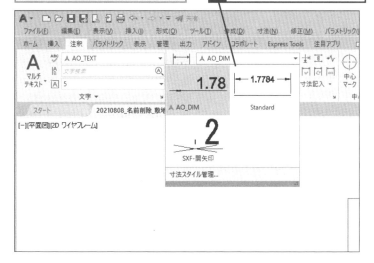

| 削除が可能な寸法スタイルが選択された | **2** ［チェックマークの付いた項目を名前削除］をクリック |

［閉じる］をクリックして閉じておく

⑨ 寸法スタイルを確認する

| 手順6を参考に［現在の寸法スタイル］を表示する | **1** 使っていない寸法スタイルが削除されたことを確認 |

HINT!

すべてを名前削除するには

すべてのオブジェクトを削除したいときは、［名前削除］画面下側の［すべて名前削除］をクリックします。ブロック、スタイル、画層、その他の名前削除可能なオブジェクトがワンクリックで削除できます。

Point

図面を整理して作業効率を上げよう

図面内のデータを整理整頓すると、一括管理ができて作業効率が向上します。［名前削除］の作業を行なうことで図面内のデータ量を減らすこともできるので、設計図書の整理の際にも利用するといいでしょう。

円弧に文字を回転して配列するには

ARCTEXT

AutoCAD 2022では［Express Tools］タブから、さまざまなコマンドを実行できます。ここでは図面上の円弧に文字を配列できる［Arc Aligned］を紹介します。

1 ［Arc Aligned］コマンドを実行する

練習用ファイルを開いておく

1 ［Express Tools］タブをクリック

2 ［Arc Aligned］をクリック

キーワード

Express Tools	p.340
グリップ	p.341
リボン	p.343

📄 レッスンで使う練習用ファイル
ARCTEXT.dwg

2 円弧を選択する

マウスカーソルの形が変わった

1 円弧をクリック

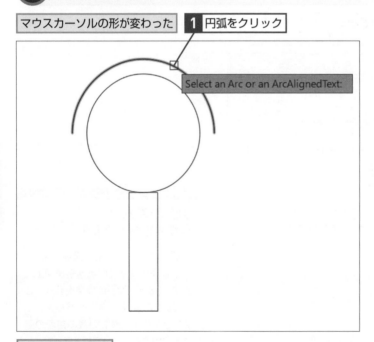

Select an Arc or an ArcAlignedText:

円弧が選択される

HINT!

Express Toolとは

従来のAutoCADでも使用できたツール集で、AutoCAD 2022からは標準インストールされ、リボンに表示されるようになりました。リボンやダイアログボックスの表示はすべて英語ですが、アイコンなどから効果が類推できるものも多く、手軽に実行できます。以降のレッスンでは、比較的操作が簡単で、結果も有効ないくつかの機能を紹介します。

③ 文字と高さを設定する

| [Arc AlignedText Workshop]
ダイアログボックスが表示された | **1** 「Autodesk AutoCAD
2022」と入力 |

2 「5」と入力　　**3** [OK] をクリック

④ 文字を確定する

| 円弧に沿って文字が入力された | **1** Esc キーを押す |

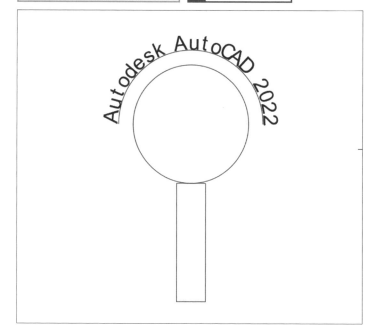

円弧と文字の距離を調整するには

円弧と文字の間隔は [Offset from arc] に数値を入力して変更することができます。「2」と入力して、結果を確認してみましょう。

円弧と文字の間隔を指定できる

円弧と文字は連動する

円弧をグリップ編集すると、文字の間隔も連動して編集されます。

円弧の上に文字をきれいに配置できる

[Arc Aligned] は円弧の上に文字を配列する機能です。対応するのは円弧の上に限られますが、文字の間隔や種類、円弧からの高さなどを自由に変更して文字を美しく配置することができます。サイン図などの作図にも活用できるので、ぜひ試してみましょう。

レッスン 92

マルチテキストに変換するには

Convert to Mtext

[Convert to Mtext] を使うとさまざまな文字列を1つのマルチテキストに結合できます。文字列を選択した順番で、文字の先頭を整え画層の統一もできて便利です。

1 [Convert to Mtext] コマンドを実行する

練習用ファイルを開いておく

1 [Express Tools] タブをクリック

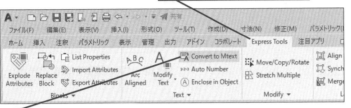

2 [Convert to Mtext] をクリック

キーワード	
画層	p.341
コマンド	p.341

レッスンで使う練習用ファイル
Convert to Mtext.dwg

2 マルチテキストの設定をする

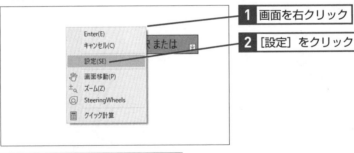

1 画面を右クリック

2 [設定] をクリック

[TXT2MTXT の設定] ダイアログボックスが表示された

3 [文字列の順序を選択] をクリック

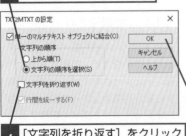

4 [文字列を折り返す] をクリックしてチェックマークを外す

5 [OK] をクリック

HINT!

不揃いな文字列を簡単に整理できる

文字列をマルチテキストに変換すると、さまざまな文字編集ができます。位置合わせが異なる文字や、配置が不揃いの場合でも行をきれいに揃えることができます。

AutoCADをもっと活用しよう

実践編 第8章

③ 文字列の順序を指定する

1 ①〜⑥の順に文章をクリック

❷ リボンの[Express Tools]タブを選択します。
❶[Express Tools]の使い方
❸ [Text]パネル[Convert to Mte オブジェクトを選択 または ⬚ クします
❹ または、TXT2MTXTコマンドをキー入力しても実行できます。
❺ マルチテキストに結合する一行文字を選択します。
❻
☆マルチテキストエディタで編集します。

2 Enter キーを押す

④ マルチテキストに変換する

マルチテキストに変換された

[Express Tools]の使い方
リボンの[Express Tools]タブを選択します。
[Text]パネル[Convert to Mtext]のアイコンをクリックします
または、TXT2MTXTコマンドをキー入力しても実行できます。
マルチテキストに結合する一行文字を選択します。
☆マルチテキストエディタで編集します。

HINT!

文字の画層も統一される

結合されたマルチテキストの画層は、最初に選択された文字の画層に統一されます。手順3では最初に選択した文字が［文字］の画層にあるため、他の文字列も同じ画層の色（青）に統一されています。文字列の色が画層以外の色で指定されている場合は、最終行のようにそのまま継承されます。

Point

文字列をまとめたいときに便利

[Convert to Mtext]を使うと、図面上のさまざまな場所に記入されている1行単位の文字列をまとめて、指定の位置に配置することができます。また、マルチテキストに変換してテキストエディター内で段落番号や箇条書きなどの書式を設定できます。クリックだけで操作できるので、気軽に試してみましょう。

テクニック　マルチテキストに段落番号を付けるには

マルチテキストは文字の部分をダブルクリックすることで、［テキストエディタ］を使って編集できます。段落番号を付けたいときは、文字列をダブルクリックしてから番号をつけたい行を範囲選択し、以下の手順で

段落番号を設定できます。不要な段落番号がある場合は削除し、スペースなどを入力して文字列を整えましょう。

1 [箇条書きと段落番号]をクリック

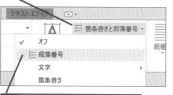

2 [段落番号]をクリック

マルチテキストに段落番号が設定された

不要な段落番号は選択して削除できる

[Express Tools]の使い方
1. リボンの[Express Tools]タブを選択します。
2. [Text]パネル[Convert to Mtext]のアイコンをクリックします
3. または、TXT2MTXTコマンドをキー入力しても実行できます。
4. マルチテキストに結合する一行文字を選択します。
☆マルチテキストエディタで編集します。

93

文字に枠を作成するには

TCIRCLE

「文字入りマーク」や「番号札」「サイン文字」などの枠を作成する時に使える機能です。形状も3種類あるのでバリエーションの多い記号も作成できます。

1 [Enclose in Object] コマンドを実行する

練習用ファイルを開いておく

1 [Express Tools] タブをクリック

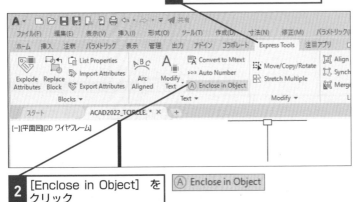

2 [Enclose in Object] をクリック

Ⓐ Enclose in Object

キーワード

Express Tools	p.340
ポリライン	p.343

📄 レッスンで使う練習用ファイル
TCIRCLE.dwg

HINT!

マルチテキストや属性定義の文字列も囲める

このレッスンでは文字記入で作成された文字を使用していますが、マルチテキストや属性定義の文字列でも可能です。

HINT!

offset factor とは

文字から枠までの距離を指定します。数値を大きくすると、枠が大きくなります。ここでは既定値のままとします。

2 文字列を選択する

1 文字を選択する　**2** Enter キーを押す

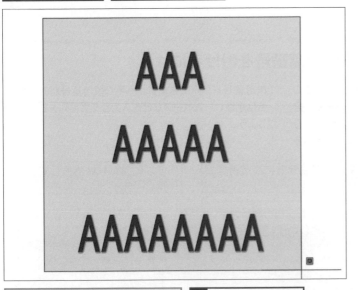

[Enter distance offset factor] 画面が表示される

3 Enter キーを押す

③ 枠を設定する

文字を囲む形状のメニューが
表示された

1 [Slots] をクリック

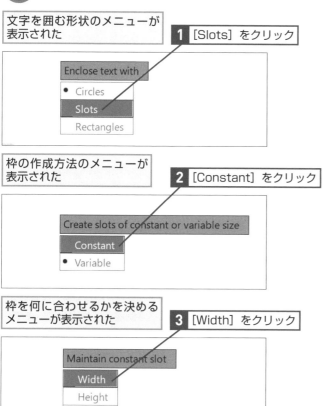

枠の作成方法のメニューが
表示された

2 [Constant] をクリック

枠を何に合わせるかを決める
メニューが表示された

3 [Width] をクリック

④ 結果を確認する

コマンドが実行された

文字数に関係なく、同じ大きさの
幅で枠が作成された

円や四角形でも
囲むことができる

文字を囲む枠はポリラインで形成さ
れます。このレッスンで紹介した長
孔形（Slots）のほかに、円（Circles）
や長方形（Rectangle）を使うこと
も出来ます。

[Variable] を選んだ場合は

手順3で [Variable] を選択すると、
枠が文字の大きさに合わせて変化し
ます。

文字と一帯ではないので注意

[Enclose in Object] を使用すると
文字の周りに枠を手早く作成できま
す。ところが、この枠は文字と一帯
ではないため注意が必要です。頻繁
に利用する記号などを作りたい場合
は、オブジェクトを作成してからレッ
スン㊸で紹介した [ブロック定義]
を活用すると良いでしょう。

文字が挿入された線種を作成するには

MKLTYPE

このレッスンでは業務でよく使う、記号が含まれた線種を作成します。線種の完成後は線分コマンドで作図して、線種の表示を確認します。

① [Enclose in Object] コマンドを実行する

練習用ファイルを開いておく

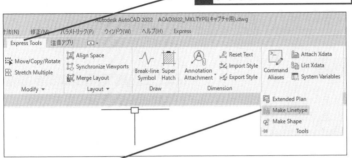

1 [Express Tools] タブをクリック

2 [Tools] をクリック

3 [Make Linetype] をクリック

 Make Linetype

キーワード

Express Tools	p.340
画層	p.341
線種	p.342

📄 レッスンで使う練習用ファイル
MKLTYPE.dwg

HINT!

線種に表示する線分と文字について

線分と文字は、画層変更しやすいように「0画層」で作図しています。文字スタイルは「MS」を使用しています。

HINT!

作成した線種を「.lin」ファイルで保存する

現在の図面内で使用する目的で作成した線種は、「.lin」という拡張子のファイルで保存できます。後で探しやすいように、「LINE」などの名前を付けた専用のフォルダに入れて管理しましょう。

② ファイルの保存場所を指定する

任意の場所に [LINE] フォルダーを作成しておく

ここをクリックして新規作成してもいい

1 「Cold」と入力

2 [保存] をクリック

③ 線種の名前を入力する

線種名を入力する画面が表示された

1 「CD」と入力

2 Enter キーを押す

線種コントロールに表示される名前を
入力する画面が表示された

3 「- CD -」と入力

4 Enter キーを押す

④ 線種定義の始点と終点を指定する

1 左の端点をクリック | 2 右の端点をクリック

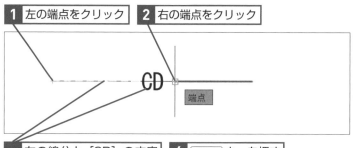

3 左の線分と [CD] の文字
をクリック

4 Enter キーを押す

⑤ 完成した線種を画層に指定する

レッスン㊲を参考に画層パレットを表
示しておく

1 ここをクリック

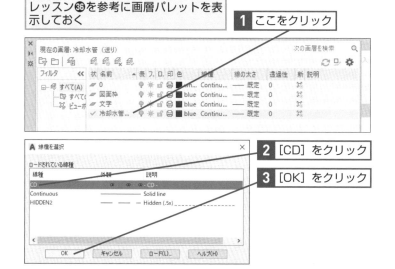

2 [CD] をクリック

3 [OK] をクリック

HINT!

「CD」はどこに表示される？

手順3で入力する「CD」の文字は、
リボンのパネルやプロパティパレッ
トの線種で表示されます。

Point

よく使う線種を作っておこう

図面上では線種のタイプで配管の種
類などを読み取るため、線種の設定
は非常に重要です。AutoCADには
標準で用意されている線種は少ない
ため、このレッスンで紹介した手順
で線種を作成しておき、必要なとき
に利用しましょう。

95

複数のポリラインを編集するには

MPEDIT

[MPEDIT] コマンドを使うと、複数の線分や円弧を選択して一度に編集することができます。また、オプション操作も続けて行なうことができます。

1 [MPEDIT] コマンドを実行する

練習用ファイルを開いておく

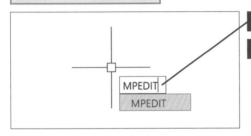

1 「MPEDIT」と入力

2 Enter キーを押す

MPEDIT
MPEDIT

キーワード

コマンド	p.341
ポリライン	p.343

レッスンで使う練習用ファイル
MPEDIT.dwg

2 図形を選択する

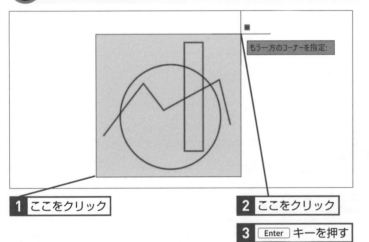

もう一方のコーナーを指定:

1 ここをクリック

2 ここをクリック

3 Enter キーを押す

HINT!

ポリラインだけが編集対象になる

手順2ではすべての図形を窓選択していますが、ポリラインで構成されている長方形と折れ線が編集対象となります。円は含まれません。

3 図形を確定する

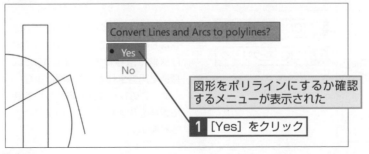

Convert Lines and Arcs to polylines?

• Yes
No

図形をポリラインにするか確認するメニューが表示された

1 [Yes] をクリック

HINT!

線分の場合は？

選択した図形が線分で構成されている場合は、線分ごとに個別のポリラインに変換されます。[Width]（幅）と [join]（結合）オプションで編集しましょう。

④ ポリラインの種類を選択する

オプションのメニューが表示された	**1** [Width] をクリック

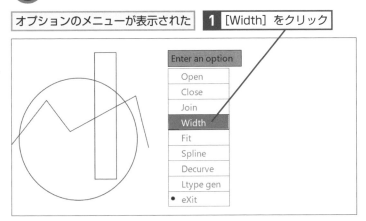

Enter an option
- Open
- Close
- Join
- **Width**
- Fit
- Spline
- Decurve
- Ltype gen
- ● eXit

HINT!

通常のメニューが英語で表示される

手順4では通常のポリライン編集の
オプションメニューが英語で表示さ
れています。ここでは幅を編集する
ので [Width] を選択します。

⑤ ポリラインの幅を入力する

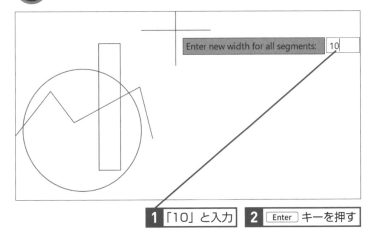

Enter new width for all segments: 10

1 「10」と入力	**2** Enter キーを押す

HINT!

同一の幅で編集される

ポリラインを作成する際は始点と終
点でそれぞれ異なる幅を指定できま
すが、編集する場合は同一の幅を指
定します。

⑥ ポリラインを確定する

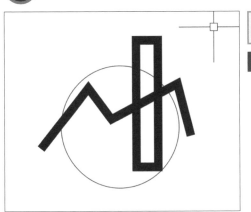

複数のポリラインが編集された

1 Enter キーを押す

Point

[ポリライン編集] と使い分けよう

レッスン⑫のテクニックで紹介した
[ポリライン編集] を使うと、線分を
個別にポリラインに変更することが
できます。このレッスンで紹介した
[MPEDIT] コマンドの場合は、複数
のポリラインを同時に編集したい場
合に便利です。用途に応じて使い分
けましょう。

破断線を
作成するには

破断線

「破断線」は波形やジグザグの線で、機械の部材や建築物を破った境界、または取り去った部分の境界を表します。ここでは、ジグザク線で破断線を作成します。

1 [Break-line Symbol] コマンドを実行する

練習用ファイルを開いておく

1 [Express Tools] タブをクリック

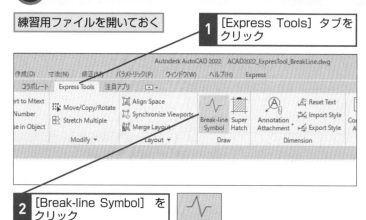

2 [Break-line Symbol] をクリック

Break-line
Symbol

2 破断線の種類を選択する

1 画面を右クリック　メニューが表示された

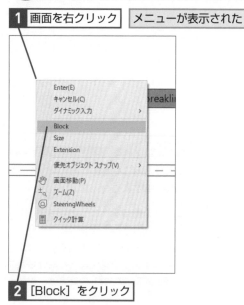

2 [Block] をクリック

キーワード

Express Tools	p.340
コマンド	p.341
ポリライン	p.343

レッスンで使う練習用ファイル
破断線.dwg

HINT!

右クリックメニューは
日本語の中に表示される

[Break-line Symbol] コマンドは実行中のコマンドラインは英語で表示されますが、右クリックで表示するメニューは日本語に挟まれる形になります。[Block] [Size] [Extension]の3つを使いこなしましょう。

AutoCADをもっと活用しよう　実践編　第8章

③ 破断線のシンボルを指定する

破断線のシンボルを選択する メニューが表示された	既定値の [BRKLINE.DWG] を 選択する

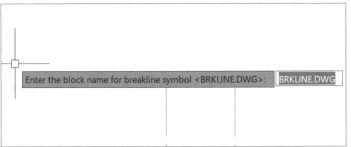

Enter the block name for breakline symbol <BRKLINE.DWG>: BRKLINE.DWG

1 Enter キーを押す

HINT!

破断線シンボルの種類は？

既定値では、ジグザク線記号（BRKLINE.DWG）が指定されています。AutoCAD Expressフォルダに作成した破断記号を保存すると、独自の記号を使用できます。

④ シンボルの大きさを指定する

1 画面を右クリック	メニューが表示された

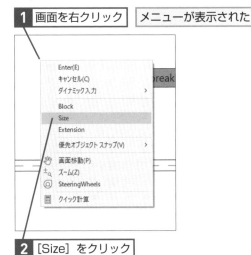

2 [Size] をクリック

HINT!

破断線の種類と大きさは自由に変更できるの？

破断線は以下のオプションで変更できます。

- ・[Block]
  破断線シンボルのブロックを指定します。
- ・[Size]
  シンボルの大きさを指定します。
- ・[Extension]
  選択した始点と終点から、外側へ延長する長さを指定します。

⑤ シンボルの大きさを入力する

シンボルの大きさを入力する

Breakline symbol size <100>: 100

1 「100」と入力　　**2** Enter キーを押す

次のページに続く

⑥ 延長する線の長さを指定する

1 画面を右クリック　メニューが表示された

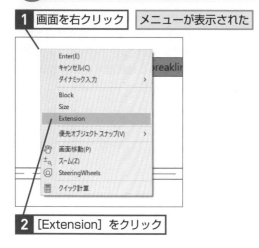

Enter(E)
キャンセル(C)
ダイナミック入力　＞
Block
Size
Extension
優先オブジェクトスナップ(V)　＞
🖑 画面移動(P)
±Q ズーム(Z)
ⓐ SteeringWheels
▦ クイック計算

breakli

2 ［Extension］をクリック

⑦ 線の長さを入力する

線の長さを入力する

Breakline extension distance <200>: 200

1 「200」と入力　**2** Enter キーを押す

⑧ 破断線の2点を指定する

1 ［端点］をクリック　**2** ［端点］をクリック

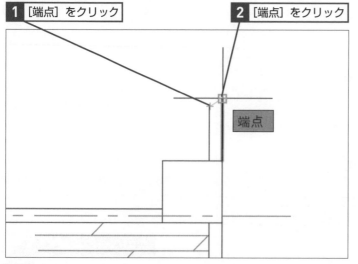

端点

HINT!

破断線はポリラインで作成される

このレッスンでは、始点・終点の外側に延長する線の長さを指定する数値を、壁の厚さに合うように指定しています。破断線は作図後にグリップ編集で変更できるので、調整してみましょう。

HINT!

破断線の2点は任意の位置でも良い

手順7では壁厚（200）の線分を作図しやすいようにそれぞれの端点を指定していますが、極トラッキングの角度（30度）を利用することもできます。破断線の2点は任意の位置で構わないため、極トラッキングを30度に設定し、壁の任意の位置をクリックして破断線を作成した後、トリムコマンドを使って長さを調整して完成することができます。

AutoCADをもっと活用しよう

実践編　第8章

⑨ シンボルの位置を指定する

シンボルの位置を指定するメニューが表示された	既定値の［Midpoint］を選択する

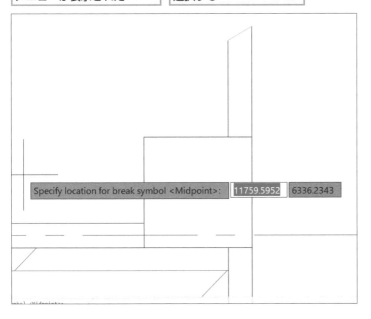

Specify location for break symbol <Midpoint>: 11759.5952 6336.2343

⑩ 破断線を確定する

1 Enter キーを押す	破断線の位置が確定された

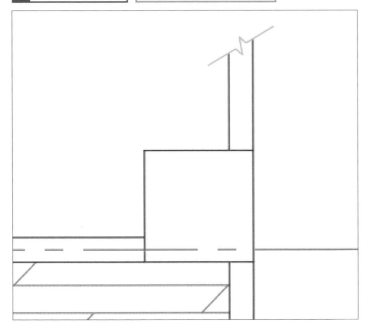

HINT!

破断線の大きさの変更は［尺度変更］が簡単

破断線はシンボル（ブロック）と両端の線分が、1本のポリラインとして作成されています。サイズは寸法や文字のように、自動的には尺度対応していません。作成するごとに［SIZE］、［Extension］オプションで設定します。しかし、簡単に破断線の大きさを調整したいときは、作図された破断線の中央を基点として［尺度変更］コマンドが使用できます。［尺度変更］コマンドについてはレッスン㉗を参照してください。

96

破断線

Point

基本操作の組み合わせも試してみよう

［Express Tools］の破断線は、1つのオブジェクトとして手早く作成することができます。基本操作で学んだポリライン、尺度変更、トリムなどを活用すると便利に使える記号を作成することもできますので、いろいろと試してみましょう。

この章のまとめ

●機能を使いこなして作業効率を上げよう

この章では、7章で使用したブロック図形の作成方法や、AutoCAD 2022から標準インストールされた［Express Tools］のいくつかのコマンドを解説しました。CADの業務で使用するブロック図形は、複数のオブジェクトをまとめて、単一のオブジェクトとして扱えるため、最小限の操作手順で正確に設計図書を作成するために利便性の高い機能です。慣れないうちは、シンプルに作成したブロック図形をブロックエディターで編集し、少しずつ完成度を上げていきましょう。またタブから使用できるようになった［Express Tools］からは作業時間の削減と生産性を向上させるツールを選び、操作の手順を紹介しました。すべてが英語表記になっていますが、各ツールはAutoCADで使える便利な機能です。ワンステップごとに、確認しながら進めてみましょう。

［Express Tools］で
作業効率を上げる

いくつかの手順をまとめて行うことができるので、作業効率アップにつながる

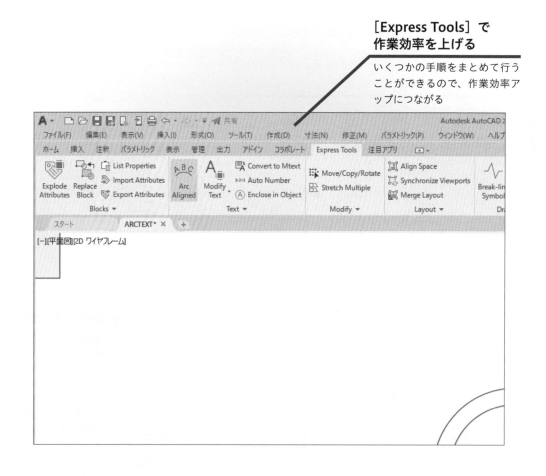

作図環境の設定項目

AutoCADで図面を新規作成する際は、作図環境を設定しておく必要があります。本書では作図環境の設定が済んだ練習用ファイルでの操作を解説しましたが、作図環境の設定方法を覚えれば、新規に図面を作成して思い通りの図面が作図できるようになります。ここでは、作図環境の設定方法を解説します。

① 単位管理の設定

図面上で使用する単位の表示精度を設定します。建築図面上の精度確認のため、小数点以下の表示を設定しておくといいでしょう。なお、ここで設定する表示精度は、座標値の表示や［ユーティリティ］パネルの各コマンドに反映されます。寸法値の表示には寸法スタイルの設定が適用されるため、影響はありません。

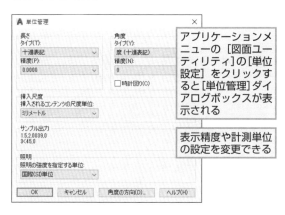

アプリケーションメニューの［図面ユーティリティ］の［単位設定］をクリックすると［単位管理］ダイアログボックスが表示される

表示精度や計測単位の設定を変更できる

② 図面範囲の設定

作図領域にする図面範囲を設定します。この設定は、グリッド表示やズーム、図面の印刷領域の図面範囲に反映されます。

メニューバーを表示しておく

1 ［形式］をクリック

2 ［図面範囲設定］をクリック

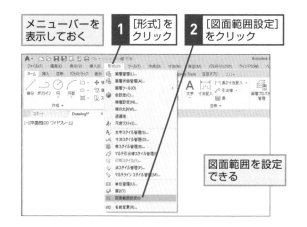

図面範囲を設定できる

③ 点スタイルの設定

点、ディバイダ、メジャーで作成される点オブジェクトの表示スタイルを設定します。

1 ［形式］をクリック

2 ［点スタイル管理］をクリック

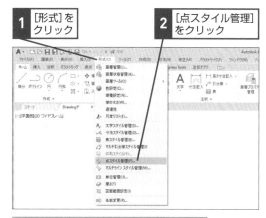

［点スタイル管理］ダイアログボックスが表示された

点オブジェクトの表示スタイルやサイズを設定できる

次のページに続く

④ 画層の設定

画層は［画層プロパティ管理］ボタンから設定できます。CAD図面では、画層をどのように設定するかがとても重要になります。この画層の設定次第で編集作業がしやすくなることもあれば、逆に効率の悪い環境になってしまうこともあります。

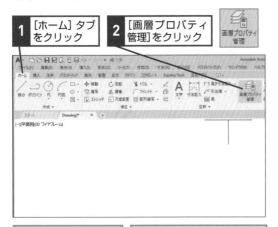

| 1 | ［ホーム］タブをクリック |
| 2 | ［画層プロパティ管理］をクリック |

［画層プロパティ管理］パレットが表示された

新規に作成した図面では、［0］の画層のみが表示される

| 3 | ［新規作成］をクリック |

新しい画層を作成できた

ここをクリックして色や線種、線の太さを変更できる

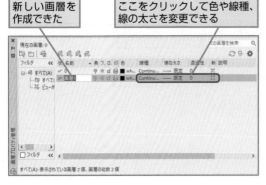

⑤ 線種の設定

線種管理では、線種のロードと詳細設定が行えます。画層設定を先に行う場合は、［画層プロパティ管理］パネルで線種を読み込めるので、ここでは読み込みの必要がありません。［詳細］では線の尺度に関して設定ができます。

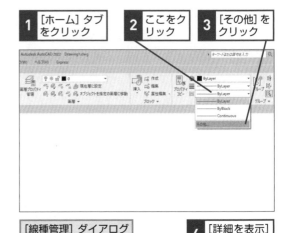

1	［ホーム］タブをクリック
2	ここをクリック
3	［その他］をクリック

［線種管理］ダイアログボックスが表示された

| 4 | ［詳細を表示］をクリック |

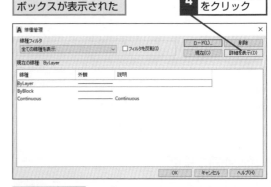

線種の詳細を設定できる

6 文字スタイルの設定

文字スタイルでは、図面内で使用するフォントや異尺度対応の有無、印刷時の文字高などを設定します。

166ページを参考に、[文字スタイル管理] ダイアログボックスを表示しておく

1 [新規作成] をクリック

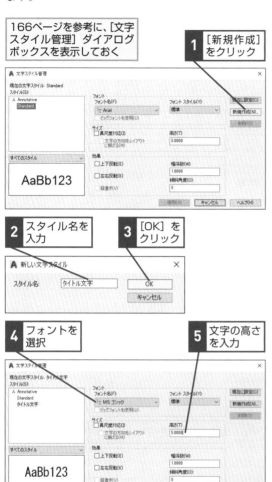

2 スタイル名を入力

3 [OK] をクリック

4 フォントを選択

5 文字の高さを入力

6 [適用] をクリック

文字スタイルが保存される

7 寸法スタイルの設定

寸法スタイルでは、寸法図形の形状や寸法値のスタイル、異尺度対応の有無などを設定します。

141ページのHINT!を参考に、[寸法スタイル管理] ダイアログボックスを表示しておく

1 [新規作成] をクリック

2 スタイル名を入力

3 [続ける] をクリック

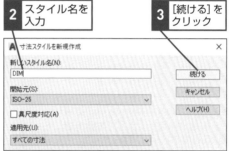

[寸法スタイルを新規作成] ダイアログボックスが表示された

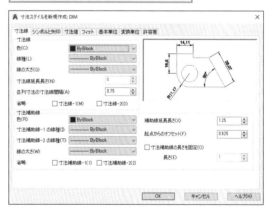

寸法図形の形状や寸法値のスタイルを設定できる

次のページに続く

8 マルチ引出線の設定

各図面で使用する引出線を設定します。

[注釈]タブの[引出線]パネルの右下の
ボタンをクリックして[マルチ引出線
スタイル管理]ダイアログボックスを
表示しておく

1 [新規作成]
をクリック

既定文字

2 スタイル名を
入力

3 [続ける]を
クリック

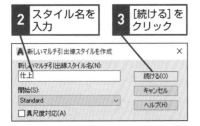

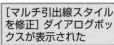

[マルチ引出線スタイル
を修正]ダイアログボッ
クスが表示された

引出線の形状や
サイズを設定で
きる

既定文字

9 表スタイルの設定

表を作図する場合に、文字の書体やサイズ、位置
合わせなど、図面内で基本的な設定がされている
と、スムーズに作図できます。表スタイル管理では、
表を「タイトル」「見出し」「データ」という3つの
項目に分けて、それぞれのセルに対して文字や罫
線の設定を行います。

[注釈]タブの[表]パネルの右下
のボタンをクリックして[表ス
タイル管理]ダイアログボック
スを表示しておく

1 [新規作成]
をクリック

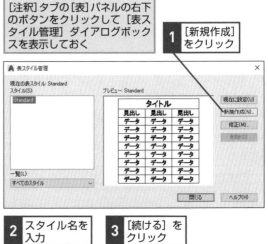

2 スタイル名を
入力

3 [続ける]を
クリック

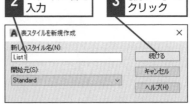

[新しい表スタイル]ダイア
ログボックスが表示された

それぞれのセルに対して
文字や罫線を設定できる

10 ページ設定管理

ページ設定管理では、印刷するプリンターや用紙サイズ、印刷スタイルなどの設定を行います。

1 [レイアウト]タブをクリック

2 [レイアウト]タブを右クリックしてメニューを表示

3 [ページ設定管理]をクリック

[ページ設定管理] ダイアログボックスが表示された

4 [新規作成] をクリック

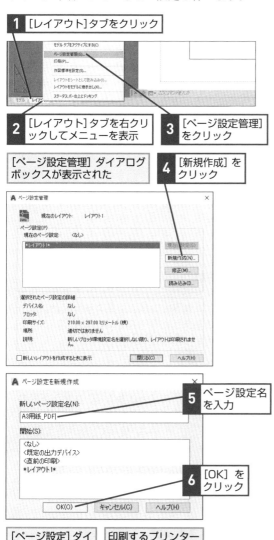

5 ページ設定名を入力

6 [OK] をクリック

[ページ設定] ダイアログボックスが表示された

印刷するプリンターや用紙サイズなどの設定を変更できる

11 テンプレートの保存

各種の設定が済んだら、テンプレートファイルとして保存します。ファイルの拡張子は図面ファイルの「.dwg」とは異なり、「.dwt」となります。

1 [アプリケーション] をクリック

2 [名前を付けて保存] にカーソルを合わせる

3 [図面テンプレート]をクリック

4 ファイル名を入力

5 [保存] をクリック

6 テンプレートの説明を入力

7 [OK] をクリック

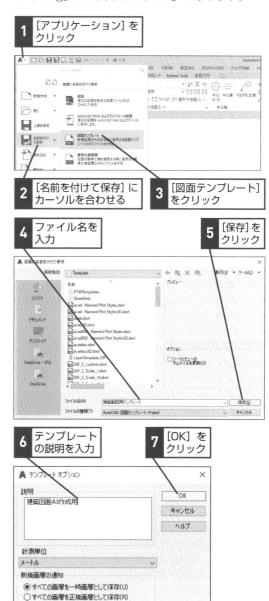

付録

用語集

AutoCAD（オートキャド）
2Dや3Dの設計データを作成できる高機能CADソフト。業界標準として普及し、建築・機械・土木などの分野で設計業務に使用されている。
→CAD

Autodeskアカウント（オートデスクアカウント）
オートデスクのソフトウェアを利用するときに使用するアカウント。AutoCADでソフトウェアをダウンロードしたり、インストールしたりするときに必要となる。AutoCADには作図環境の設定が保存されており、同じアカウントでサインインすれば、別のパソコンでも同じ作図環境で操作できる。
→AutoCAD

BAK（ビーエーケー）
上書き保存を実行するとAutoCADが自動的に作成する、保存直前のデータを収めるファイルの拡張子。
→AutoCAD、拡張子

CAD（キャド）
Computer Aided Designの略称で、コンピューターの支援による設計システムを指す。

DWG（ディーダブリュージー）
AutoCADの図面ファイルの拡張子。
→AutoCAD、拡張子

DXF（ディーエックスエフ）
Drawing Exchange Format（図面交換形式）の略。AutoCADの図面ファイルをほかのソフトウェアに書き出したり、図面を読み込んだりするときに使用するファイルの拡張子。
→AutoCAD、拡張子

Express Tools（エクスプレスツールズ）
AutoCADの操作を拡張できるように設計された機能で、AutoCAD 2022から標準搭載された。リボンやコマンドプロンプトの表記は英語だが、日本語版のAutoCADでも問題なく動作する。
→AutoCAD、リボン

PDF（ピーディーエフ）
Portable Document Formatの略。文書を幅広い環境で表示できるファイル形式で、AutoCADで書き出すPDFファイルには、画層の情報を含めて保存できる。
→AutoCAD、画層

アプリケーションメニュー
画面上部の［アプリケーション］ボタンをクリックすると表示されるメニュー。図面ファイルの作成や保存、既存の図面ファイルの読み込みなどを実行できる。

異尺度対応機能
指定する尺度に応じて、注釈などの大きさを自動で設定して図面上に表示する機能。異なる尺度が指定された複数のビューポート内の文字も、自動的に大きさが調整されて適切な図面を作成できる。
→注釈、ビューポート

エイリアス
コマンド名全体を入力する代わりに、コマンド名の一部の文字を入力してコマンドを実行できる機能。例えば［線分］コマンドは「L」の1文字で実行できる。
→コマンド

オブジェクト
作成・編集などの操作における、単一の要素（図形）のこと。文字、寸法なども同様に扱われる。

オブジェクトスナップ
作成・編集などの操作中に、必要なオブジェクトの点を選択する機能。定常オブジェクトスナップと優先オブジェクトスナップの2つがある。
→オブジェクト

オブジェクトスナップを有効にすれば、すぐに特定の点を取得できる

用語集

オプション

システム画面の配色、作図補助機能、ファイルの保存機能など、AutoCADの環境設定を行う機能。一部の設定は図面ファイルに保存される。オプションを表示するには、アプリケーションメニューの［オプション］ボタンをクリックして［オプション］ダイアログボックスを表示する。なお、AutoCADのコマンドに用意されている補助機能についてもオプションと呼ぶ。
→AutoCAD、アプリケーションメニュー、コマンド

カーソル

ディスプレイ上に表示される十字型のポインターで、マウス操作で自由に移動させて文字や図形の位置などを指定する。状況に応じて、ボックスや矢印の形状に変化する。

拡張子

ファイル名の末尾に付加される文字列。AutoCADでは図面ファイルのDWGやデータ交換用ファイルのDXF、バックアップファイルのBAKなど、さまざまな拡張子のファイルを扱える。
→AutoCAD、BAK、DWG、DXF

画層

データを整理して表示するために複数の層に分ける機能。透明なトレーシングペーパーを重ねて作図するように寸法値や文字などを別の画層に作図して図面を管理できる。レイヤーとも呼ばれ、画層ごとに表示と非表示を切り替えられるのが特長。
→寸法値

基点

編集操作で使用する基準となる点。グリップ編集のときに編集操作の基準となる点として指定すると、塗りつぶしの色が変化して編集機能を選択できる。
→グリップ

極トラッキング

一定の角度で任意の長さを指定して正確な作図ができる機能。トラッキングする一時的な位置合わせパス上にカーソルを合わせ、距離を数値で入力することで素早く作業ができる。
→カーソル

クイックアクセスツールバー

よく使うコマンドが配置され、ツールバーから素早くコマンドを実行することができる画面領域。ユーザーが必要なコマンドを後から追加できる。
→コマンド

◆クイックアクセスツールバー

グリッド

作図を補助するために使用する機能。等間隔で格子状に表示される。グリッドの線は印刷されない。

グリップ

選択したオブジェクトに複数表示される小さな四角。このグリップを利用して編集することをグリップ編集と呼ぶ。なお、線分とポリラインでは、中間のグリップの形が異なる。
→オブジェクト、ポリライン

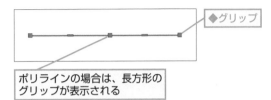

ポリラインの場合は、長方形のグリップが表示される

原点

モデル空間で、X、Y、Zの軸が交わる位置（0、0、0）のこと。
→モデル空間

交差選択

選択方法の一種。既定値では破線枠と内部が緑色の矩形状の選択枠で表示される。選択枠内に一部分でも含まれた図形が選択される。

交差選択では、任意の個所をクリックしてから対角線上の個所をクリックする

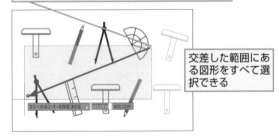

交差した範囲にある図形をすべて選択できる

コマンド

AutoCADで実行できる作図や編集などの命令のこと。
→AutoCAD

コマンドウィンドウ

コマンドの実行中に操作の履歴が表示される領域。キーボードでコマンドや数値、文字を入力できるほか、次にやるべき操作がメッセージで表示される。
→コマンド

◆コマンドウィンドウ

用語集

作図ウィンドウ

図面ファイルを新規作成したときや図面ファイルを用いたときに表示される画面。オブジェクトを原寸大で扱い、作図や編集操作で使用するX、Y、Zの座標を持つ領域。
→オブジェクト、座標

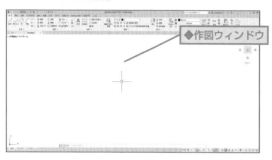

◆作図ウィンドウ

座標

2DにおけるX軸とY軸、3DにおけるX軸、Y軸、Z軸で表す位置。

視点

モデル空間またはレイアウト空間で、特定の位置（視点）から見た2D図面または3Dモデルの表現。
→モデル空間、レイアウト空間

スプライン

曲線の形状を作るために指定した一連の点（スプラインフィット）またはその近くを通る（スプライン制御点）コマンドで描く滑らかな曲線。
→コマンド

図面比較

2つの図面を色分けして重ねて表示して、違いを比較できるコマンド。形状が同じ部分や異なる部分の確認が容易にできる。
→AutoCAD、オブジェクト、コマンド

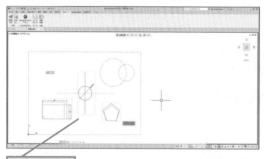

2つの図面を比較できる

寸法図形

寸法線、寸法値、寸法補助線、端末記号の4つを合わせて「寸法図形」と呼ぶ。AutoCADでは1つのオブジェクトとして扱う。
→AutoCAD、寸法線、寸法値、寸法補助線

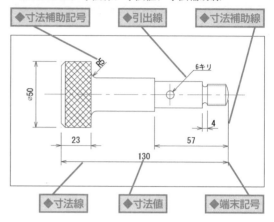

◆寸法補助記号　◆引出線　◆寸法補助線

◆寸法線　◆寸法値　◆端末記号

寸法スタイル

寸法の外観を決める設定機能で、目的に応じて名前を付けて図面ファイルに保存する。

寸法線

AutoCADで計測する初めと終わりを示す線分のこと。既定値ではこの線分の上に寸法値が表示される。
→AutoCAD

寸法値

寸法を記入するオブジェクトの計測値。寸法図形を維持したまま、編集機能で文字や公差記号などの編集ができる。
→オブジェクト、寸法図形

寸法補助線

寸法線を配置するため、寸法を記入するオブジェクトから伸ばした線分のこと。寸法図形を維持したまま、編集ができる。
→オブジェクト、寸法図形、寸法線

線種

線分または円、円弧などの曲線の表示を定義する設定。実線や破線、一点鎖線など、多くの種類がある。

ダイナミック入力

コマンドの実行時、カーソル付近にコマンドプロンプトを表示する作図補助機能。コマンド実行中の操作に対するメッセージが表示され、次に行う操作の指定や座標の入力を作図領域の中でスムーズに実行できる。既定値ではオンに設定されている。
→カーソル、コマンド

用語集

注釈

図面に含まれる文字、寸法、寸法許容差、公差記号、注記などを指す。

直交モード

現在の位置に対して、水平方向または垂直方向のみにカーソルの移動を固定する作図補助。
→カーソル

テキストウィンドウ

F2 キーを押すとコマンドウィンドウに表示される。テキストウィンドウを表示すると、直前に実行したコマンドや操作の履歴を一覧で確認できる。
→コマンド、コマンドウィンドウ

テンプレート

文字スタイルや寸法スタイルなどの作図環境のほか、図面枠やよく使うブロック図形などが登録された図面ファイル。テンプレートを利用すれば、図面やオブジェクトの見ためを統一でき、業務効率が向上する。
→オブジェクト、寸法スタイル、ブロック図形、
　文字スタイル

投げ縄ツール

選択方法の一種。窓選択と違い、自由な形状でオブジェクトを選択する。左から右にドラッグすると囲まれた図形を、右から左にドラッグすると交差した図形を選択する。
→オブジェクト

ビュー

図面を見る視点や、図面の表示状態のこと。モデル空間の画面も1つのビュー。レイアウト空間では「ビューポート」の機能を用いて、複数の視点で図面を表せる。この表示状態に名前を付けて保存しておけば、作業を効率化できる。
→モデル空間、レイアウト空間

ビューポート

モデル空間のオブジェクトを指定した視点や範囲で表示するための囲まれた領域。レイアウト空間で使用し、尺度の異なる2D図面の表示や3Dモデルの表示も可能。
→オブジェクト、モデル空間、レイアウト空間

フェンス

選択方法の一種。複雑な図形や隣接しない図形などをクリックして表示された仮想の線に交差させることで図形を選択する。

フォント

固有のサイズと形を持つ文字、数字、符号、記号からなる文字の集合。書体とも呼ばれる。

ブロック図形

複数の図形を1つのかたまりにし、名前を付けて登録したシンボル図形の一種。同じ図形を繰り返し配置するときに便利。同じブロック図形を複数配置した場合でも、1つの図形として認識されるので図面ファイルのファイルサイズを減らせる。

ポリライン

1つ以上の接続した線分、または円弧で構成されるオブジェクト。単一のオブジェクトとして扱われ、線幅の変更や結合などの編集ができる。
→オブジェクト

窓選択

選択方法の一種。既定値では実線枠と内部が青色の矩形状の選択枠で表示される。選択枠で完全に囲まれた図形のみが選択される。

文字スタイル

文字の外観を決める設定機能。目的に応じて名前を付けて図面ファイルに保存する。

モデル空間

AutoCADが持つ基本的な2つの空間の1つ。通常、原寸大で2Dまたは3Dのオブジェクトをモデル空間で設計または製図をする。
→AutoCAD、オブジェクト

リボン

画面上部に配置され、関連する機能がタブごとに分類されている画面領域。タブは、複数のパネルで構成されていて、パネル内にコマンドのボタンがまとめられている。AutoCADには、特定のコマンドを実行したときのみ表示されるタブもある。例えば、［マルチテキスト］コマンドを実行すると［テキストエディタ］タブが表示される。
→AutoCAD、コマンド

レイアウト空間

印刷や電子データ（PDFファイルなど）に出力するために、モデル空間で作成したオブジェクトを図面にするための空間。図面枠や注記などは、レイアウトに記入する。
→PDF、オブジェクト、モデル空間

用語集

索 引

索
引

索引

できるサポートのご案内

無料サービス!

できるシリーズの書籍の記載内容に関する質問を下記の方法で受け付けております。

| 電話 | FAX | インターネット | 封書によるお問い合わせ |

質問の際は以下の情報をお知らせください

① 書籍名・ページ

② 書籍の裏表紙にある書籍サポート番号

③ お名前　④ 電話番号

⑤ 質問内容（なるべく詳細に）

⑥ ご使用のパソコンメーカー、機種名、使用OS

⑦ ご住所　⑧ FAX番号　⑨ メールアドレス

※電話の場合、上記の①～⑤をお聞きします。
　FAXやインターネット、封書での問い合わせに
　ついては、各サポートの欄をご覧ください。

裏表紙

■書籍サポート番号

書籍サポート番号
000000

定価：本体 0,000円+税

書籍サポート番号
000000

9784844300000

0000000000000

ISBN978-4-8443-0000-0
C3055 V0000E

■1■ ── Windows 10をはじめよう
■2■ ── Windows 10を使えるようにしよう

※裏表紙にサポート番号が記載されていない書籍は、サポート対象外です。なにとぞご了承ください。

回答ができないケースについて（下記のような質問にはお答えしかねますので、あらかじめご了承ください。）

● 書籍の記載内容の範囲を超える質問
書籍に記載していない操作や機能、ご自分で作成されたデータの扱いなどについてはお答えできない場合があります。

● できるサポート対象外書籍に対する質問

● ハードウェアやソフトウェアの不具合に対する質問
書籍に記載している動作環境と異なる場合、適切なサポートができない場合があります。

● インターネットやメールの接続設定に関する質問
プロバイダーや通信事業者、サービスを提供している団体に問い合わせください。

サービスの範囲と内容の変更について

● 該当書籍の奥付に記載されている初版発行日から3年が経過した場合、もしくは該当書籍で紹介している製品やサービスについて提供会社によるサポートが終了した場合は、ご質問にお答えしかねる場合があります。

● なお、都合により「できるサポート」のサービス内容の変更や「できるサポート」のサービスを終了させていただく場合があります。あらかじめご了承ください。

電話サポート 0570-000-078 （月～金 10:00～18:00、土・日・祝休み）

・ 対象書籍をお手元に用意いただき、**書籍名と書籍サポート番号**、**ページ数**、**レッスン番号**をオペレーターにお知らせください。確認のため、お客さまのお名前と電話番号も確認させていただく場合があります

・ サポートセンターの対応品質向上のため、通話を録音させていただくことをご了承ください

・ 多くの方からの質問を受け付けられるよう、1回の質問受付時間はおよそ15分までとさせていただきます

・ 質問内容によっては、その場ですぐに回答できない場合があることをご了承ください
　※本サービスは無料ですが、**通話料はお客さま負担**となります。あらかじめご了承ください
　※午前中や休日明けは、お問い合わせが混み合う場合があります　※一部の携帯電話やIP電話からはご利用いただけません

FAXサポート 0570-000-079 （24時間受付・回答は2営業日以内）

・ 必ず上記①～⑧までの情報をご記入ください。メールアドレスをお持ちの場合は、メールアドレスも記入してください
　（A4の用紙サイズを推奨いたします。記入漏れがある場合、お答えしかねる場合がありますので、ご注意ください）

・ 質問の内容によっては、折り返しオペレーターからご連絡をする場合もございます。あらかじめご了承ください

・ FAX用質問用紙を用意しております。下記のWebページからダウンロードしてお使いください
　https://book.impress.co.jp/support/dekiru/

インターネットサポート https://book.impress.co.jp/support/dekiru/ （24時間受付・回答は2営業日以内）

・ 上記のWebページにある「できるサポートお問い合わせフォーム」に項目をご記入ください

・ お問い合わせの返信メールが届かない場合、迷惑メールフォルダーに仕分けされていないかをご確認ください

封書によるお問い合わせ
（郵便事情によって、回答に数日かかる場合があります）

〒101-0051
東京都千代田区神田神保町一丁目105番地
株式会社インプレス できるサポート質問受付係

・ 必ず上記①～⑦までの情報をご記入ください。FAXやメールアドレスをお持ちの場合は、ご記入をお願いいたします
　（記入漏れがある場合、お答えしかねる場合がありますので、ご注意ください）

・ 質問の内容によっては、折り返しオペレーターからご連絡をする場合もございます。あらかじめご了承ください

本書を読み終えた方へ
できるシリーズのご案内

CAD 関連書籍

できるAutoCAD パーフェクトブック
困った！＆便利ワザ大全
2018/2017/2016/2015対応

矢野悦子＆
できるシリーズ編集部
定価：3,190円
（本体2,900円＋税10%）

AutoCADの基本と使いこなし、トラブル解決までこれ1冊で身に付けられる！　知っていると便利なオプションや設定項目の解説も満載。

できるゼロからはじめる Jw_cad 8超入門

ObraClub＆
できるシリーズ編集部
定価：2,640円
（本体2,400円＋税10%）

見やすい紙面とやさしい解説が特徴のJw_cadのいちばんやさしい入門書！　書籍専用のサポート窓口「できるサポート」に対応しているから安心。

できるイラストで学ぶ Jw_cad

Obra Club＆
できるシリーズ編集部
定価：2,640円
（本体2,400円＋税10%）

初学者の思考の流れに沿って進行する掛け合い形式の解説と、概念理解を助ける豊富なイラストで、Jw_cadの機能や仕組みを効率的に身に付けられる。

できるポケット Jw_cad ハンドブック

稲葉幸行＆
できるシリーズ編集部
定価：2,178円
（本体1,980円＋税10%）

持ち運びに便利なポケットサイズで「文字が大きい」「画面が大きい」「開きやすい」解説書。ダウンロードして無料で使える練習用ファイル付き。

できるJw_cad パーフェクトブック
困った！＆便利ワザ大全

稲葉幸行＆
できるシリーズ編集部
定価：2,640円
（本体2,400円＋税10%）

ベテランCAD講師である著者がJw_cadの勘所を解説。作図に役立つテクニックや困ったときのトラブル解決を幅広く掲載。作図に役立つワザをすぐに探せる！

Office 関連書籍

できるExcel 2019
Office 2019/Office 365両対応

小舘由典＆
できるシリーズ編集部
定価：1,298円
（本体1,180円＋税10%）

Excelの基本を丁寧に解説。よく使う数式や関数はもちろん、グラフやテーブルなども解説。知っておきたい一通りの使い方が効率よく分かる。

できるWord 2019
Office 2019/Office 365両対応

田中亘＆
できるシリーズ編集部
定価：1,298円
（本体1,180円＋税10%）

文字を中心とした文書はもちろん、表や写真を使った文書の作り方も丁寧に解説。はがき印刷にも対応しています。翻訳機能など最新機能も解説！

読者アンケートにご協力ください！

https://book.impress.co.jp/books/1121101030

このたびは「できるシリーズ」をご購入いただき、ありがとうございます。

本書はWebサイトにおいて皆さまのご意見・ご感想を承っております。

気になったことやお気に召さなかった点、役に立った点など、

皆さまからのご意見・ご感想をお聞かせいただき、

今後の商品企画・制作に生かしていきたいと考えています。

お手数ですが以下の方法で読者アンケートにご回答ください。

ご協力いただいた方には抽選で毎月プレゼントをお送りします！

※プレゼントの内容については、「CLUB Impress」のWebサイト
　（https://book.impress.co.jp/）をご確認ください。

ご意見・ご感想をお聞かせください！

| 1 | URLを入力して Enter キーを押す | 2 | [アンケートに答える]をクリック |

https://book.impress.co.jp/books/1121101030

アンケートに答える■

※Webサイトのデザインやレイアウトは変更になる場合があります。

◆会員登録がお済みの方
会員IDと会員パスワードを入力して、[ログインする]をクリックする

◆会員登録をされていない方
[こちら]をクリックして会員規約に同意してからメールアドレスや希望のパスワードを入力し、登録確認メールのURLをクリックする

本書のご感想をぜひお寄せください　https://book.impress.co.jp/books/1121101030

「アンケートに答える」をクリックしてアンケートにご協力ください。アンケート回答者の中から、抽選で商品券（1万円分）や図書カード（1,000円分）などを毎月プレゼント。当選は賞品の発送をもって代えさせていただきます。はじめての方は、「CLUB Impress」へご登録（無料）いただく必要があります。

読者登録サービス　CLUB Impress　登録カンタン費用も無料！

アンケートやレビューでプレゼントが当たる！

⚠ 本書の内容に関するお問い合わせは、無料電話サポートサービス「できるサポート」をご利用ください。詳しくは348ページをご覧ください。

■著者

矢野悦子（やの　えつこ）

オートデスク製品の実務経験はAutoCAD Release 10（GX-III）から現在に至る。2000年度東京都ベンチャー創業支援を受け、株式会社スキルパワーを設立。エンジニア業務のコンサルティングのほか、IT技術支援をサポートする実務実践型の企業研修に従事。その傍らオーダーメードテキストの制作や人材育成業務を行う。Autodesk University Japan 2006〜2018にてスピーカーとしてAutoCADの解説を担当。著書に「できるAutoCAD 2019/2018/2017/2016/2015対応」「できるAutoCADパーフェクトブック 困った！＆便利技大全 2018/2017/2016/2015対応」（インプレス刊）、「AutoCAD 2010 / AutoCAD LT 2010 基礎 公式トレーニングガイド」（日経BP）がある。

素材提供　　株式会社LIXIL

STAFF

本文オリジナルデザイン　　川戸明子
シリーズロゴデザイン　　山岡デザイン事務所<yamaoka@mail.yama.co.jp>
カバーデザイン　　伊藤忠インタラクティブ株式会社
本文イメージイラスト　　廣島　潤
DTP制作　　町田有美・田中麻衣子
編集協力　　松本花穂

デザイン制作室　　今津幸弘<imazu@impress.co.jp>
　　　　　　　　　鈴木　薫<suzu-kao@impress.co.jp>
制作担当デスク　　柏倉真理子<kasiwa-m@impress.co.jp>

編集制作　　BUCH+

デスク　　荻上　徹<ogiue@impress.co.jp>
編集長　　藤原泰之<fujiwara@impress.co.jp>

オリジナルコンセプト　　山下憲治

■商品に関する問い合わせ先

このたびは弊社商品をご購入いただきありがとうございます。本書の内容などに関するお問い合わせは、下記のURLまたはQRコードにある問い合わせフォームからお送りください。

https://book.impress.co.jp/info/

上記フォームがご利用頂けない場合のメールでの問い合わせ先
info@impress.co.jp

※お問い合わせの際は、書名、ISBN、お名前、お電話番号、メールアドレス に加えて、「該当する
ページ」と「具体的なご質問内容」「お使いの動作環境」を必ずご明記ください。なお、本書の範囲
を超えるご質問にはお答えできないのでご了承ください。

●電話やFAX でのご質問には対応しておりません。また、封書でのお問い合わせは回答までに日数をい
ただく場合があります。あらかじめご了承ください。
●インプレスブックスの本書情報ページ https://book.impress.co.jp/books/1121101030 では、本書
のサポート情報や正誤表・訂正情報などを提供しています。あわせてご確認ください。
●本書の奥付に記載されている初版発行日から3年が経過した場合、もしくは本書で紹介している製品や
サービスについて提供会社によるサポートが終了した場合はご質問にお答えできない場合があります。

■落丁・乱丁本などの問い合わせ先
TEL 03-6837-5016 FAX 03-6837-5023
service@impress.co.jp
（受付時間／10:00～12:00、13:00～17:30土日祝祭日を除く）
※古書店で購入された商品はお取り替えできません。

■書店／販売会社からのご注文窓口
株式会社インプレス 受注センター
TEL 048-449-8040
FAX 048-449-8041

できるAutoCAD 2022/2021/2020対応

2021年9月21日　初版発行

著　者　矢野悦子＆できるシリーズ編集部

発行人　小川 亨

編集人　高橋隆志

発行所　株式会社インプレス
　　　　〒101-0051　東京都千代田区神田神保町一丁目105番地
　　　　ホームページ　https://book.impress.co.jp/

印刷所　図書印刷株式会社
ISBN978-4-295-01244-3 C3055

Printed in Japan